普通高等院校水产养殖学专业系列特色教材

# 水产养殖学专业技能竞赛与训练教程

主　编　董艳珍（西昌学院）
副主编　徐大勇（西昌学院）
　　　　黄　毅（西昌学院）
参　编（按姓氏笔画排序）
　　　　王　映（西昌学院）
　　　　周俊名（西昌学院）
　　　　赵金凤（西昌学院）
　　　　洪宇航（西昌学院）

西南交通大学出版社
·成　都·

图书在版编目（CIP）数据

水产养殖学专业技能竞赛与训练教程 / 董艳珍主编.
成都 ：西南交通大学出版社，2024. 10. -- ISBN 978-7-5774-0128-7

Ⅰ. S96

中国国家版本馆 CIP 数据核字第 202493SB69 号

Shuichan Yangzhixue Zhuanye Jineng Jingsai yu Xunlian Jiaocheng

**水产养殖学专业技能竞赛与训练教程**

**主编** 董艳珍

| | |
|---|---|
| 策划编辑 | 陈　斌　胡　军 |
| 责任编辑 | 陈　斌 |
| 特邀编辑 | 杨　曦 |
| 封面设计 | 何东琳设计工作室 |
| 出版发行 | 西南交通大学出版社<br>（四川省成都市金牛区二环路北一段 111 号<br>西南交通大学创新大厦 21 楼） |
| 营销部电话 | 028-87600564　028-87600533 |
| 邮政编码 | 610031 |
| 网　　址 | http://www.xnjdcbs.com |
| 印　　刷 | 成都市新都华兴印务有限公司 |
| 成品尺寸 | 185 mm × 260 mm |
| 印　　张 | 10.75 |
| 插　　页 | 12 |
| 字　　数 | 260 千 |
| 版　　次 | 2024 年 10 月第 1 版 |
| 印　　次 | 2024 年 10 月第 1 次 |
| 书　　号 | ISBN 978-7-5774-0128-7 |
| 定　　价 | 45.00 元 |

课件咨询电话：028-81435775

# 前言
PREFACE

专业技能竞赛与训练是培养大学生创新思想和实践能力的重要方式，是高校素质教育的重要内容。高校通过专业技能竞赛与训练的方式，从大赛与训练项目内容、考评标准等方面入手，分析教学改革方向和策略，能够建立和完善突出能力培养的教育课程体系与标准。同时，专业技能竞赛和训练能够深化高校教学改革，提高教学水平，增强学生的创新能力与实践能力，激发学生的学习兴趣，从而提高高校教学质量，培养高素质专业人才。目前全国高校水产养殖学专业已广泛开展专业技能竞赛与训练，但尚未有水产专业技能竞赛与训练的教材出版。《水产养殖学专业技能竞赛与训练教程》以国家、省、市、各高校水产专业技能竞赛标准为指南，以水产养殖学专业人才培养目标和国家职业资格标准为依据，以学生实践技能培养为出发点，将水产养殖学专业实习实训和生产实践必需的关键知识、技术、操作方法引入专业课程实践操作能力培养过程中，开展专业技能竞赛和训练，使学生获得实践技能和操作技能的提升，促进学生实践技能的培养，以提高学生岗位职业能力，为水产养殖业保驾护航。

本书共有三十一个实训项目，包括常见养殖对象的生物学测定、解剖与分类、年龄和性腺发育状况判定、常见水草的鉴定识别及造景应用、养殖水体的水质综合检测、渔网的编制、鱼类胚胎发育观测、鱼病的判定及病理切片制作等。其中实训二至五、十、十一由董艳珍编写，实训一、二十一由洪宇航编写，实训六、十七至二十由黄毅编写，实训十三、十五、二十七、三十、三十一由王映编写，实训七至十、二十二、二十三、二十六由徐大勇编写，实训十六、二十四、二十五、二十九由赵金凤编写，实训十四、二十八由周俊名编写，附录图片由董艳珍收集提供。

本书在编写中参考或引用了相关文献资料、书籍和图片，限于篇幅的原因，未能一一列出，在此对这些参考文献的作者和出版单位表示衷心的感谢。本书在成稿过程中得到各位参编人员的大力支持和鼎力协助，他们付出了大量艰辛的劳动；同时，审稿者也付出了很多宝贵的时间和精力；本书的出版得到了西昌学院和四川高原湿地生态与应用环保技术实验室的资助，在此一并致谢。由于编者时间仓促，水平有限，书中不妥与疏漏之处在所难免，敬请专家和读者批评指正。

编者

2024 年 8 月

# 目 录
CONTENTS


实训一　虾蟹类血淋巴抽取、解剖及分类……001

实训二　鱼类生物学测定、解剖与分类……005

实训三　鱼类年龄鉴定与性腺成熟度判断……011

实训四　鱼类脑垂体的采集与保存……017

实训五　浮游生物种类鉴别……019

实训六　常见水草识别……021

实训七　养殖水体水质综合测定……024

实训八　养殖水体溶解氧测定（碘量法）……029

实训九　养殖水体氨氮测定（纳氏试剂法）……034

实训十　养殖水体化学需氧量测定……038

实训十一　网片的编结与修补……043

实训十二　绳索结接……053

实训十三　水产养殖对象的雌雄鉴别……058

实训十四　鱼类胚胎发育观察与描述……061

实训十五　鱼苗尼龙袋充氧模拟运输……065

实训十六　精子活力测定……067

实训十七　观赏水草栽培……069

实训十八　水族箱造景……074

实训十九　淡水热带观赏鱼的人工繁殖与苗种培育……078

实训二十　生物饵料的培养……083

实训二十一　饲料原料辨识与配方设计……………………………………089
实训二十二　常用渔药的识别及质量鉴别…………………………………097
实训二十三　水产动物疾病常规检查、诊断………………………………106
实训二十四　水产动物甲壳类疾病病原体的观察与诊断 …………………115
实训二十五　水产动物疾病防治内用药物给药方法 ………………………123
实训二十六　鱼用疫苗的制备及应用 ………………………………………129
实训二十七　鱼类基因组提取及琼脂糖凝胶电泳检测 ……………………132
实训二十八　渔用氯制消毒剂有效氯含量不同方法测定效果评价 ………135
实训二十九　水产品渔药残留检测 …………………………………………138
实训三十　水产动物病理标本的采集、固定、染色和保存 ………………149
实训三十一　鱼类病理组织标本切片的制作、观察与判断 ………………161
参考文献………………………………………………………………………164
附　录　常见浮游生物图片 …………………………………………………167

# 实训一

# 虾蟹类血淋巴抽取、解剖及分类

## 一、实训目的

（1）熟练掌握并完成对虾的内部结构解剖及其主要器官的辨认。

（2）熟练鉴定常见虾蟹的种类。

（3）掌握虾蟹类血淋巴的抽取方法。

## 二、实训材料

10～15 种常见经济虾蟹类的新鲜标本，如凡纳滨对虾、中国明对虾、墨吉明对虾、长毛明对虾、斑节对虾、日本囊对虾、刀额新对虾、近缘新对虾，罗氏沼虾、日本沼虾、海南沼虾、脊尾白虾、秀丽白虾，中国龙虾、波纹龙虾、锦绣龙虾、克氏原螯虾、红螯螯虾，远海梭子蟹、三疣梭子蟹、红星梭子蟹、拟穴青蟹、锈斑蟳、日本蟳、中华绒螯蟹等。

## 三、实训器具

解剖盘、解剖剪、骨剪、解剖刀、解剖针、各种镊子、放大镜、体式显微镜、培养皿、直尺、卡尺、无菌注射器、吸水纸、棉花等。

虾蟹类分类参考相关资料。

## 四、实训要求

每组 1 人，每人任意选择 1 尾对虾新鲜标本，进行生物学测量与解剖，识别不同的组织器官；对提供的任意 10 种虾蟹类新鲜或浸制标本进行分类鉴定，并编写分类检索表；任意选择 1 尾对虾鲜活标本进行血淋巴抽取。

## 五、实训内容

### （一）对虾的内、外部结构解剖及器官辨认

#### 1. 主要外部形态

对虾的身体分头胸部和腹部，全体为 21 节。由头部 6 节，胸部 8 节和腹部 7 节组成。除头部的第一节及最后一节不具附肢外，其余各节均有一对附肢，故共有十九对附肢（图 1-1）。

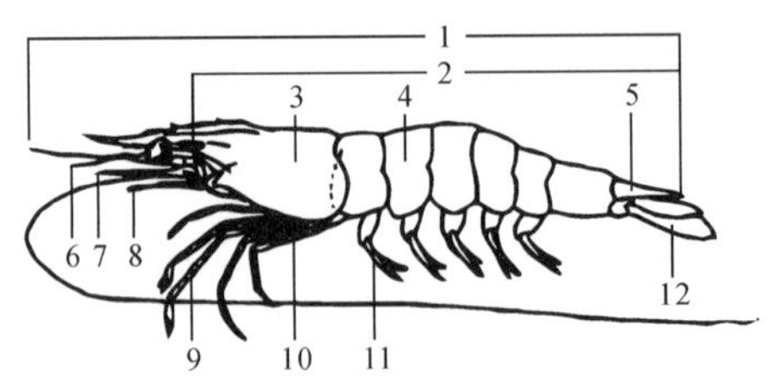


1—全长；2—体长；3—头胸部；4—腹部；5—尾节；6—第一触角；7—第二触角；
8—第三颚足；9—第三步足（螯状）；10—第五步足（爪状）；
11—游泳足；12—尾肢。

图 1-1 虾类外部形态图

取对虾标本于解剖盘中，先观察其头胸部、腹部、额剑和复眼等部位。随后，左手拿虾，使其腹面向上，右手用镊子从腹部一侧最后一个附肢开始，摄住每个附肢的基部，由后向前依次将其附肢取下，按照顺序排在解剖盘内，加少许干净的自来水，再使用放大镜仔细观察每个附肢的构造。

#### 2. 主要内部构造及器官

先用剪刀从对虾头部的胸甲后缘开始，沿头胸部两侧向前剪，将头胸甲剪去后，可观察到鳃[图 1-2（a）]、心脏、肝脏、胃、生殖器官等[图 1-2（b）]。然后沿腹部两侧由前向后剪，将腹部背面外骨骼去掉，再用镊子移去腹部一部分肌肉，露出消化管[图 1-2（c）]。

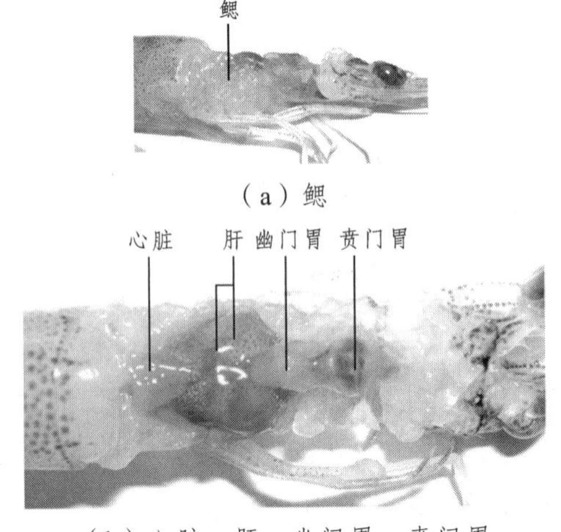


（a）鳃

（b）心脏、肝、幽门胃、贲门胃

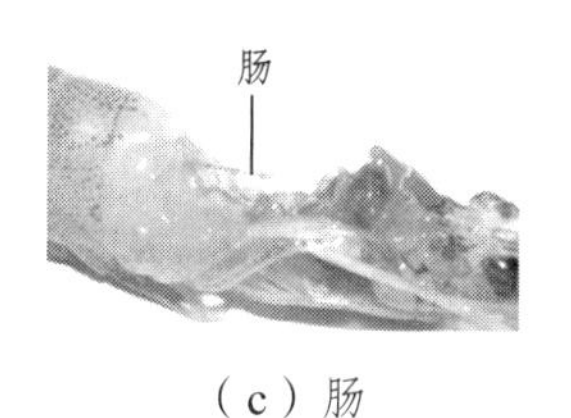


（c）肠

图 1-2　对虾内部构造解剖图

### （二）虾蟹分类

根据十足目甲壳动物（虾蟹类）形态特征，查阅十足目动物分类文献，鉴定提供的新鲜或浸制虾蟹的类别，并编制分类检索表。

按照 Martin & Davis（2001）分类系统，十足目主要分为枝鳃亚目（包括对虾总科、樱虾总科等常见的对虾种类）和腹胚亚目（包括蝟虾下目、真虾下目、螯虾下目、海蛄虾下目、龙虾下目、异尾下目、短尾下目等常见的龙虾、螯虾及蟹类）。例如，对虾外部形态头胸甲特征最为明显，表面具有刺、棘以及沟等结构，是主要的分类特征（图 1-3）。

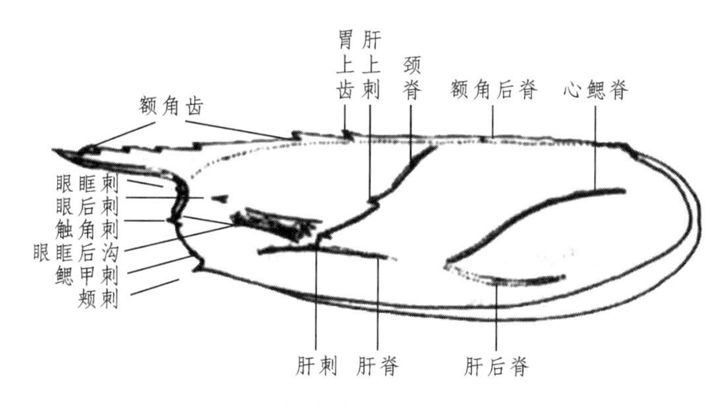


（a）头胸甲侧面观

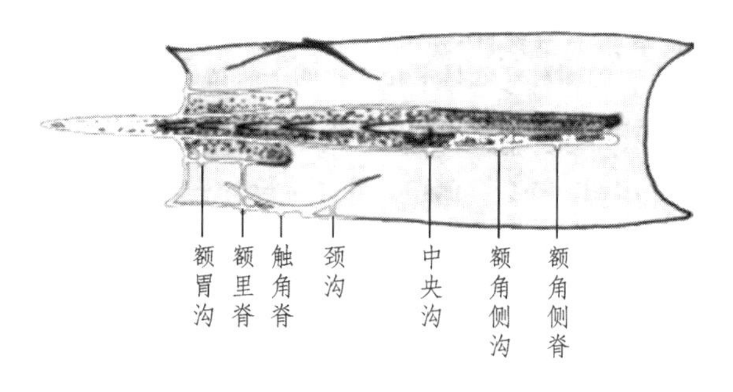


（b）头胸甲背面观

图 1-3　对虾头胸甲结构图

### （三）虾蟹血淋巴抽取

虾类血淋巴抽取：一只手控制虾体，使得虾的头胸甲暴露在外，此时围心腔就在头胸甲的后下方，另一只手用注射器抽取血淋巴，注射器事先用少量抗凝剂浸润内壁，然后从虾的头胸甲后缘下方插入围心腔 1～2 mm，按不同试验需要抽取不同量的血淋巴。整个过程应在低温环境下进行，抽取的血淋巴应立即加到事先含有固定液的离心管中，充分混匀，冷藏保存。

蟹类血淋巴抽取：将蟹固定于解剖盘内，其步足与头胸甲连接处有较软的基膜，注射器针头一般于此处插入 1～2 mm，则可顺利抽取血淋巴。

## 六、实训作业

（1）完成虾蟹类血淋巴的抽取。

（2）分离所解剖的新鲜虾蟹类标本的各内脏器官，分别放于白纸上并写下各器官名称。

（3）写出 10 种虾蟹的名称及系统分类地位。

（4）编写 10 种虾蟹的分类检索表。

# 实训二

# 鱼类生物学测定、解剖与分类

## 一、实训目的

（1）熟练掌握并测定鱼类的可数性状与可量性状,正确描述鱼类外部的其他性状。
（2）掌握鱼类解剖方法，熟练解剖鱼类标本，分离并正确描述鱼类内脏器官。
（3）掌握鱼纲分类和标本鉴定的基本方法，编写鱼类分类检索表。

## 二、实训材料

（1）几种常见经济鱼类的新鲜标本，如鲤、鲫、团头鲂、鲢、鳙、草鱼、大口黑鲈、罗非鱼、斑点叉尾鮰等。
（2）各主要目代表种新鲜标本或浸制标本。

## 三、实训器具

解剖盘、解剖剪、骨剪、解剖刀、解剖针、各种镊子、放大镜、培养皿、直尺、卡尺、吸水纸、棉花等。

鱼类分类参考资料。

## 四、实训要求

每组 1 人，每人任意选择 1 尾鱼的新鲜标本，进行生物学测量与解剖；对提供的任意 6 种鱼类新鲜或浸制标本进行分类鉴定，并编写 6 种鱼类的分类检索表。

## 五、实训内容

### （一）鱼类生物学测定

1. 主要可量性状（硬骨鱼类）（图 2-1）

（1）全长：自吻端至尾鳍末端的直线长度。

（2）体长或标准长：自吻端至尾鳍基部最后 1 枚椎骨的末端或到尾鳍基部的垂直距离。

（3）叉长：自吻端至尾叉最凹的直线长。

（4）头长：自吻端至鳃盖骨后缘的垂直距离（鲨、鳐类的头长是自吻端至最后一个鳃孔后缘的垂直距离）。

（5）吻长：自吻端或上颌前缘至眼前缘的垂直距离。

（6）眼径：眼水平方向前后缘的最大距离。

（7）眼间距：头背部两眼间的最大距离。

（8）眼后头长：自眼后缘至鳃盖骨后缘的垂直距离（鲨、鳐类的眼后头长是自眼后缘至最后一个鳃孔后缘距离）。

（9）躯干长：自鳃盖骨后缘（或最后一个鳃孔）至肛门（或生殖腔）后缘的垂直距离。

（10）体高：鱼体最高处的垂直距离。

（11）体宽：鱼体左右侧的最大距离。

（12）尾长：自肛门（或泄殖腔）后缘至最后一枚椎骨的垂直距离。

（13）尾柄长：自臀鳍基底后缘至尾鳍基部（或最后一枚椎骨）的垂直距离。

（14）尾柄高：尾柄部最低的垂直高度。

（15）尾鳍长：尾鳍基部至尾鳍末端的垂直距离。

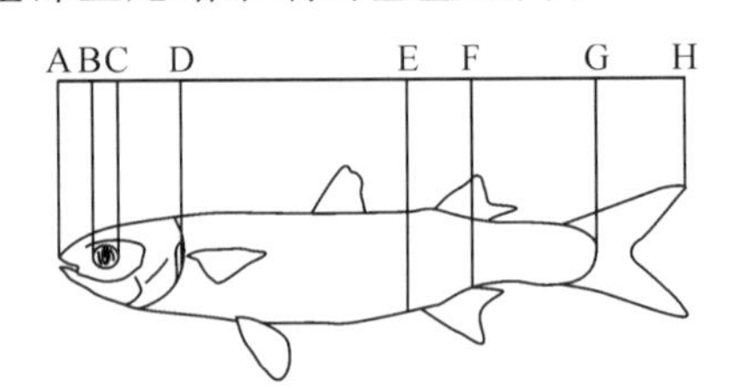


A—B：吻长；A—D：头长；A—G：体长；A—H：全长；C—D：眼后头长；
B—C：眼径；D—E：躯干长；E—G：尾长；F—G：尾柄长。

图 2-1　鱼类的外形及测量

2. 主要可数性状（硬骨鱼类）

（1）鳍式：记载鳍的性质和数量的一种方式，用各鳍英文名首字母大写加缩写符号表示鳍的名称，大小写罗马数字分别代表真棘和假棘，以阿拉伯数字代表分支和不分支鳍条。

D：背鳍；P：胸鳍；A：臀鳍；V：腹鳍；C：尾鳍。

（2）鳞式：记载鳞片数目的一种方式，记载方法为：

$$鳞式=侧线鳞数\times\frac{侧线上鳞数}{侧线下鳞数}$$

其中，侧线鳞数：沿自头后起至尾鳍中部基底间侧线上分布的鳞片数；侧线上鳞

数：背鳍基部前缘至侧线间（不包括侧线鳞）的横列鳞数；侧线下鳞数：腹鳍（或臀鳍）基底前缘至侧线（不包括侧线鳞）的横列鳞数。

（3）鳃耙：记载第一鳃弓的外鳃耙数。记载方式有 2 种：

① 上鳃耙数（长在咽鳃骨与上鳃骨上的鳃耙数）+下鳃耙数（长在角鳃骨与下鳃耙数）。

② 第一鳃弓的外鳃耙总数，不分上、下鳃耙。

（4）齿式：鲤科鱼类最后一对鳃弓的角鳃骨特化为下咽骨，其上长有齿，为咽齿；咽齿的数目，行列记载的方式为齿式，如鲤齿式为 1.1.3/3.1.1。

3. 其他外部器官与性状（硬骨鱼类）

（1）口。

口裂大小、口的位置。

（2）齿。

① 着生部位：颌齿、犁齿、舌齿、腭齿、咽齿。

② 形状：犬齿状齿、圆锥状齿、臼状齿、门齿状齿、梳状齿。

（3）须。

着生部位：吻须、颌须、鼻须、颐须（图 2-2）。

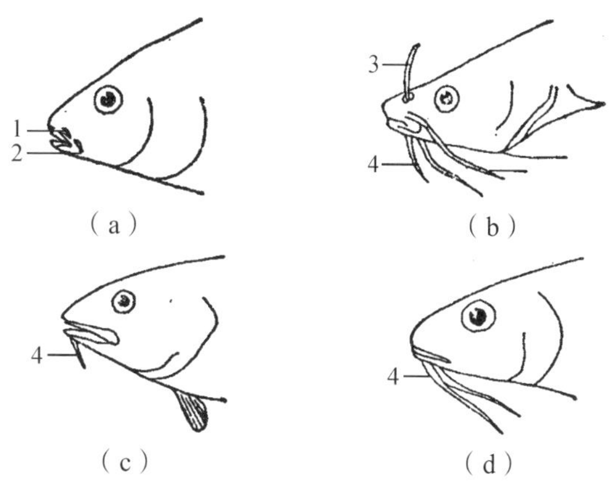


1—吻须；2—颌须；3—鼻须；4—颐须。

图 2-2　鱼类的口须

（4）鳍。

鳍的数量、形状、长度、着生位置。

尾鳍形状：截形、浅凹形、新月形、深凹形、圆形，如图 2-3 所示。

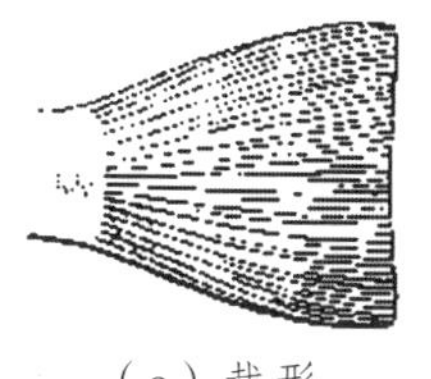

（a）截形

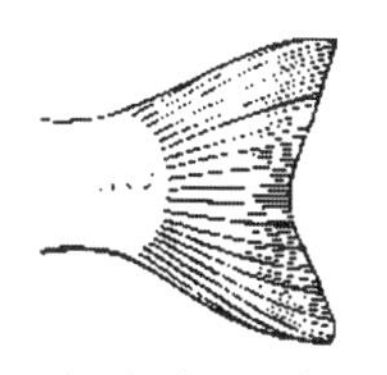

（b）浅凹形

（c）新月形

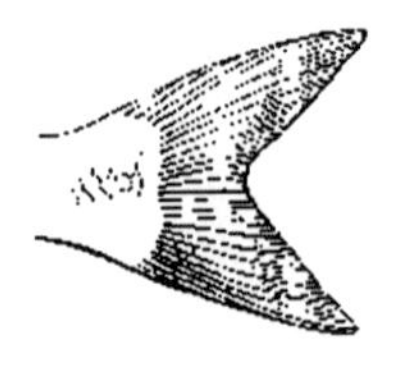

（d）深凹形

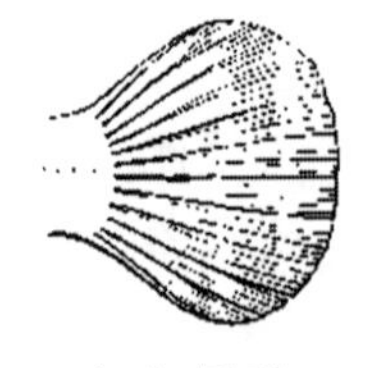

（e）圆形

图 2-3　鱼类尾鳍的形状

（5）鳞片

圆鳞：鳞片游离缘光滑。

栉鳞：鳞片游离缘有数排锯齿状突起。

（6）腹棱

鱼类肛门到腹鳍基前腹部中线隆起的棱，或到胸鳍基腹部中线隆起的棱，前者称为腹棱不完全，后者称为腹棱完全。

4. 鱼类体型判断

测量鱼类的三轴，根据鱼类三轴的大小判断鱼类体型。

（1）纺锤形：头尾轴最长，背腹轴较短，左右轴最短。

（2）侧扁形：头尾轴较短，背腹轴相对延长，左右轴仍为最短。

（3）平扁形：背腹轴缩短，左右轴特别延长，为背腹扁平左右宽阔的平扁形。

（4）棍棒形：头尾轴特别延长，背腹轴和左右轴特别缩小，且二者几乎相等，形如一条棍棒。

## （二）鱼类解剖

1. 解剖方法

（1）将被击晕的活鱼置于解剖盘中，使其腹部向上，用手术刀或剪刀在肛门前与头尾轴垂直方向切开一小口。

（2）使鱼侧卧于解剖盘中，左侧向上。

（3）将解剖剪从小口插入，沿腹腔上壁向前上方剪至鳃盖后缘，然后再垂直于头尾轴剪向腹面。

（4）最后将左侧体壁向腹面翻开，即可观察各内部器官。

2. 原位观察

（1）胸腔。

用解剖剪剪开喉部，打开围心腔（围心腔与腹腔之间有一薄膜相隔），可见心脏。

（2）腹腔。

脊柱腹面是白色囊状的鳔。鳔的背面，紧贴于脊柱腹面的深红色组织为肾脏。鳔的腹两侧是长囊状的生殖腺。成熟个体的生殖腺体积较大，占据腹腔的大部分空间，尤其是卵巢，可见卵粒。雄性的精巢为乳白色，雌性的卵巢为黄色。腹腔中迂回盘曲

的管道为肠管。肠管之间的肠系膜上弥散分布有暗红色的肝胰脏。在肠管前部背面有一长条状深红色的脾脏，如图 2-4 所示为鲤内脏解剖图。

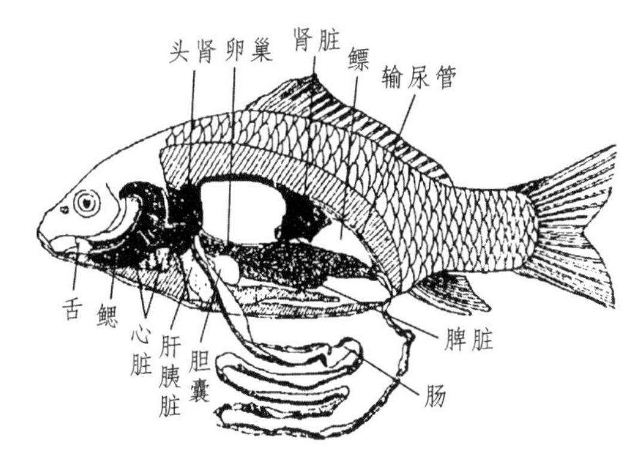


图 2-4　鲤内脏解剖图

3. 完整分离各器官

（1）分离 1 片完整的鳃片，放在白纸上，标注鳃丝、鳃弓、鳃耙。

（2）分离心脏：完整分离心脏，放于白纸上，并标注静脉窦、心房、心室、动脉球。

（3）分离性腺：完整分离性腺，并根据性腺外观，判断性腺发育分期。

（4）分离其他内脏器官：完整分离肝脏、脾脏、肾脏、胆囊、消化管等其他内脏器官，分别放于白纸上，标注各器官名称。

（三）鱼类分类

根据鱼类的可数性状、可量性状和其他性状，查阅鱼类分类文献，鉴定所提供的新鲜鱼类标本或浸制标本。

编制所提供的新鲜鱼类标本或浸制标本的分类检索表。

## 六、实训作业

（1）填写表 2-1 的内容。

表 2-1　鱼类性状信息（记录）表

| 项目 | 内容 |
|---|---|
| 鱼的种类 | 鲤（示例） |
| 体型 | （1）三轴测定。<br>头尾轴：　cm；背腹轴：　cm；左右轴：　cm。<br>（2）体型及判断依据。<br>纺锤形。<br>头尾轴最长，背腹轴较短，左右轴最短，鱼体中段较粗，两端尖细（示例） |

续表

| 项目 | 内容 |
| --- | --- |
| 主要可量性状 | 全长：　　cm<br>体长：　　cm<br>头长：　　cm<br>躯干长：　　cm<br>尾长：　　cm<br>体重：　　g |
| 主要可数性状 | 鳞式：$35\frac{5}{8}$（示例）<br>鳍式：D.Ⅲ-18；P.Ⅰ-16；V.Ⅱ-8～9；A.Ⅲ-5；C.20。（示例）<br>鳃耙数：5～9+13～16（示例）<br>齿式：1 · 1 · 3/3 · 1 · 1（示例） |
| 其他外部器官描述 | 口：端位（示例）<br>齿：具咽齿（示例）<br>须：2对，吻须1对，细弱，长约等于眼径；上颌须1对，粗大，达瞳孔中央（示例）<br>鳞：圆鳞，中等大（示例）<br>鳍：<br>背鳍1个，基部较长，上缘凹入（示例）<br>臀鳍1个，较短（示例）<br>尾鳍：尾鳍分叉，浅凹形（示例）<br>胸鳍：1对，下侧位，后端圆，接近或伸达腹鳍<br>腹鳍：1对，腹位（示例）<br>腹棱：无（示例） |

（2）分离所解剖的鱼类新鲜标本的各内脏器官，分别放于白纸上并写下各器官名称。

（3）写出6种鱼类的名称及系统分类地位。

（4）编写6种鱼类的分类检索表。

# 实训三

# 鱼类年龄鉴定与性腺成熟度判断

## 一、实训目的

（1）熟悉鱼类年龄鉴定的材料，正确采集、处理各种年龄鉴定材料。
（2）掌握鱼类年龄鉴定方法。
（3）掌握根据鱼类性腺外观性状判断鱼类性腺发育阶段的方法。

## 二、实训材料

鲤、鲢、鳙、草鱼、裂腹鱼、大口黑鲈、罗非鱼、黄颡鱼、斑点叉尾鮰、大（小）黄鱼等。

## 三、实训器具

解剖盘、解剖剪、骨剪、解剖刀、解剖针、各种镊子、放大镜、培养皿、直尺、卡尺、吸水纸、棉花、载玻片、砂纸或砂轮、小手锯。

## 四、实训要求

每组 1 人，每人根据所提供的标本，选取至少 2 种材料进行年龄鉴定。实训需在 120 min 内完成。

## 五、实训内容

### （一）年龄鉴定材料的采集与处理

鉴定鱼类年龄的材料有鳞片、胸鳍条、背鳍条、背鳍支鳍骨、鳃盖骨、匙骨、脊椎骨和耳石等。有鳞片的鱼，鉴定年龄可以鳞片为主。利用鳞片鉴定鱼类的年龄，操作和观察都比较简单，还可辅以其他年龄鉴定的对照材料。无鳞片的鱼类或鳞片细小的鱼类，鉴定年龄的材料视情况而定，可取鳃盖骨、匙骨；或用背鳍基部前方的脊椎骨，再辅以其他材料。

### 1. 鳞片

鉴定鲤科和鲑科鱼类年龄的鳞片，取自背鳍前下方、侧线上方部位或鱼体左右两侧。鲈科鱼类取其体前部侧线下方部位的鳞片为宜，裂腹鲤亚科则取其臀鳞，鱼体左右两侧各取 5 ~ 10 片。再生鳞和侧线鳞不可用于鉴定鱼类年龄。

取下的鳞片放入温水（或稀氨水）中浸泡，并用软刷子将鳞片表面的黏液、皮肤、色素等清洗掉，吸干水分后夹入载玻片中间备用。

### 2. 鳍条、鳍棘和支鳍骨

从关节部完整取下鳍条或鳍棘，然后用锯条在离基部 0.5 ~ 1 cm 处截取厚 2 ~ 3 mm 的一段，锯截面应和鳍棘保持垂直。将此片段在砂轮上粗磨，再在油石上磨成厚 0.2 ~ 0.3 mm 的透明薄片。研磨时应多加水湿润，以免破裂。或先浸在明胶的丙酮浓稠液中，使鳍长上裹上一厚层明胶，再取出晾干后切锯。

将切片置于载玻片上，有时肉眼即能观察；或加 1 ~ 2 滴苯或二甲苯，用解剖镜观察。如不清晰，还可将切片放在烘箱中加热数分钟，或在酒精灯火焰上灼烧一下，效果更好。在鳍条或鳍棘切面上，可以看到宽层和狭层相间排列，通常将狭层视作年轮计数，以判断鱼类的年龄。

### 3. 鳃盖骨、匙骨等扁平骨片

骨片一般取自新鲜鱼类。取骨片时，先用开水氽烫相应部位 1 ~ 2 次，或稍煮沸，但不宜久，否则骨片会变混浊。小的骨片薄而透明，可不用加工，洗净后即可观察；但有的较薄且太过透明，也不便观察，可以染色后再观察。大的骨片需进行加工，将不透明部分用刀刮薄或用锉刀锉薄，然后采用乙醚、汽油或乙醚/汽油（1：2）混合液脱脂数次。脱脂过程有时需要数星期，中间还须数次更换脱脂液。脱脂后骨片若仍不清楚，还可用染色剂染色。也可以将骨片浸在甘油里 10 ~ 15 min，然后加热至甘油沸点，经过处理的骨片变成乳白色，年轮会衬托得更清晰。

### 4. 脊椎骨

不同鱼类，其年轮在不同椎体上清晰程度不一，通常应先将椎体逐个检视，然后决定采取第几根脊椎骨为宜。如果是夏季取出的椎骨，应浸在 2%（冬季浸在 0.5%）的 KOH 溶液中 1 ~ 2 d，再放入乙醇溶液或乙醚中脱脂。然后将椎骨放入蜡盘里，关节臼朝上，用放大镜观察椎体中央斜凹面上的轮纹。也可预先把脊椎骨沿长轴方向剖开，然后把半个椎骨固定在蜡盘上，观察面水平朝上，椎体斜凹面上的宽层和狭层交替排列，常呈同心圆排列。

5. 耳石

耳石一般取自新鲜鱼类。耳石位于头骨后端两侧的球囊内。劈开鱼头，或横切鱼头后枕部，在脑后两侧一般可找到。也可从鳃盖下方取出，较小的鱼可撕开鱼鳃，暴露颅骨底面左右两个球囊，用镊子挑破球囊薄骨，即可取出耳石；较大的鱼，操作时将鳃盖翻离向一边，用解剖刀剔去球囊处肌肉，然后切开球囊壁，取出耳石。浸制标本的耳石已变脆，耳石上轮纹通常模糊不清，不宜采用。

小而透明的耳石可直接浸在二甲苯中观察，有时可置于酒精灯火焰上稍微加热，使轮纹更加清晰；大而不透明的耳石，如石首鱼科的大、小黄鱼等的耳石，必须加工后观察。有两种加工处理方法：

（1）把整个耳石涂上一层沥青，或埋在其间，然后按耳石大小、形状，沿耳石的纵轴或横轴将其劈开，其断面在质粒很细的油石上磨光，润以二甲苯，用放大镜观察或固定在松香等造型材料中观察。

（2）也可将耳石用中性胶固定于载玻片上，用不同规格的水砂纸先粗磨再细磨，打磨过程中随时用水湿润，并在解剖镜下观察，磨至中心处，换另外一面磨至轮纹清晰、厚 0.1 ~ 0.2 mm，用二甲苯透明，中性树胶封片。

劈开和打磨耳石时须注意，耳石中央一般有一中心核，切面务必通过此核心，否则对耳石的解释就不正确。

## （二）年龄的鉴定方法

### 1. 鳞片的年龄鉴定

一般使用显微镜、解剖镜或放大镜，放大到一定倍数以能看清环片群大小的排列情况，视野大小须能包括整个鳞片。以鳞片鉴定鱼类年龄主要是观察鳞片上环片所形成的年轮标志。不同鱼类形成年轮标志的环片构造型式不一样，需要根据其各自的特点来鉴定年龄。硬骨鱼类鳞片常见的年轮标志有三种特点：一是根据鳞片上所呈疏密环片之间的分界线所显示的年轮，观察计数其年龄；二是以观察环片相交处的切割现象计数年龄；三是依鳞片上的两列完整环片之间出现的一些断裂环片、凸出物来鉴定年轮。每种鱼类鳞片上的年轮常有一种或几种复合的类型，但不论哪种年轮类型，它总是相互衔接的，从一点出发围绕一圈而形成一个完整的年轮圈。然而使用鳞片测定老年鱼的年龄常常存在相当大的困难。

（1）鲤、鲫、草鱼：以切割型为主，在上下侧区和前区或后区交界处特别明显；但也可以看到疏密型，主要分布在前区；后区年轮特征常不显著，一些环片会变形、断裂、融合成为瘤突，年轮部位的瘤突可能更明显。因此，年轮在鳞片表面四个区基本上连续。鲤鱼鳞片可见到间隙型年轮特征。

（2）鲢、鳙：由封闭的“O”形环片向敞开的“U”形环片呈规则交替排列，并且环片群总是由“O”形群转向“U”形群，在后侧区这两组环片交界处形成切割现象，并可见到由密到疏的环片群过渡（图 3-1）。在鳞片表面的其他区域，环片均以由密到疏的过渡形成年轮。因此，它实际上也是一种环片疏密排列和切割相结合的形式。绝大多数个体，年轮常以一个明显的轮圈形式出现。

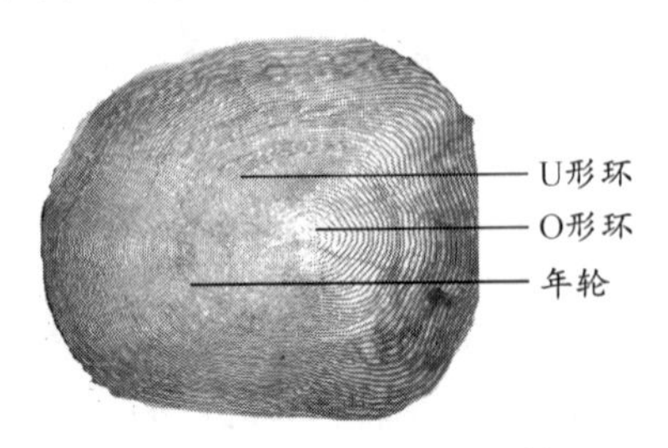


图 3-1　白鲢鳞片的年轮

（3）刀鲚、大麻哈鱼：前者为典型疏密型，但后区无环片。后者亦为疏密型，环片稍呈同心圆状，但不完全，后区亦无环片。

2. 鳍棘、鳃盖骨、匙骨及脊椎骨等的年龄鉴定

鳍棘、鳃盖骨、匙骨和脊椎骨等的骨片呈现不同层次宽窄相间的年带，每一年带代表 1 年的生长。窄层与下一年宽层的交界处的暗黑部分，即为年层，相当于鳞片上的年轮。在体视镜下观察上述年龄鉴定材料时，宽层在入射光下呈乳白色，在透射光时呈暗黑色，窄层在入射光下呈暗黑色，在透射光时透明。

3. 耳石的年龄鉴定

耳石在入射光下，可看到淡白色的宽层和暗黑色的狭层相间排列，构成与鳞片相似的生长年轮。在透射光下，宽层暗黑，而狭层呈亮白色。硬骨鱼类有矢耳石、微耳石和星耳石三对耳石。

4. 年龄组的划分

把生长状况比较接近的个体归纳起来，合并成一个年龄组来表示鱼的年龄，一般采用下列归纳统计方法分别年龄组。

1 龄鱼组（$0^+$ ~ 1）：经历了一个生长季节，一般在鳞片（或骨质组织）上面还没有形成年轮（$0^+$）或第一个年轮（1）正在形成中的个体，归入 1 龄鱼组；

2 龄鱼组（$1^+$ ~ 2）：经历了两个生长季节，一般在鳞片（或骨质组织）上面已形成一个年轮（$1^+$）或第二个年轮（2）正在形成中的个体归入 2 龄鱼组；

3 龄鱼组（$2^+$ ~ 3）：经历了三个生长季节，一般在鳞片（或骨质组织）上面已形成两个年轮（$2^+$）或第三个年轮（3）正在形成中的个体，归入 3 龄鱼组；

4 龄鱼、5 龄鱼等以此类推。

## （三）性腺成熟度判断

多数硬骨鱼类卵巢发育过程，依据性腺的体积、色泽、卵子成熟程度等标准，可以分为 6 个时期，精巢同卵巢一样，也可分为 6 期。

1. 卵巢发育分期

Ⅰ期卵巢：性腺紧贴在鳔下两侧的体腔膜上，呈透明细线状，肉眼不能分辨雌雄，看不到卵粒，表面无血管或血管十分细弱。

Ⅱ期卵巢：性腺正发育中的性未成熟或产后恢复阶段的鱼所具有。卵巢多呈扁带状，有不少细血管分布于组织中，经过成熟产卵之后退化到Ⅱ期的卵巢上的血管更发达，肉眼尚看不清卵粒，用放大镜可清晰看到卵粒。

Ⅲ期卵巢：卵巢体积增大，肉眼可以看清卵粒，卵粒不饱满，还不能从卵巢隔膜上分离剥落下来，卵母细胞开始沉积卵黄，但也有较早期的卵母细胞。

Ⅳ期卵巢：整个卵巢很大并占据了腹腔的大部分空间。卵巢多呈淡黄色或深黄色，部分鱼类卵巢呈灰色。卵巢结缔组织和血管十分发达，卵巢膜有弹性，卵粒内充满卵黄，大而饱满。

Ⅴ期卵巢：性腺完全成熟，卵巢松软，卵已排于卵巢腔中。提起雌鱼时卵子从生殖孔自动流出，或轻压雌鱼腹部即有成熟卵流出。成熟卵的颜色随种类而不同。

Ⅵ期卵巢：刚产完卵以后的卵巢，它可以分为一次产卵和分批产卵两种类型。一次产卵类型的卵巢体积大大缩小，组织松软，表面血管充血，卵巢内的残留物主要是一些Ⅱ期的卵母细胞以及许多已排出卵的滤泡膜，少数未产卵的卵母细胞很快就退化吸收。分批产卵类型的Ⅵ期卵巢，已产完卵的卵巢中有不同时相的Ⅲ、Ⅳ期卵母细胞，排出卵的空滤泡膜不多。

在进行卵巢分期的实际观察中，有时会发现它介于相邻两期之间，很难区别其到底属于哪一期，这种情况可写上两期的数序，在中间加上破折号，如Ⅲ—Ⅳ，Ⅳ—Ⅴ等，比较接近于哪一期，就把那一期的数字写在前面，如写Ⅳ—Ⅲ期时，表明卵巢比较接近Ⅳ期。

卵巢的成熟度也可以用成熟系数衡量。成熟系数是衡量性腺发育的一个标志，性腺的重量是表示性腺发育程度的重要指标，以性腺质量和鱼体质量相比，求出百分比，即为成熟系数，其计算公式为：

$$\text{成熟系数}=\frac{\text{性腺的质量}}{\text{去内脏后的体重}}\times 100\%$$

一般来讲，成熟系数越高，性腺发育越好。成熟系数的周年变化能清楚地反映出性腺成熟的程度。

2. 精巢的分期

Ⅰ期精巢：生殖腺很不发达，呈细线状，紧贴在鳔下两侧的体腔膜上，肉眼无法区别雌雄。

Ⅱ期精巢：呈线状或细带状， 透明或不透明，血管不显著。

Ⅲ期精巢：呈圆杆状，挤压雄鱼腹部或剪开精巢都没有精液流出。

Ⅳ期精巢：呈乳白色，表面有血管分布。早期阶段压挤雄鱼腹部没有精液流出，但在晚期能挤出白色的精液。

Ⅴ期精巢：乳白色块状，各精细管（实为精小囊）中充满精子，提起雄鱼头部或轻压腹部时，大量较稠的乳白色精液就从泄殖孔涌出。

Ⅵ期精巢：体积大大缩小。

## 六、实训作业

（1）根据实验鱼的种类选择适宜年龄鉴定材料，进行年龄鉴定。

（2）测定实验鱼的性腺指数。

（3）对实验鱼的性腺发育情况进行描述，并判断其发育分期。

# 实训四

# 鱼类脑垂体的采集与保存

## 一、实训目的

练习摘取和保存鱼类脑垂体。

## 二、实训材料

接近性成熟的新鲜鲤、鲫等鱼类。

## 三、实训器具、材料

解剖盘、解剖剪、骨剪、解剖刀、解剖针、镊子、放大镜、培养皿、吸水纸、磨口玻璃瓶、丙酮。

## 四、实训要求

每组 1 人，独立完成鱼类脑垂体的摘取与处理。

## 五、实训内容

1. 脑垂体摘取

脑垂体位于间脑下面的碟骨鞍里（图 4-1）。摘取时，先用刀劈去鱼头盖骨，将脑腔中的脂肪拔除，暴露整个鱼脑。然后将连在脑后的脊髓挑起，轻轻将脑翻开，可见前耳骨内有一心形乳白色小颗粒，即为垂体。小心用镊子将垂体旁边的结缔组织包膜轻轻剔开，然后将镊子伸到垂体下边，将其轻轻托出。

或从鳃盖的侧面摘取：先将鱼的鳃盖掀起，用自制摘取刀（将一段 8 号铁丝一端锤扁，略弯曲成铲形）剥去鳃后，插入蝶骨缝内，将蝶骨挑起，便可露出乳白色的脑垂体，用摘取刀轻轻挑出完整无损的脑垂体。

图 4-1 脑垂体的位置

2. 垂体保存

取出的垂体要求保持完整不破，去掉附在垂体上的血丝和脂肪后，放入体积为垂体 20 倍左右的丙酮或无水乙醇中，脱脂、脱水。浸泡 12 h 后更换一次新的丙酮液，连续处理 2 ~ 3 次。最后将浸渍的垂体取出，放在吸水纸上晾干，即成干燥垂体。将其装入有色小瓶中盖好，封口，并分别标记鱼的名称、大小、垂体数量和摘取的日期等，置于干燥容器内保存备用。也可在更换 1 次丙酮后，连同浸液一起密封保存。

# 实训五

# 浮游生物种类鉴别

## 一、实训目的

掌握浮游植物和浮游动物常见种类的特征并加以鉴别。

## 二、实训材料

浮游生物鲜活样品、装片或固定标本。

## 三、实训器具

光学显微镜、载玻片、盖玻片、擦镜纸、玻璃瓶、吸水纸、吸管、尖头小镊子、鲁哥氏碘液。

## 四、实训要求

每组 1 人，在显微镜下观察所提供的浮游生物样品，鉴别其中浮游植物和浮游动物，其中浮游植物要求鉴定到属，原生动物鉴定到属，轮虫、枝角类鉴定到属或种，桡足类要求鉴定到目。

## 五、实训内容

### （一）制片

将浸制标本摇匀，用吸管吸取适量标本液，滴一小滴于擦净的载片中心，并加上盖片，注意不使水溢出，盖片内不要留下气泡。如有水溢出或有气泡，擦去重新制片，切忌用吸水纸吸水，这样会将藻体一起吸出。

如是活体标本，最好在水滴中加上一些细纤维（棉花）。假若活体观察完毕后欲将其固定，便可吸少量碘液，从盖片旁侧滴入以杀死运动个体。

（二）镜检

先在低倍镜下观察，找到要观察的标本后，再换高倍镜观察各藻类的结构与特点，识别常见种类。可按下述方法对浮游植物几种典型结构和部位进行观察。

（1）多角度观察：如对硅藻带面、壳面的观察，可用解剖针轻敲盖片让其翻动。

（2）细胞核观察：通常细胞用碘液固定后，细胞核被染成橙黄色。对裸藻等较大型个体可用挤压法，将手压盖片使细胞破裂，细胞核就可脱藻而出。

（3）鞭毛观察：最好先取活体标本，在低倍镜下观察其活动状况，凡运动比较迅速（旋转、流动等）的藻类均为鞭毛藻类（应注意与缓慢摇摆前进的硅藻和颤藻严格区别开来）。转换高倍镜并将聚光镜调到最上位，缩小光圈可以将无色、接近透明光亮的活体鞭毛观察比较清楚；如果加上适当碘液固定，鞭毛可被衬托出来，纹理更为清晰。

（4）蛋白核观察：对周边由淀粉鞘组成的蛋白核（多数绿藻），只需加上少许碘液令其变色（黑蓝色）便可观察清楚；对周边由副淀粉包被的蛋白核（如裸藻）即使加碘也不会变色，但反光性很强，由此衬托出几个椭圆球形、光亮的、围绕在蛋白核四周的副淀粉。

（5）同化产物观察：

A. 淀粉：有蛋白核的种类淀粉多集中分布在蛋白核周围形成“淀粉鞘”，与碘反应后显色清晰；无蛋白核的种类，淀粉粒分散于色素体的不同部位，遇碘呈蓝黑色或紫黑色者即为淀粉。

B. 脂肪：本体略带黄色，球形、光亮透明的小颗粒，不与碘反应，在硅藻色素体上最为常见，但数量、位置不定，有的个体缺少，通常在活体标本中较清晰。

C. 副淀粉：裸藻门拥有的一种淀粉物质，常呈棒环状、椭圆形，罕为球形，反光性很强，因而光亮，不与碘反应，通常较大。

D. 白糖素：为金藻（少数黄藻）所有的一种糖类，呈白色、光亮不透明、大小不定的球体，不与碘反应，多半集中在细胞后端。

（6）色素体观察：色素体在原生质中有固定的形状，并呈现一定颜色，欲看清颜色一定要用活体标本。可待临时装片水分蒸发殆尽时，用手指轻轻揉搓盖片，使细胞破碎，色素体可自然脱出，呈现于视野中。

（7）衣鞘（胶被）的观察：团藻目、四孢藻目的许多种类，群体周边包被一层含水量极高的透明胶被，在装片水分蒸发殆尽时极易看到，加上少量碘液使原生质着色后，也能衬托出胶被的存在。

## 六、实训作业

对观察到的浮游生物进行拍照，并按要求写出其属名（或种名），桡足类写出其所属目的名称。

# 实训六

# 常见水草识别

## 一、实训目的

（1）熟练掌握并完成常见水族造景水草的分类。
（2）熟练掌握各类型水草的鉴定识别及造景应用。

## 二、实训材料

30 种常见造景水草。

## 三、实训器具

镊子、放大镜、吸水纸等。
水草分类参考资料。

## 四、实训要求

每组 1 人，每人任意选择对任意提供的水草进行种类识别。

## 五、实训内容

水草泛指能在水中培育、生长的水生植物，即能够在水中生长的一类草本植物。观赏水草是在自然环境中生长、发育或经人工采集、栽培及选育的具有一定观赏性的一类水生植物。它主要应用于水族箱的造景与欣赏，并以此来表现水族箱的自然美、生态美。观赏水草品种繁多，据有关资料表明，目前可应用于水族箱培植的品种已达 500 多种。一般来说，可以从水族箱造景、形态特征、生长形态与水的关系、生物学 4 个角度对观赏水草进行分类。

1. 按水族箱造景分类

根据造景目的不同，可将水草分为前景草、中景草和后景草三类，如图 6-1 所示。前景草指种植在水族箱前部的水草，一般多为小型草，较低矮，如迷你矮珍珠、牛毛毡、迷你椒草、香菇草等。中景草指种植在水族箱中部，介于前、后景草中间的草，如小对叶、红柳等。后景草指种植在水族箱后部的草，一般为大型、较高的草，如大叶草、三叶蕨等。

（a）迷你矮珍珠　（b）牛毛毡　（c）迷你椒草　（d）香菇草

（e）小对叶　（f）红柳　（g）大叶草　（h）三叶蕨

图 6-1　各类型水草前景（a～d）、中景（e、f）和后景（g、h）

2. 根据形态特征分类

根据观赏水草形态特征的不同，可以将观赏水草分为八大类：

有茎类水草，如矮珍珠、红柳、小对叶等。

丛生类水草，如香菇草、牛毛毡、小水兰等。

椒草类水草，如亚菲椒草。

皇冠类水草，如皇冠草、红香瓜草等。

水榕类水草，如小水榕、奥利榕叶等。

根茎类水草，如网草、海带草等。

蕨类水草，如三叶蕨、黑幕蕨等。

苔藻类水草，如毛苔草、丝条莫丝等。

3. 根据生长形态与水的关系分类

依水草的生长形态和水的关系分为沉水性水草、浮叶性水草、浮水性水草、挺水性水草和中间性水草。

挺水性水草指根生于水底、叶伸出水面、花开在空中的一类水草，如大柳（*Hygrophila corymbose*）。

浮叶性水草指根生于水底、叶浮在水面上的一类水草，如香蕉草（*Nymphoides aquadca*）。

浮水性水草指不在水底扎根、根部垂直于水中的水草，如槐叶萍（*Saivmia auriculata*）。

沉水性水草指整株植物体都生长在水中的水草，如金鱼草（*Caboma carliniana*）。

中间性水草指那些无固定的根、茎、叶，生于水中的一类水草，如鹿角苔（*Riccia fluitans*）。

4. 根据生物学分类

根据水草亲缘关系的生物学分类法，可分为藻类植物、苔藓植物、蕨类植物、双子叶植物和单子叶植物。藻类植物只有轮藻 1 种；苔藓植物含有 4 科属植物；蕨类植物含有 5 科属植物；双子叶植物含有 37 科属植物；单子叶植物含有 25 科属植物。

## 六、实训作业

（1）识别给定水草缸中的所有水草种类。

（2）阐述该水草的种植是否合理，并给出理由。

实训七

# 养殖水体水质综合测定

## 一、实训目的

（1）掌握养殖池塘水质测定的采样点的选择、水样采集、水样保存等基础知识。
（2）熟练掌握氨氮、亚硝酸盐、pH、溶解氧、水温等主要水质指标的测定方法。
（3）掌握养殖水质综合结论的评定方法。

## 二、实训材料

（1）pH 快速测定试剂盒：1 盒，规格品牌不限。
（2）溶解氧快速测定试剂盒：1 盒，规格品牌不限。
（3）氨氮快速测定试剂盒：1 盒，规格品牌不限。
（4）亚硝酸盐快速测定试剂盒：1 盒，规格品牌不限。
以上实训材料每组一套。

## 三、实训器具

（1）13 号和 25 号浮游生物网各 1 个。
（2）透明度盘：黑白透明度盘 1 个。
（3）采水器：1 000 mL 采水器 1 个。
（4）锥形瓶：250 mL，2 个。
（5）乳胶管：长 20 ~ 30 cm。
（6）光学显微镜：1 台。
（7）一般实验室常备仪器和设备。
以上实训器具每组一套。

## 四、实训要求

（1）分组，每组 3 人，独立操作。

（2）自行设计水质综合测定的简表，要求简明扼要。

（3）水样采集、物理特征测定、水化因子测定要求在现场完成。采样点一经确定不得更改，水化因子只测定一次，不得重复测定。

（4）水生生物测定：采集新鲜水样在显微镜下进行观察，对浮游生物品种鉴别到属，不进行生物量测定。

（5）操作过程中要求听从考查人员的安排；严格遵守规章制度、注意安全；爱护仪器设备，严禁损坏。

## 五、实训内容

1. 水样点选择

池塘：先确定池塘面积、形状、水深等，再确定采水点、采水深度。

2. 物理指标测定

（1）水色。

水色的观测只在白天进行，水色由目测确定。常见的水色有姜黄、茶褐、红褐、褐中带绿、黄绿、油绿、蓝绿、墨绿、绿中带褐等。

（2）臭和味。

以感官法测定水样的臭和味。

① 原水样的臭和味：取 100 mL 水样，置于 250 mL 锥形瓶中，振荡后从瓶口嗅水的气味，用适当词句描述，并按等级标准（见表 7-1）记录其强度。与此同时，取少量水放入口中，不要咽下，尝尝水的味道，加以描述，并按等级标准（见表 7-1）记录其强度。原水的水味检测只适用于对人体健康无害的水样。

② 原水煮沸后的臭和味：将上述锥形瓶内的水样加热至开始沸腾，立即取下锥形瓶，稍冷后测其臭和味。按上述方法用适当词句描述其性质，并按等级标准记录其强度。

表 7-1　臭和味的强度等级

| 等级 | 强度 | 说明 |
|---|---|---|
| 0 | 无 | 无任何臭和味 |
| 1 | 微弱 | 一般人甚难察觉，但臭、味敏感者可以察觉 |
| 2 | 弱 | 一般人刚能察觉，臭、味敏感者已能明显察觉 |
| 3 | 明显 | 已能明显察觉 |
| 4 | 强 | 已有很明显的嗅和味 |
| 5 | 很强 | 有强烈的恶臭或异味 |

注：必要时用活性炭处理过的纯水作为无臭对照水。

（3）水温。

采水器有温度计，在采取水样时即可读出水体温度。

3. 水化因子测定

（1）pH 快速测定。

使用 pH 快速试剂盒测定。若水样混浊可过滤或放置澄清后再进行测定。养殖水体 pH 的适宜范围为 6.5 ~ 9.0，最适范围为 7.5 ~ 8.5。

pH（6.4 ~ 8.0）测定：先用待测定的水样冲洗测定管 2 ~ 3 次，再取水样至管的刻度线，向管中加 pH 测定液（Ⅰ）4 滴，摇匀。测定管竖直放置色卡空白处，背光。与标准色卡自上而下目视比对，与管中溶液颜色相同的色标即为水样的 pH。

pH（8.0 ~ 9.6）测定：先用待测定的水样冲洗测定管 2 ~ 3 次，再取水样至管的刻度线，向管中加 pH 测定液（Ⅱ）4 滴，摇匀。测定管竖直放置色卡空白处，背光。与标准色卡自上而下目视比对，与管中溶液颜色相同的色标即为水样的 pH。

（2）溶解氧快速测定。

先用池水冲洗比色管两次，再取水样充满比色管，依次加入溶解氧（1）和（2）试剂各 5 滴，立即盖紧，颠倒数次，静置 3 min，打开，再加溶解氧（3）试剂 5 滴，盖好振荡使沉淀完全溶解，如不全溶可再加（3）试剂几滴，吸取出部分溶液使液面至 15 mL 刻度，由管口向管底观察，与标准色卡比对，与管中颜色最接近的色标上方的数值即为水样溶解氧含量（mg/L）。若池水混浊，待反应完后，先过滤，再与标准色卡比色。

（3）亚硝酸盐快速测定。

若水样混浊，应过滤后再进行取样测定。

测定：用待测水冲洗取样管二次，然后取样至刻度线。向管中加入一玻璃勺亚硝酸盐试剂（若试剂结块，压碎后仍可用），摇动使其溶解。5 min 后，自上而下与标准色卡目视比对，色调相同的色标，即为待测水中亚硝酸盐含量（以氮计：mg/L）。

若待测水的亚硝酸盐含量超过色卡所指色标，可用不含亚硝酸盐的水（如凉开水）稀释一定倍数，再按上述方法测试，最后乘以稀释倍数即为待测水中亚硝酸盐含量。

（4）氨氮快速测定。

若取底层水样，取样后静置数分钟，待水样澄清后，取上层清液测定。

测定：用待测定的水样冲洗测定管 2 ~ 3 次，然后取水样至刻度线（若水样需过滤，先加几滴稀酸）。往管中加试剂氨氮（Ⅰ）2 滴，盖上管塞摇匀；打开管塞再加试剂氨氮（Ⅱ）5 滴，盖上管塞摇匀放置 10 min。若试剂加完后立即出现混浊应弃掉，将水样过滤后重新进行测定。测定管竖直，放置于色卡空白处，背光。与标准色卡自上而下目视比色，颜色相同的色标即为水样氨氮的含量（以氮计：mg/L）。

养殖水体氨的含量应小于 0.02 mg/L。

分别测定水样中氨氮含量、pH、温度后，按表 7-2 查出氨（$NH_3$）在总氨氮中的比例，按下列公式计算出水样中氨的含量：

$$氨（NH_3，mg/L）= 氨氮（N，mg/L）\times 1.216 \times 比例（\%）$$

表 7-2　水样中有毒氨（$NH_3$）的比例表　　单位：%

| pH | 温度 | | | |
| --- | --- | --- | --- | --- |
| | 15 °C | 20 °C | 25 °C | 30 °C |
| 6.0 | 0 | 0 | 0 | 0 |
| 6.5 | 0 | 0.1 | 0.2 | 0.3 |
| 7.0 | 0.3 | 0.4 | 0.6 | 0.8 |
| 7.5 | 0.9 | 1.2 | 1.8 | 2.5 |
| 8.0 | 2.7 | 3.8 | 5.5 | 7.5 |
| 8.5 | 8.0 | 11.0 | 15.0 | 20.0 |
| 9.0 | 21.0 | 28.0 | 36.0 | 45.0 |
| 9.5 | 46.0 | 56.0 | 64.0 | 72.0 |
| 10.0 | 73.0 | 80.0 | 85.0 | 89.0 |

4. 水生生物测定

（1）浮游植物初步识别。

用 25 号浮游生物网在水面下做“∞”字形移动采集浮游植物，收集浓缩液。用胶头滴管吸取浓缩液，滴到载玻片上（若藻种浓度大，可用无菌水稀释），用显微镜（低倍和高倍）观察细胞的形态大小并初步判断其品种。

（2）浮游动物初步识别。

用浮游生物网作“∞”字形移动几次，收集浓缩液。用胶头滴管吸取浓缩液，滴到载玻片上，用显微镜（低倍和高倍）观察浮游动物的形态大小并初步判断其品种（轮虫、枝角类、桡足类）。

## 六、实训作业

完成表 7-3 的内容。

表 7-3　水质综合测定记录表

<table>
<tr><td>姓名</td><td></td><td>年级</td><td></td><td>专业</td><td></td><td>时间</td><td></td></tr>
<tr><td colspan="2">项目</td><td colspan="6">操作及结果</td></tr>
<tr><td colspan="2">水样采集</td><td colspan="6">采样水体：<br>采样位置：<br>采样水层：<br>水样保存：</td></tr>
<tr><td colspan="2">物理特征测定</td><td colspan="6">水色：<br>透明度：<br>气味：<br>水温：</td></tr>
<tr><td colspan="2">水化因子测定</td><td colspan="6">pH：<br>氨氮：<br>亚硝酸盐：<br>溶解氧：</td></tr>
<tr><td colspan="2">浮游生物测定</td><td colspan="6">浮游生物种类：<br>优势种：</td></tr>
<tr><td colspan="2">结果分析</td><td colspan="6"></td></tr>
</table>

实训八

# 养殖水体溶解氧测定（碘量法）

## 一、实训目的

（1）知晓溶解氧在水产养殖中的重要性。溶解氧是水质的重要指标，水中溶解氧含量的多少直接或间接影响到水中生物的生存，缺氧严重的可引起养殖生物浮头甚至窒息死亡；长期处于低氧状态的养殖生物虽然能存活，但其摄食量降低，生长速度减慢，饵料系数增大，发病率上升，甚至影响胚胎的正常发育。水中溶解氧还能决定很多化学物质的存在形态，影响化学物质的迁移转化。缺氧时能增加某些物质的毒性，间接影响养殖生物的生长。通过对养殖水体不同水层、不同时间点溶解氧进行检测，了解养殖水体溶解氧的含量及变化规律。

（2）掌握碘量法测定溶解氧的原理。

（3）掌握养殖水体溶解氧测定水样采集点的选择、水样采集、水样固定保存等知识。

（4）熟练掌握碘量法滴定的操作方法。

## 二、实训原理

在水样中加入过量的 $Mn^{2+}$和碱性 KI 溶液，$Mn^{2+}$与碱作用生成白色 $Mn(OH)_2$沉淀，在有溶解氧存在时 $Mn(OH)_2$立即被氧化形成三价或四价锰的棕色沉淀，这一过程称为溶解氧的固定。高价锰化合物沉淀在酸性介质中，被 $I^-$还原并溶解，同时析出和溶氧相当量的游离 $I_2$（需要有 KI 过量才能溶解），再用 $Na_2S_2O_3$标准溶液滴定析出的游离 $I_2$，以淀粉指示剂指示滴定终点，根据 $Na_2S_2O_3$的用量可以计算水中的溶氧含量。测定过程（固定、酸化、滴定）的主要反应如下：

固定：

$$Mn^{2+} + 2OH^- = Mn(OH)_2\downarrow \text{（白色）}$$

$$2Mn(OH)_2 + O_2 = 2MnO(OH)_2\downarrow \text{(棕色)}$$

酸化：

$$MnO(OH)_2 + 2I^- + 4H^+ = Mn^{2+} + I_2 + 3H_2O$$

滴定：

$$I_2+2Na_2S_2O_3 = 2NaI+ Na_2S_4O_6$$

这种测定方法又称 Winkler 法，是测定水中溶氧的经典标准方法。但是在有氧化性干扰物（如 $NO_2^-$、$Fe^{3+}$）共存时，氧化物也可氧化 $I^-$ 成 $I_2$，使测定结果偏高；有还原性干扰物共存时，干扰物会使 $I_2$ 还原变成 $I^-$，使测定结果偏低。参考《水和废水监测分析方法》《环境检测分析方法》等资料，当水样中亚硝酸氮含量大于 50 μg/L，但 $Fe^{2+}$ 不大于 1 mg/L 时，可采用修正的叠氮化钠碘量法；水样中 $Fe^{2+}$ 过多时应使用高锰酸钾碘量法。

## 三、主要仪器和试剂

1. 仪器

（1）采水器：1 000 mL 1 个。

（2）酸式滴定管：25 mL 2 支、分刻度 0.05 mL。

（3）锥形瓶：250 mL 4 个。

（4）碘量瓶（或具塞锥形瓶）：250 mL 6 个或 100 mL 6 个。

（5）试剂瓶：50 mL 2 个、100 mL 6 个、1 000 mL 1 个。

（6）移液管：5 mL 2 支、2 mL 2 支、10 mL 1 支。

（7）滴瓶：1 个。

（8）洗耳球：2 个。

（9）乳胶管：长 20 ~ 30 cm。

（10）容量瓶：100 mL 4 个，250 mL、500 mL、1 000 mL 各 1 个。

（11）一般实验室常备仪器和设备。

以上仪器每组一套。

2. 试剂

（1）锰盐溶液：称取 480 g $MnSO_4 \cdot 4H_2O$ 或 400 g $MnCl_2 \cdot 4H_2O$ 溶于 500 mL 纯水，然后稀释至 1 000 mL，溶液如有沉淀可静置后使用上清液。

（2）碱性 KI 溶液：称取 150 g KI 溶于 100 mL 纯水，另取 500 g NaOH 溶于 500 ~ 600 mL 纯水。冷却后将两种溶液混合，并稀释到 1 000 mL，装入棕色聚乙烯塑料瓶中备用。

（3）$H_2SO_4$ 溶液（1+1）：在不断搅拌下把浓 $H_2SO_4$ 慢慢加入等体积纯水中混合均匀，贮于试剂瓶中备用。

（4）$H_2SO_4$ 溶液（1 mol/L）：在不断搅拌下将 28 mL 浓硫酸慢慢加入 472 mL 纯水中。

（5）淀粉指示剂（5 g/L）：称取 0.5 g 可溶性淀粉，先用少量纯水调成糊状，倾入沸水中煮沸并稀释至 100 mL。

（6）$Na_2S_2O_3$标准溶液（0.01 mol/L）：称取 $Na_2S_2O_3 \cdot 5H_2O$（AR）约 2.5 g，溶解于刚煮沸放冷的纯水中，再加 0.4 g NaOH，稀释到 1 000 mL，可再加 1 滴 $CS_2$作保存剂，摇匀后贮于棕色试剂瓶中。待 2 周后标定准确浓度。

（7）碘酸钾标准溶液（0.010 mol/L，1/6 $KIO_3$）：称取 0.178 3 g $KIO_3$（基准级试剂，预先在 120 °C 干燥 2 h），溶于少量纯水，转移到 500 mL 容量瓶中，稀释至刻度。

## 四、实训要求

每组 4 ~ 5 人，确定组长，严守实验安全准则要求。

## 五、实训内容

1. 硫代硫酸钠溶液的标定

在锥形瓶中用 100 ~ 150 mL 纯水溶解 0.5 g 固体 KI，再加入 $H_2SO_4$溶液（1 mol/L）5 mL，混合均匀后加 $KIO_3$标准溶液（0.010 mol/L，1/6 $KIO_3$）20.00 mL，用纯水稀释至约 200 mL，立即用 $Na_2S_2O_3$溶液滴定释放出的 $I_2$。滴定到淡黄色时加 5 g/L 淀粉指示剂 1 mL，继续滴定到蓝色消失，并在半分钟内不再出现蓝色为止，记录滴定消耗体积 $V_{Na_2S_2O_3}$。按下式计算 $Na_2S_2O_3$溶液的浓度 $C_{Na_2S_2O_3}$：

$$C_{Na_2S_2O_3} = \frac{V_{1/6\,KIO_3} C_{1/6\,KIO_3}}{V_{Na_2S_2O_3}}$$

即

$$C_{Na_2S_2O_3}(\text{mol/L}) = \frac{0.010\,(\text{mol/L}) \times 20.00\,(\text{mL})}{V_{Na_2S_2O_3}(\text{mL})}$$

2. 水样的采集

根据养殖池塘现状，确定采样点位，测定采样点位深度确定采样水层。用采水器把养殖池塘相应水层的水样采上来后，记录水温，立即把采水器的胶管插入碘量瓶底部，放出少量水，润洗 2 ~ 3 次，然后将胶管再插入瓶底，令水样缓慢注入瓶内，并溢出约 2 ~ 3 瓶体积的水。在不停止注水的情况下，提出导管，盖好瓶塞。瓶中不得有气泡。要求每组至少取 3 个点、6 个水样。

3. 水样固定

立即向水样瓶中加入 $MnSO_4$溶液和碱性 KI 溶液各 0.5 mL。加试剂时刻度吸管尖端应插入水面下 2 ~ 3 mm，让试剂自行流出，沉降到瓶底。然后立即盖好瓶塞反复倒转 20 次左右，使溶氧被完全固定。静置，待沉淀降到瓶的中部后可以进行酸化。固定后的水样在避光条件下可保存 24 h。固定操作要迅速，水样瓶中不得有气泡。

4. 酸化

固定后的水样带回实验室，待其沉淀后打开瓶塞，用刻度吸管沿瓶口内壁加入 1 mL $H_2SO_4$ 溶液（1+1），盖上瓶塞，反复倒转摇匀，使沉淀完全溶解。酸化后的水样需要尽快滴定。

5. 滴定

将酸化后的水样摇匀，用移液管吸取 50 mL 水样于锥形瓶中（V 样），立即用 $Na_2S_2O_3$ 标准溶液（$C_{Na_2S_2O_3}$）滴定，若酸化后的水样呈淡黄色可直接加淀粉指示剂。当滴定至淡黄色时加入淀粉指示剂约 1 mL，用 $Na_2S_2O_3$ 继续滴定至蓝色刚刚退去并在 20 s 内不返回，记录滴定消耗体积（$V_{Na_2S_2O_3}$）。取水样重复 2 次滴定，要求两次滴定的偏差不超过 0.05 mL。

## 六、结果与计算

溶氧含量 $\rho_{DO}$ 常用 mg/L、mL/L 两种单位表示，可通过以下公式计算：

（1）用 mg/L 表示时，计算公式为：

$$\rho_{DO}=\frac{C_{Na_2S_2O_3}\times V_{Na_2S_2O_3}\times f}{V_{样}}\times 8\times 10^3$$

式中，8 表示的是 1 mol $Na_2S_2O_3$ 相当于 8 g $O_2$。

$$f=\frac{V_{瓶}}{V_{瓶}-V_{固剂}}=\frac{V_{瓶}\,(\text{mL})}{V_{瓶}\,(\text{mL})-1.0\,(\text{mL})}$$

式中 $V_{瓶}$——水样瓶容积；

$V_{固剂}$——固定溶氧加入试剂的总体积。

（2）把溶解氧含量换算为标准状态下的体积表示：

$$\rho_{DO}(\text{mL/L})=\rho_{DO}(\text{mg/L})\times\frac{22.4\,(\text{m}^3/\text{mol})}{32.0\,(\text{g/mol})}$$

## 七、注意事项

（1）为了保证水中溶氧完全被固定，所加入的固定剂应是过量的。如有气泡存在，水中溶氧被固定后，气泡中的氧气立即溶于水后也会被固定，使测定结果偏高。相同体积的空气中的氧气比水中的氧气多很多。

（2）如果用量筒吸取 50 mL 水样，酸化后滴定到终点时还需将水样返回到量筒，

这时颜色会由蓝色变为淡黄色，再滴定至蓝色。

（3）加 $MnSO_4$ 和碱性 KI 溶液的移液管不能用错，否则会产生褐色沉淀而堵塞移液管。堵塞的移液管可用强酸洗净。

（4）有条件的情况下，可将结果与溶解氧快速测定试剂盒的测定结果对比。

## 八、实训作业

撰写实训报告，分析溶解氧对池塘养殖的影响，画出养殖池塘溶解氧分布图。

实训九

# 养殖水体氨氮测定（纳氏试剂法）

## 一、实训目的

（1）通过对养殖水体不同水层、不同时间点进行氨氮检测，了解养殖水体氨氮的含量及变化规律。

（2）掌握纳氏试剂法测定氨氮的原理。

（3）掌握养殖水体氨氮测定水样采集点的选择、水样采集、水样固定保存等知识。

（4）熟练使用分光光度计，掌握纳氏试剂法测定的操作方法。

## 二、主要仪器和试剂

1. 主要仪器

（1）采水器：1 000 mL 1 个。

（2）分光光度计及配套比色皿：分光光度计 1 台、比色皿 1 套。

（3）具塞比色管：1 套，10 支。

（4）锥形瓶：250 mL 4 个。

（5）试剂瓶：50 mL 2 个、100 mL 6 个、1 000 mL 1 个。

（6）移液管：5 mL 2 支、2 mL 2 支。

（7）洗瓶：洗瓶 1 个。

（8）洗耳球：1 个。

（9）乳胶管：长 20 ~ 30 cm。

（10）容量瓶：100 mL 4 个，250 mL、500 mL、1 000 mL 各 1 个。

（11）一般实验室常备仪器和设备。

2. 试剂

（1）无氨纯水：2 L 纯水中加入 2 mL 碱性储备液（15% NaOH 溶液与 25% $Na_2CO_3$ 溶液的混合液），然后加热蒸发至原体积的一半。

（2）酒石酸钾钠溶液（50%）：50 g 酒石酸钾钠（$KNaC_4H_4O_6 \cdot 4H_2O$）溶于纯水中，加热煮沸以除氨，冷却后以纯水稀释至 100 mL。

（3）氢氧化钠溶液（20%）：20 g NaOH 固体溶于 180 mL 纯水中，然后再加热蒸发至原体积的一半以除氨，冷却。

（4）纳氏试剂（获取方法有二）：

方法一：称取 6 g $HgI_2$，加入到 50 mL 的无氨蒸馏水中，边搅拌边加入 KI 溶液（溶解 7.4 g KI 于 50 mL 无氨蒸馏水中）直至出现朱红色沉淀为止，冷却。然后加入已配制好的 NaOH 溶液（20%），稀释至 250 mL，静置 1 d，将澄清液倾出置于带橡皮塞的棕色聚乙烯瓶中，密封保存。此溶液有效期为 30 d 左右。

方法二：二氯化汞（$HgCl_2$）和碘化汞（$HgI_2$）为剧毒物质，可购买纳氏试剂成品。

（5）氯化铵标准贮备液（1 000 μgN/ mL）：准确称取 3.820 g 在 110 ℃下干燥 1 h 的 $NH_4Cl$ 溶于无氨蒸馏水中，转移至 1 000 mL 容量瓶中，用无氨蒸馏水稀释至刻度，加入 2 mL 氯仿固定剂。

（6）氯化铵标准使用液（10 μgN/ mL）：移取氯化铵标准贮备液 5 mL 于 500 mL 容量瓶中用无氨蒸馏水稀释至刻度。

## 三、实训要求

每组 4 ~ 5 人，确定组长，严守实验安全准则要求。

## 四、实训内容

1. 绘制工作曲线

（1）取 8 个 50 mL 具塞比色管，分别加入 0、1.00、2.00、3.00、4.00、5.00、7.00、10.00 mL 氯化铵标准使用液，加无氨蒸馏水至标线，混匀。

（2）分别加入酒石酸钾钠溶液 1 mL，混匀。

（3）分别加入 1 mL 纳氏试剂，混匀，让其反应 10 min 显色。

（4）用分光光度计在 420 nm 波长处，于比色皿中对照无氨蒸馏水测定上述溶液的吸光度 $E$ 值（其中试剂空白吸光度为 $E_0$）。

（5）在坐标纸上，以吸光度 $E-E_0$ 为纵坐标，氨氮浓度为横坐标作图，得工作曲线(见表 9-1)。

表 9-1　水样氨氮测定吸光度

| 序列号 | 1 | 2 | 3 | 4 | 5 | 6 | 7 | 8 |
| --- | --- | --- | --- | --- | --- | --- | --- | --- |
| 氯化铵标准使用液体积/mL | 0.00 | 1.00 | 2.00 | 3.00 | 4.00 | 5.00 | 7.00 | 10.00 |
| 氨氮浓度/（mgN/L） | 0.00 | 0.20 | 0.40 | 0.60 | 0.80 | 1.00 | 1.40 | 2.00 |
| 吸光度值 $E-E_0$ | | | | | | | | |

2. 水样的测定

（1）水样采用养殖池塘水和室内观赏缸水。根据养殖池塘现状，确定采样点位，测定采样点位深度确定采样水层。用采水器把养殖池塘相应水层的水样采上来后，记录水温。要求每组至少 1 个点、2 个水层水样。

（2）水样若为清洁水样，可直接取 50 mL 置于 50 mL 比色管中；一般水样则用凝聚沉淀法进行预处理，取上清液作为实验测定水样；如果凝聚沉淀后样品仍浑浊和带色，则应采用蒸馏法，收集馏出液并稀释到 50 mL；若氨氮含量很高，取适量水样用无氨蒸馏水稀释到 50 mL。

（3）参照标准曲线绘制过程中的步骤（2）、（3）、（4），显色并测定该水样的吸光度值 $E$。

（4）空白试验，以无氨水代替水样，进行空白测定。

（5）目测法测定水样氨氮含量。水样测定（3）步骤显色完后，将水样与显色后氨氮标准使用液作比对，目测、估读其氨氮含量。

3. 结果计算

由水样测得的吸光度减去空白试验的吸光度后，从校准曲线上查得氨氮的含量（mg）。

$$氨氮（N，mg/L）=m \times 1\,000/V$$

式中　$m$——由校准曲线查得的氨氮量（mg）；

　　　$V$——水样体积（mL）。

4. 注意事项

（1）注意安全。二氯化汞（$HgCl_2$）和碘化汞（$HgI_2$）为剧毒物质，避免经皮肤和口腔接触。该类药物的使用要严格管理。

（2）对于较清洁的水样，均可直接显色测定。而污水需采用蒸馏法将氨分离收集后再加纳氏试剂比色。

（3）酒石酸钾钠溶液可用 EDTA-2Na 溶液代替。

（4）纳氏试剂中碘化汞与碘化钾的比例，对显色反应的灵敏度有较大影响。静置后生成的沉淀应除去。

（5）加入氯化铵标准使用液的具塞比色管应贴上相应的序号，移取氯化铵标准使用液时需使用同一支移液管。

## 五、思考题

（1）移取标准液时可否用不同试管移取，可否由不同人员来移取？

（2）比较氨氮目测法与氨氮快速试剂盒测定的原理是否一致？

（3）水样的氨氮测定值是否符合水产养殖标准要求？

## 六、实训作业

填写纳氏试剂比色法测定水体氨氮的实验报告（表 9-2），分析氨氮对池塘养殖的影响。

表 9-2　氨氮测定原始数据记录表

姓名：　　　　组：　　　　学号：

方法依据：　　　　仪器型号：　　　　测定波长：

参比溶液：　　比色皿厚度：　　比色皿的皿差：　　绘制日期：　　年　　月　　日

<table>
<tr><td rowspan="8">标准曲线制</td><td>标准溶液加入体积/mL</td><td>标准物质加入量/μg</td><td>仪器响应值</td><td>空白响应值</td><td>仪器响应值<br>空白响应值</td><td>备注</td></tr>
<tr><td></td><td></td><td></td><td rowspan="6"></td><td></td><td rowspan="6"></td></tr>
<tr><td></td><td></td><td></td><td></td></tr>
<tr><td></td><td></td><td></td><td></td></tr>
<tr><td></td><td></td><td></td><td></td></tr>
<tr><td></td><td></td><td></td><td></td></tr>
<tr><td></td><td></td><td></td><td></td></tr>
<tr><td colspan="2">回归方程：</td><td colspan="2">a=</td><td>b=</td><td>r=</td></tr>
</table>

<table>
<tr><td rowspan="3">样品的测定</td><td>样品编号</td><td>取样体积 V / mL</td><td>仪器响应值</td><td>空白响应值</td><td>仪器响应值—空白响应值</td><td>样品浓度 /（mg/L）</td><td>相对偏差/%</td></tr>
<tr><td></td><td></td><td></td><td></td><td></td><td></td><td></td></tr>
<tr><td></td><td></td><td></td><td></td><td></td><td></td><td></td></tr>
</table>

# 实训十

# 养殖水体化学需氧量测定

## 一、实训目的

（1）通过对养殖水体不同水层、不同时间点有机物进行检测，了解养殖水体有机物的含量及变化规律。

（2）掌握碱性和酸性高锰酸钾法测定有机物化学需氧量的原理。

（3）熟练使用碱性和酸性高锰酸钾法测定有机物化学需氧量。

## 二、实训原理

碱性高锰酸钾法的原理：在碱性条件下，水样中加入一定量的高锰酸钾溶液，加热一定时间以氧化水中的还原性物质（主要是有机物）。然后在酸性条件下，用碘化钾还原剩余的高锰酸钾和生成的二氧化锰，所生成的游离碘用硫代硫酸钠溶液滴定。

酸性高锰酸钾法的原理：样品中加入已知量的高锰酸钾和硫酸，在沸水浴中加热 30 min（也有采用在电热器上直接煮沸 10 min 的加热氧化方法。不同的加热方法，得到的 COD 值也有所不同）。高锰酸钾将样品中的某些有机物和无机还原性物质氧化，反应后加入过量的草酸钠溶液还原剩余的高锰酸钾，过量的草酸钠再用高锰酸钾溶液回滴。

## 三、主要仪器和试剂

1. 主要仪器

（1）1 000 mL 采水器：1 个。

（2）水浴锅：水浴锅 1 台。

（3）电炉：电炉 2 个。

（4）250 mL 锥形瓶：8 个。

（5）试剂瓶：50 mL 2 个、100 mL 6 个、1 000 mL 1 个。

（6）移液管：5 mL、2 mL 各 2 支。

（7）洗瓶：1 个。

（8）洗耳球：1 个。

（9）乳胶管：长 20 ~ 30 cm。

（10）容量瓶：100 mL 4 个，250 mL、500 mL、1 000 mL 各 1 个。

（11）25 mL 碱式滴定管：12 支。

（12）25 mL 酸式滴定管：12 支。

（13）沸石：若干。

（14）一般实验室常备仪器和设备。

2. 试剂

（1）氢氧化钠溶液（250 g/L）：称取 25 g 氢氧化钠溶于 100 mL 纯水中，盛于聚乙烯瓶中。

（2）硫酸溶液（1+3）：在搅拌下，将 1 体积浓硫酸缓慢倒入 3 体积水中，冷却，盛于试剂瓶中。

（3）碘酸钾标准使用溶液（$C_{1/6\,KIO_3}$ =0.0100 0 mol/L）：准确称取 $KIO_3$ 固体（AR，预先于 120 °C 烘干 2 h，置于干燥器中冷却）3.567 g，加少量纯水溶解后，全部转入 1 000 mL 容量瓶中稀释至标线，混匀。此溶液浓度为 0.100 0 mol/L，阴暗处放置，有效期为 1 个月。使用时准确稀释至原浓度的 1/10，即得 $c_{1/6\,KIO_3}$ =0.0100 0 mol/L 的标准使用溶液。

（4）硫代硫酸钠标准溶液（$C_{Na_2S_2O_3}$ =0.01 mol/L）：称取 2.5 g $Na_2S_2O_3 \cdot 5H_2O$ 固体溶于经煮沸冷却的纯水中，加入约 2 g $Na_2CO_3$，稀释至 1 L。混匀，贮于棕色瓶中，置于阴凉处。

（5）淀粉溶液（5 g/L）：称取 0.5 g 可溶性淀粉，先用少量纯水调成糊状，加入 50 mL 煮沸的纯水，煮沸至透明，冷却后加入 0.5 mL 冰醋酸，稀释至 100 mL，盛于试剂瓶中。

（6）高锰酸钾储备溶液（$C_{1/5\,KMnO_4}$ = 0.1 mol/L）：称取 3.2 g 高锰酸钾，溶于 1.2 L 水中，加热煮沸，使体积减少到约 1 L，在暗处放置过夜。若有沉淀出现，可静置令其沉降后，取上清液贮于棕色瓶中备用。

（7）高锰酸钾标准溶液（$C_{1/5\,KMnO_4}$ = 0.01 mol/L）：吸取 0.1 mol/L 高锰酸钾溶液 100 mL，于 1 000 mL 容量瓶中，用纯水稀释至标线，摇匀。此溶液在暗处可保存几个月，其准确浓度需使用当天进行标定。

（8）草酸钠标准贮备液（$C_{1/2\,Na_2C_2O_4}$ =0.010 00 mol/L）：准确称取草酸钠（$Na_2C_2O_4$）固体（AR，预先于 120 °C 烘干 2 h，置于干燥器中冷却）0.6705 g，加少量水溶解后，全部转入 100 mL 容量瓶中稀释至标线，混匀。此溶液浓度为 0.100 mol/L，在 4 °C 下保存。使用时稀释至原浓度的 1/10，即得 0.0100 mol/L 草酸钠标准溶液。

（9）碘化钾（固体）。

## 四、实训要求

每组 4 ~ 5 人，确定组长，严守实验安全准则要求。

## 五、实训内容

1. 碱性高锰酸钾法

1）硫代硫酸钠溶液的标定

用移液管准确移取碘酸钾标准使用溶液 10.00 mL 于 250 mL 碘量瓶中，立即加入 0.5 g 碘化钾固体，1 mL 硫酸溶液（1+3），密塞，摇匀并加少许水封口，于暗处放置 5 min 后，打开瓶塞，加纯水 50 mL，在不断振摇下，用 $Na_2S_2O_3$ 标准溶液滴定至淡黄色，再加入 1 mL 淀粉溶液，继续滴定至蓝色刚好褪去为止。重复标定，两次读数差应小于 0.05 mL。记录消耗 $Na_2S_2O_3$ 标准溶液的用量（$V_{Na_2S_2O_3}$），则硫代硫酸钠标准溶液的浓度 $C_{Na_2S_2O_3}$ 为：

$$C_{Na_2S_2O_3}(mol/L)=\frac{C_{\frac{1}{6}KIO_3}(mol/L)\times 10.00\,(mL)}{V_{Na_2S_2O_3}(mL)}$$

2）水样的测定

（1）准确量取 100.0 mL 摇匀的水样（或适量水样加纯水稀释至 100 mL），于 250 mL 锥形瓶中（测平行双样），加入几粒玻璃珠以防爆沸。加入 250 g/L 氢氧化钠溶液 1 mL，摇匀，用移液管准确加入 10.00 mL 高锰酸钾标准溶液（浓度 0.01 mol/L），摇匀。

（2）立即将锥形瓶置于覆盖有石棉网的电炉（或电热板）上加热至沸，准确煮沸 10 min（从冒出第一个气泡时开始计时）。

（3）取下锥形瓶，迅速冷却至室温，用量筒或吸量管迅速加入 5 mL 硫酸溶液（1+3）和 0.5 g 固体碘化钾，摇匀，在暗处放置 5 min，待反应完毕（剩余的高锰酸钾和生成的二氧化锰与碘化钾反应，释放游离碘），立即在不断振摇下，用硫代硫酸钠溶液滴定至淡黄色，再加入 1 mL 淀粉溶液，继续滴定至蓝色刚消失，记录消耗的硫代硫酸钠的体积 $V_1$。两平行双样滴定读数相差不超过 0.10 mL。

（4）另取 100 mL 高纯水代替水样，按水样的测定步骤，分析滴定空白值，记录消耗的硫代硫酸钠的体积 $V_2$。按下式计算水样的化学需氧量（COD）：

$$\rho_{COD_{Mn}}(mg/L)=\frac{C_{Na_2S_2O_3}(mol/L)\times[V_2(mL)-V_1(mL)]}{100.0\,(mL)}\times 8\times 10^3$$

2. 酸性高锰酸钾法

（1）准确量取 100.0 mL 摇匀的水样（或适量水样加纯水稀释至 100.0 mL），置于 250 mL 锥形瓶中（测平行双样），加入 5.0 mL 硫酸溶液（1+3）后摇匀，用移液管准确加入 10.00 mL 0.01 mol/L 高锰酸钾溶液，摇匀。

（2）立即将锥形瓶置于沸水浴内加热 30 min（水浴沸腾，开始计时）。沸水浴液面要高于反应溶液的液面。

（3）取出锥形瓶，用移液管迅速加入 10.00 mL 草酸钠溶液，摇匀，溶液变为无色。趁热用 0.01 mol/L 高锰酸钾溶液滴定至刚出现粉红色，并保持 30 s 不褪色。记录消耗的高锰酸钾溶液的体积 $V_1$ 。

（4）高锰酸钾溶液浓度的标定：将上述已滴定完毕的溶液加热至 70 °C，准确加入 10.00 mL 草酸钠溶液。用高锰酸钾溶液滴定至刚出现粉红色，并保持 30 s 不褪色。记录消耗的高锰酸钾溶液的体积 $V_2$。按下式求得高锰酸钾溶液的校正系数 $K$：

$$K=\frac{10.00}{V_2(\mathrm{mL})}$$

这时也可以采用碘量法来测定剩余的氧化剂的量。具体操作可以参照碱性高锰酸钾法水样的测定的第（3）步进行，但是不需要加酸。按下式计算水样的化学需氧量（COD）：

$$\rho_{\mathrm{COD_{Mn}}}(\mathrm{mg/L})=\frac{C_{\frac{1}{2}\mathrm{Na_2C_2O_4}}(\mathrm{mol/L})\times\{[10.00+V_1(\mathrm{mL})]\times K-10.00\}}{100.0}\times 8\times 1000$$

## 六、注意事项

（1）除特殊水体外，水体中的还原性物质主要是有机物，同时也包括无机类还原物质，如 $NO_2^-$、$S^{2-}$、$Fe^{2+}$等。因后者在养殖水体中含量甚少，故化学需氧量也被当作有机物需氧量。

（2）硫代硫酸钠溶液的浓度还可用 $K_2Cr_2O_7$、$KBrO_3$ 等氧化剂的标准溶液来标定。

（3）样品量以加热氧化后残留的高锰酸钾为其加入量的 1/2 ~ 1/3 为宜。在加热过程中，若溶液的红色变浅或全部褪去，说明所取水样中还原性物质（有机物）含量过多，高锰酸钾用量不够，应重新减少取样量，经稀释后测定。若水样经过稀释，则应采用稀释水按同样的操作步骤进行空白滴定，以便从水样中减去稀释水耗用高锰酸钾标准溶液的用量。

（4）在加热煮沸过程中，有时已经煮沸的溶液又突然停止沸腾，应立即摇动锥形瓶，以防爆沸。

（5）水样加热完毕，必须迅速冷却至室温后（可用冷水浴），再加入硫酸和碘化钾，否则会因游离碘挥发而造成误差。

（6）一般离子交换制备的纯水中都含有一定的有机物，此处要用二次蒸馏水或高纯水代替普通纯水。

## 七、实训作业

（1）撰写碱性高锰酸钾法（或酸性高锰酸钾法）测定水体有机物的实验报告。

（2）查阅碱性高锰酸钾法与酸性高锰酸钾法、重铬酸钾法测定水体有机物的异同。

# 实训十一

# 网片的编结与修补

## 一、实训目的

（1）掌握网片编结方法与步骤。

（2）掌握网片修补方法与步骤。

## 二、实训器材

PE 网线、有结网片、网梭（针）、目板、剪刀

## 三、实训要求

每组 1 人。

## 四、实训内容

1. 网片起编法

1）半目起编法

（1）先取张线一根，其两端固定。

（2）留网线的一端于张线的内侧，结一个双套结于张线上，如图 11-1（a）所示。

（3）将网线绕目板一周，依上法在张线上再打一个双套结，完成一个半目。如此由左至右顺次编结下去，最后在张线上编结出一列半目，其目数应和所需网目数一致。

（4）编好第一列半目后，将张线两端互换位置，再从左侧起开始编结，在每半目下端做一个结节。如此反复编结，直到所需要的长度（或目数）为止，如图 11-1（b）所示。

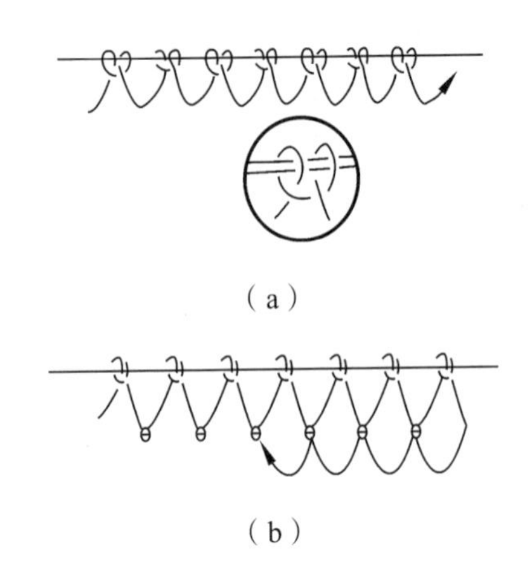

（a）

（b）

图 11-1　半目起编法

2）整目起编法

（1）按所编的网片宽度（目数）和网目大小，先留出一横列半目所需要的网线长度。

（2）将留出的线缠成线团，绕圈于两端固定的张线上，如图 11-2（a）所示，线团的一端连着网针，网针位置应在左侧，便于编结。

（3）起编时，把张线左端的第一个线圈拉下半目大小的距离，网针绕过目板在此半目的下端作结，便形成一个整目。

（4）编到末端一目后，将张线两端位置互换，或把张线固结一点上，再由左向右编结即可，如图 11-2（b）所示。

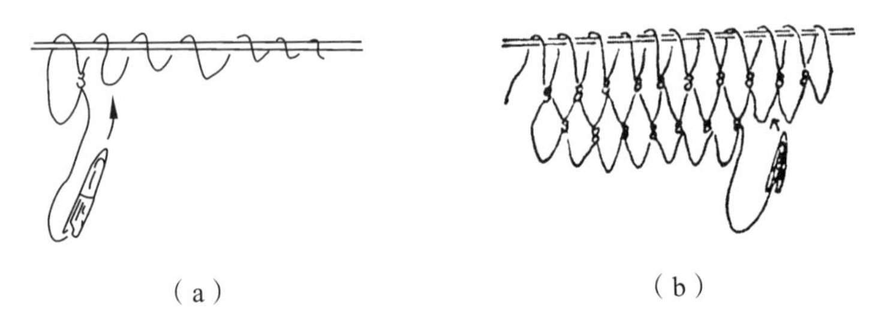

（a）　　（b）

图 11-2　整目起编法

3）一目起编法

（1）在网针的线端编出一个整目。

（2）把形成的第一个网目固定，并使网目上结节位于中间左侧，然后将目板紧靠网目的下端作结，以此方法编结下去。由于起编方法的关系，如果起编目数是三目，则一目起编时，应编成总数为六个网目才能满足要求，如图 11-3（a）所示。

（3）然后把张线穿进偶数组的网目内，再从原编结方向的横向编结，如图 11-3（b）所示。

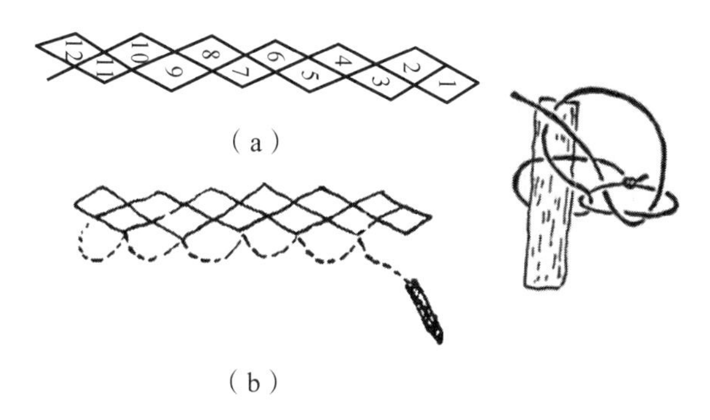


（a）

（b）

图 11-3　一目起编法

2. 其他形状网片的编结

三角形、圆形、梯形等其他形状网片组成的编结网渔具的结构是多种多样的。这些不同几何形状的网片，可以用手工方法运用增减目进行编结。这里介绍几种常用的增减目法。

1）增目法

（1）半目增目法。

在编结横列网目时，在某一网目的下缘，连续形成两个半目，待编到下列半目后，就增加了一目，如图 11-4（a）所示。这种增目法在网片中间或边缘部位均适用。

（2）挂目增目法。

将所增的网目挂于相邻两个网目之间的结节上，如图 11-4（b）所示。这种方法较半目增目法方便，但对编结后网片的整齐、美观有影响。

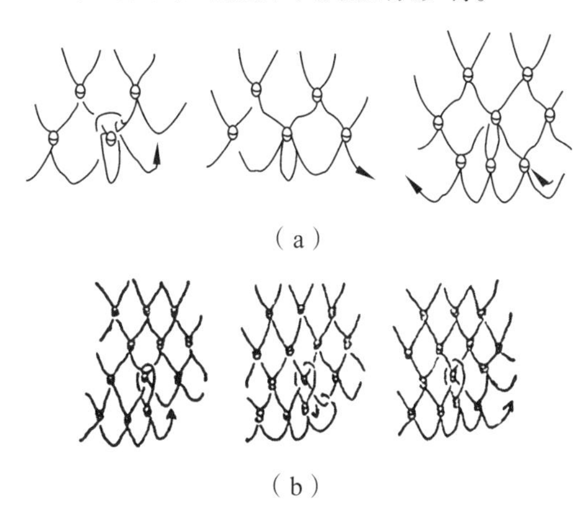

（a）

（b）

图 11-4　增目法图解

2）减目法

（1）并目减目法。

在某一横列应减目处，用网针穿过两相邻的网目，合并为一个网目打结，待编到下列网目时，在横向的网目数就减少了一个，如图 11-5（a）所示。

（2）三脚目减目法。

在应减目的某一横列网目编结前，先将上一列边旁结节上连接网针的网线，引到网目的下端作一结节，然后再编结下列各网目，如图 11-5（b）所示。这种减目法只能适用于网片的边缘。

（3）宕目减目法。

在应减目的横列中，舍去其一列的末尾一目。因此编到下列网目时必少一目。这种减目方法多用于构成方目网衣的编结。从减目的方法来看最为便利，如图 11-5（c）所示。

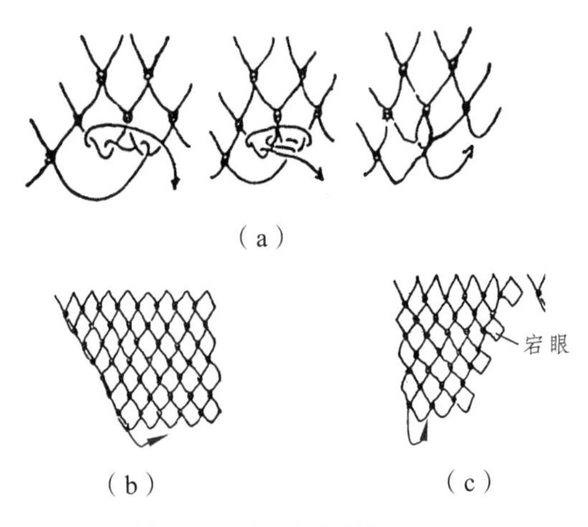


图 11-5　减目法图解

3. 增减目方法的计算和运用

1）几种几何形状网片的增减目编结法

（1）梯形网片。

梯形网片分正梯形和斜梯形。正梯形的编结视起编的宽窄边而决定增减目，如图 11-6（a）所示，表明从宽边开始编结的应该采用减目法，反之则采用增目法。斜梯形的增减目法，如图 11-6（c）所示，可在一侧用增目法，一侧用减目法。增减目的方法除在两侧之外，网片的中间部位也可采用，甚至可把网片分成好几个部位（又称道）进行增减目，视一次增减目数的多寡而定。采用中间部位进行增减目的梯形网片，受水阻力时易成弧状。

（2）三角形网片。

三角形网片可分为直角三角形、等腰三角形以及不等腰三角形三种。在渔业上所用的三角形网片多数是直角三角形和等腰三角形。直角三角形只要在网片的一侧进行减目即可，至于等腰三角形的编结和正梯形网片类似。三角形网片的编结多数从三角形底边开始起编，然后采用减目方法构成所需的三角形网片。

（3）方目网片。

方目网片的形成主要采用一侧增目，一侧减目的方法来完成，如果两侧增减目数

相对称，所编成的网片就是方目网片，如图 11-6（b）所示。从几何图形中可看出，网片两侧的增减目数越多，网片的网目趋向正方形。

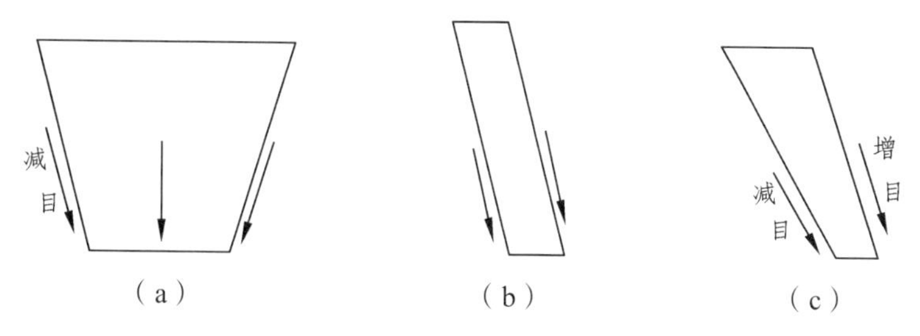


图 11-6　几种几何形状网片的编结

（4）圆形网片。

小型网具的底部往往采用圆形网片结构。编结圆形网片时，先将网线的一端留出相当长的部分作为连续线，然后将连续线以外的部分编成放射形的六个网目的半目，以此作为圆形网片的中心。然后以联结网针的网线环绕这六个中心半目进行编结，如图 11-7 所示。

（5）囊袋状网片。

淡水中的网渔具很多附有小囊网，尤其是湖泊中的小型拖网类网具更为常见。小囊网的编结方法有多种，最常见的有以下两种结构形式：一是把正梯形网片的两侧边缘缝合即成缝合边囊兜。这种结构形式在抄网渔具中使用较多。另一种是先编成如图 11-8 所示的网形，然后将两侧边缝合在一起形成囊网。这种结构形式在无翼多囊式拖网渔具中使用为普遍。

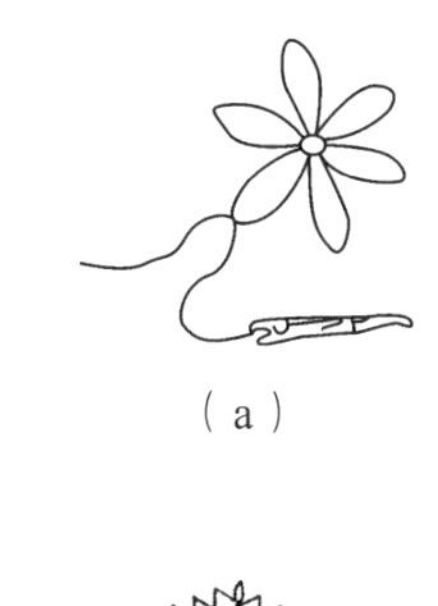

（a）

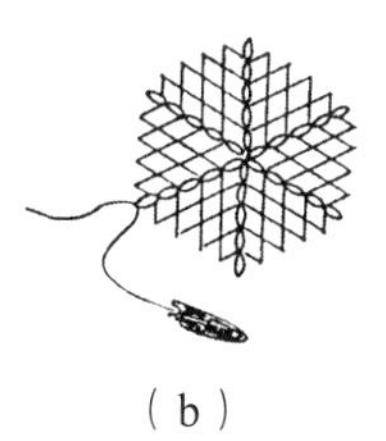

（b）

图 11-7　圆形网片的编结

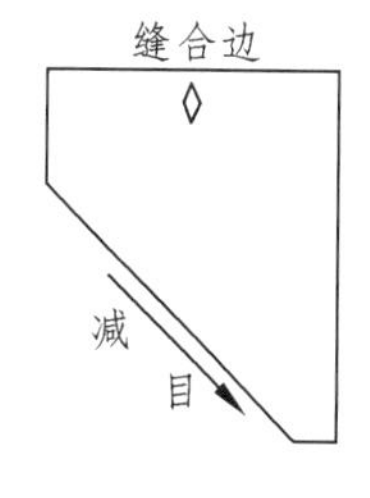


图 11-8　可形成囊网的网片编结法

2）网片增减目的计算

增减网目根据网片的长度、网目尺寸及起编和终了的横列目数等进行计算。先算出网片起编和终了两横列（即宽边与窄边）网目数的差，再按网尺寸算出网片纵向的总节数，然后用下列公式求出网片纵向增减目数，即纵向每隔几节增加（或减去）几目。

$$i=\frac{n_1-n_2}{m}$$

式中 $i$——增（减）目的比（目/节）；

$n_1$——网片宽边目数；

$n_2$——网片窄边目数；

$m$——网片纵向总节数。

**例 11-1** 要编结一块斜梯形网片，几何形状如图 11-9 所示，其宽边 $AB$ 为 117 目，窄边 $CD$ 为 13 目，$D$ 点与 $BB'$垂直线相距目数为 104 目，从 $C$ 点到 $AF$ 垂直线的距离等于 208 目，垂直线 $AF$ 上的横列目数为 208 节，此网片应如何编结？

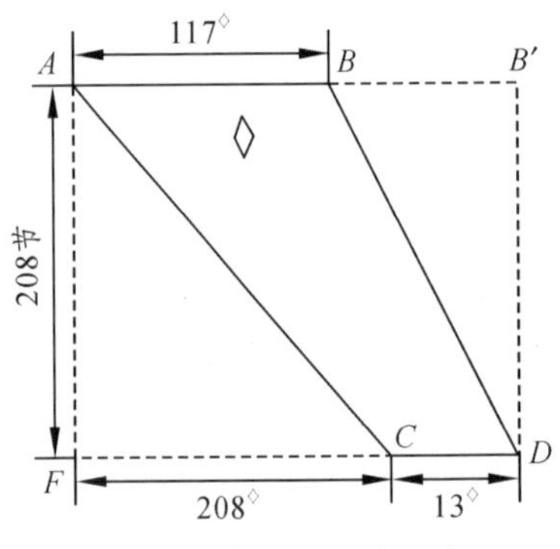


图 11-9 斜梯形网片示意图

**解**：如果网片从 117 目起编，已知：

$n_1=AB'=FD=208+13=221$ 目

$n_2=13$ 目

$m=AF=208$ 节

代入公式：

$$i=\frac{n_1-n_2}{m}=\frac{221-13}{208}=\frac{1}{1}\quad（目/节）$$

说明在 $AC$ 边上每一节要减去一目。

再由 $ABDF$ 算出 $BD$ 上的增目数，由图 11-9 可知：

$n_1=FD=208+13=221$ 目

$n_2=AB=117$ 目

$m=AF=208$ 节

代入公式：

$$i=\frac{n_1-n_2}{m}=\frac{221-117}{208}=\frac{1}{2}\quad（目/节）$$

所以在 *BD* 边每二节要增加一目。

4. 网片的修补

1）嵌补法

嵌补法是将网片破洞剪成方形或长方形，将相应大小的网片嵌在破洞内，四周用编缝方法连接起来，方法如图 11-10 所示。被嵌补的网洞和嵌入网片须在长和宽方面应相差一目方能连接起来。网片修补边缘的任何一点，都可作为补网的起始点，为了补网方便起见，一般都在边缘的左上角开始。从图 11-10 中可以看出，由于起编时网片破洞修整的情况不同，故起编结节和最终结节可以相重，也可不相重。从补网方便以及网片整齐要求出发,应尽可能避免重结现象。嵌补法适用于网片破洞较大时修补。

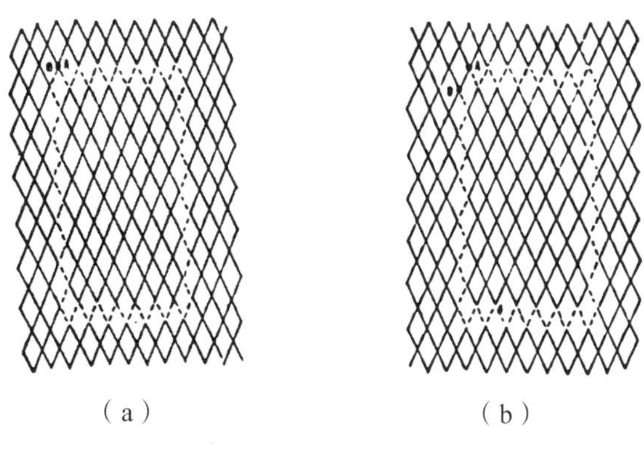

（a）　　（b）

图 11-10　网片嵌补法

2）编补法

网具发生损坏往往是局部的，网片的破洞多呈不规则形狭长状，对于类似这样的几何形状的破洞，用编补法较宜。在编补前，应对网片的破洞先进行整修。整修的原则是，在破洞的上端和下端各留一个三脚，作为补网的起点和终点。除此以外，沿破洞边缘的其他网目都是宕眼或边旁结构形式。编补的起点可安排在破洞上端三脚的中点，如果在补网过程中没有差错，则收尾结节必然是破洞下端三脚的中点上（图 11-11）。编补法是生产中经常使用的一种方法。

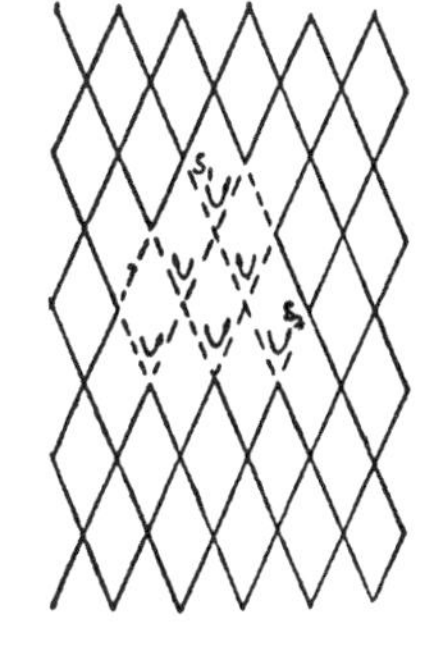

图 11-11　网片编补法

网片破洞不经过整修也可以进行补网，但是在补网过程中将会出现多次重线。重线现象对某些网具是不允许的。例如，刺网上如有重线过多的现象，将会影响网具的渔获效果。

3）边缘修补法

网具的上、下、侧边都装有钢绳，在生产作业时，这部分网衣的磨损较多，容易损坏，所以要及时修补。由于网片边缘构成情况复杂，增加了修补的难度。经常使用的网片边缘形式有下列四种。

（1）直角边的边缘修补。

直角边的边缘修补和一般补洞方法一样。修补前，先把损坏的边缘按编补法的整修原则，在损坏部位的上、下端各留一个三脚作为起点和终点。其他均是宕眼或边旁结构形式。然后开始补网，如图 11-12 所示。

（2）全单脚边缘的修补。

全单脚边是指剪裁比为 1：1 20 的三角形网片的斜边，修补前应对边缘进行整修，整修的要领与一般补网洞相类似，不同之处是它的起点不一定是三脚目，如图 11-13 所示。因为补网的起始情况不同，所以第一针的行针方向是不同的，否则会给修补带来困难。

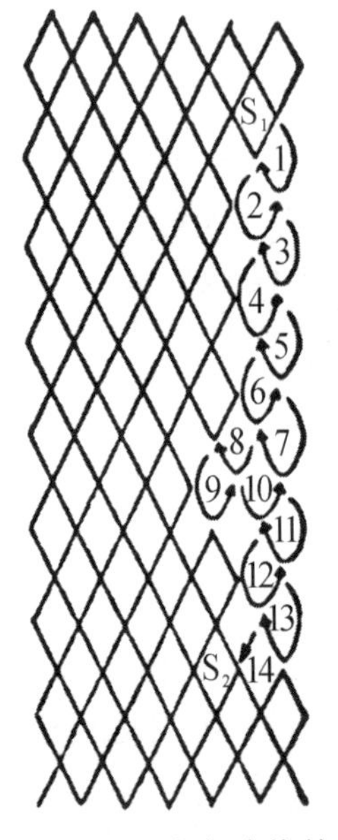


图 11-12　直角边修补

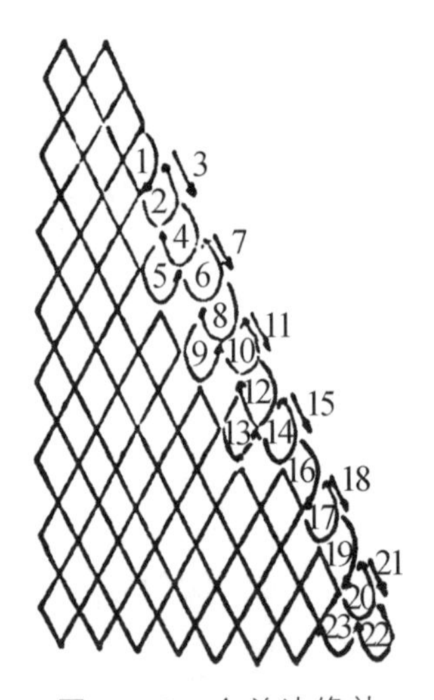


图 11-13　全单边修补

（3）边旁剪裁边缘的修补。

边旁剪裁边是指边旁与单脚混合剪裁的斜边，这一形式的剪裁边在拖网中最为普遍。修补前同样需要进行整修。补网的起始点可以在双脚目处，也可在三脚目的中间进行，如图 11-14 所示。具体使用哪一种方法应视网片边缘损坏的情况而定，如图 11-14 中的（a）和（b）所示，仅因修整稍有不同，其结果在图 11-14（b）中就出现重线、重结。补这种类型的网片，不仅要考虑破网起始点的整理是否合理，而且要注意边缘部位损坏的具体情况。

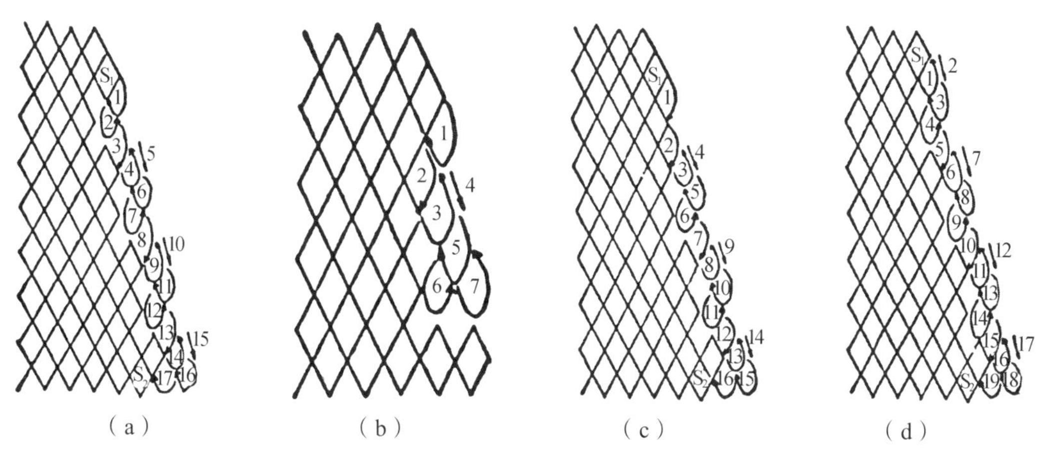


图 11-14　边旁剪裁边缘的修补

（4）宕眼剪裁边缘的修补。

宕眼剪裁边的修补，可以从双脚目或三脚目的中点作起始点。但是第一针的行针方向应和形成的宕眼位置相配合，否则将增加补网的困难。修补网缘的行针路线见图 11-15 所示。宕眼剪裁边的修补适用于单脚数为偶数的情况。如果遇到单脚数为奇数时，即使开头经过计划补得顺利，但是到第二个循环时将给补网带来困难。所以在遇到奇数组的单脚，可改为偶数组。例如，$3'-1^{V}$ 剪裁循环，其中将两个组剪裁循环的 6 个单脚分成“2”和“4'”的单脚，即 $2'-1^{V}$ 和 $4'-1^{V}$ 进行修补。

注：$3'-1^{V}$ 中“'”表示斜向剪断剩下的目脚；“V”表示横向剪断网片后剩下的网片结节处。

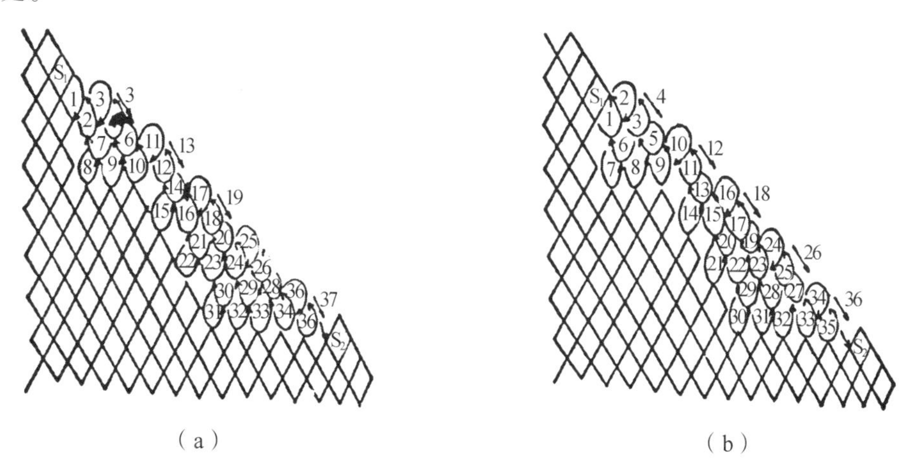


图 11-15　宕眼剪裁边缘的修补

5. 网片编结时的注意事项

（1）编结时，应使目板紧靠上列网目的下缘，不可留有距离或呈歪斜状态。否则会出现目脚不齐现象。打结时用力要一致，并且要求结节牢固，否则也会影响网目规格整齐。

（2）编网时，手持目板的力量也应适中，使网片保持适当的拉紧状态。否则同样会出现网目目脚长度不齐现象。打结时还要保持结节整齐地排在目板上，防止疏密不匀。

（3）每制作一个结节，应随时注意结节的上、下两个线圈相互嵌牢，以免形成滑溜结，致使网目目脚长度随受力方向的不同而发生变化。

## 五、实训作业

（1）分别使用半目起编法和整目起编法各编结一个横向 10 目，纵向 6 目的长方形网片。

（2）编结一个正梯形网片：横向宽边 12 目，窄边 6 目，纵向 6 目。

（3）完成一块有破洞网片的修补。

# 实训十二

# 绳索结接

## 一、实训目的

（1）掌握绳端与绳端的接合方法。

（2）掌握绳端与绳中间部分的接合方法。

（3）掌握绳圈与眼环的制作。

## 二、实训器材

PE 网绳、短木棒。

## 三、实训要求

每组 1 人，独立完成实训内容。

## 四、实训内容

1. 绳端与绳端的接合

绳端与绳端的接合分暂时和永久的两种接合形式。暂时接合的既要求结节牢固，又要求接合方法简便，而且易解开。永久接合的只求结节牢固，不考虑易解与否。

1）典型的绳端接合法

（1）鱼结。

鱼结用于两根绳端较久结合。结节形式如图 12-1 所示。鱼结随着拉力增加而更加牢固，尤其对那些表面光滑而不易勒紧的合成纤维绳索效果显著。

（2）双花大绳结。

双花大绳结用于两根粗细不同或两条粗大绳索端的连接。结接形式如图 12-2 所示。因粗绳不易急剧弯曲，打成结后也不易解开，因此用此结较为合适。

（3）蛙股二重结。

蛙股二重结又称变形死结，在渔业生产中使用很广，不仅适用于绳端的连接，绳端与绳圈也经常用此法连接。结接既牢固又方便，结接方法如图 12 -3 所示。

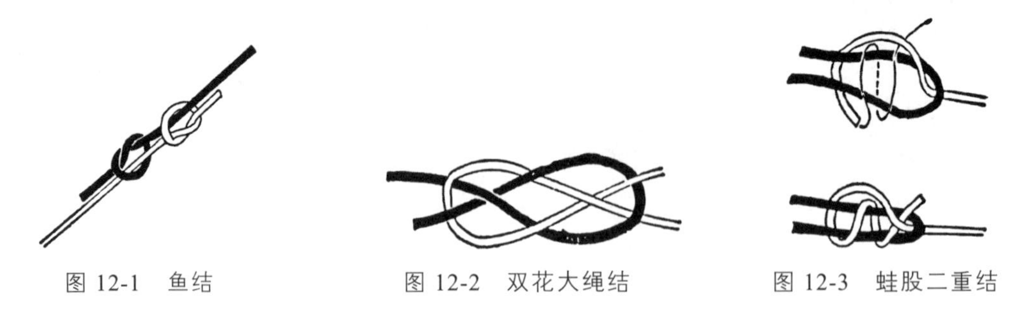

图 12-1　鱼结　　图 12-2　双花大绳结　　图 12-3　蛙股二重结

2）绳端绞插法

插接法用于两绳端较久的连接。这种结接方法经常使用在绳索结通过滑车、眼环等处，不允许结接有较大鼓凸。结接的形成如图 12-4 所示，先把甲、乙两绳股解开适当长度，两绳股相互穿插在股隙之间，每穿插股都应勒紧，粗绳要用绳槌把凸出的绳股敲平。

3）眼环与眼环的连接法

在渔业生产中，眼环与眼环连接是经常使用的结接法。

（1）穿套眼环接合法。

两个眼环穿套连接是在两根连接绳的绳端，事先作一个眼环，然后把两绳的另一端相互穿在其他绳的眼环中抽紧即成。这种连接方法比较简便，接合形式如图 12-5 所示。

图 12-4　绳端绞插法

图 12-5　穿环眼接合法

（2）眼环附缚木棒的接合法。

这种接合形式使绳端连接与解脱均很方便，尤其对过长的绳索连接用此法较好。在一绳的眼环处结附具有一定强度的木棒，木棒长度应超过眼环的并拢长度，使用时将另一绳的眼环套入木棒上即可，如图 12-6 所示。在渔业生产中经常使用这种接合法。

（3）眼环用卸甲连接法。

利用卸甲接合两个眼环是渔具上经常采用的一种绳索连接方法。卸甲是用金属制成的马蹄形环，两端有孔，其中孔带螺纹可旋紧销子。连接方法如图 12-7 所示。

图 12-6 眼环附缚木棒

图 12-7 卸甲连接法

2. 绳端与绳中间部分的接合

在渔具装配以及捕捞生产中，常把绳的一端与另一绳的中部相连接。

（1）鲁班结。

鲁班结可作绳端与绳中间部分的接合，也可用于小型船舶系缆时的绳结，如图 12-8 所示。鲁班结如果减少一次缠绕就是丁香结。

（2）小绞花结。

此结简单牢固，可用于钓具支线与干线的连接或临时结缚浮子于网纲上，所以也是渔业生产上常用的连接结，如图 12-9 所示。

（3）掣结。

掣结又称止溜结。当绳索承担过大牵引力时，为了减轻此绳另端的负荷，可在此绳的适当部位，用掣结连接另外一根绳索，共同牵引或支持外力。掣结的特点是不会沿绳股方向滑脱，结的形成方法如图 12-10 所示。

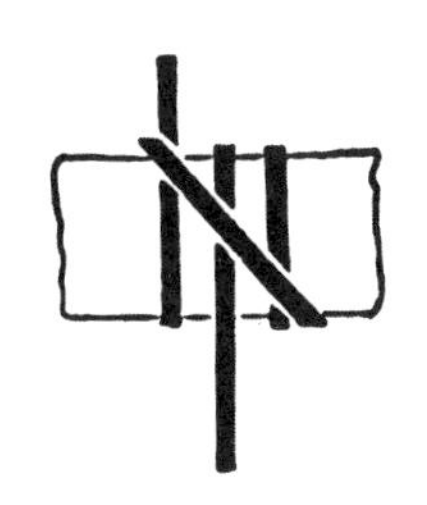

图 12-8 鲁班结

图 12-9 小绞花结

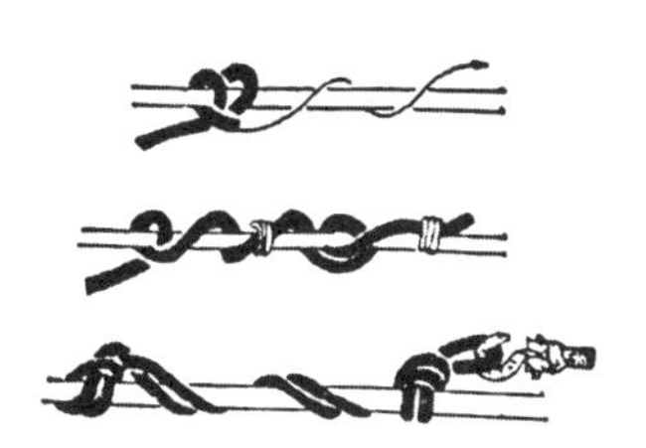

图 12-10 掣结

3. 绳圈和眼环的制作

绳圈和眼环在绳的一端制成，用于结缚物体、绳与绳的连接，及穿套绳索之用，在渔业生产上极为普遍。

（1）吊板结。

吊板结又称单套结。此结所形成的绳圈不会因受外力而缩小，或勒紧被缚物体。吊板结常作系泊船舶之用，如把绳圈套在缆桩上固定船舶。绳圈制作方法如图 12-11 所示。

（2）缚桩结。

此结对不易作复杂结节的粗绳比较适用，因结的形成比较简单，没有复杂的作结过程。绳圈不因外力而缩小。绳圈制作方法如图 12-12 所示。

图 12-11　吊板结

图 12-12　缚桩结

（3）植物纤维绳索眼环制作。

根据制作眼环的大小而在绳端留出适当长度，然后解开各股，并将各股端用细绳扎紧。制作绳圈时，先将中央的活股从根股的下方穿过，再将右边的活股绕过这根股，在另一根股的下方穿过，右边的活股从第三根股的下方穿过。各股都逆着绳的捻纹穿插。活股穿入股根后，必须抽紧绳股，对于粗硬绳索需用绳锥和绳槌制作眼环。眼环的插股方法如图 12-13 所示。

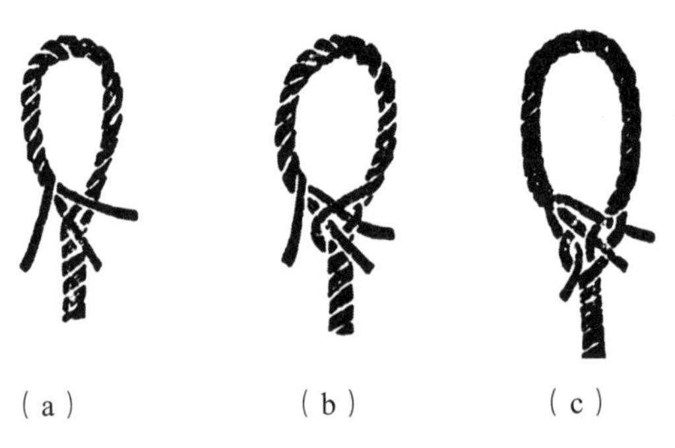

（a）　（b）　（c）

图 12-13　植物绳圈的制作

（4）钢丝索眼环的制作。

先把钢丝索进行解股（钢丝绳一般都是六股），股端用细绳扎缚，然后将活股分成两部分，每部分三股，剪去其中间的麻蕊。插股方法是把第一活股从右向左逆着钢索的捻纹穿过三个根股，右边的第二及第三活股分别穿过一个根股，如图 12-14 所示。然后将眼环翻过来，把第四活股穿过二个根股，第五活股穿过一个根股（这两个活股也是逆着捻纹穿插的），如图 12-14（c）所示。待五根股第一次穿完后，再将眼环翻转，恢复原来的位置，然后把第六活股顺着索的捻纹穿过一个股。所有股穿完一次后须将各股拉紧，并用铁锤敲击平整。以后每一活股隔一股从一个股的下方穿过（从右向左），每次各股穿插完毕后都要拉紧锤平。

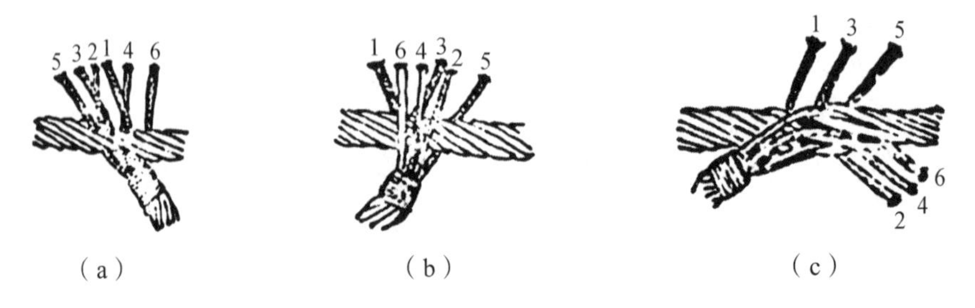


（a）　（b）　（c）

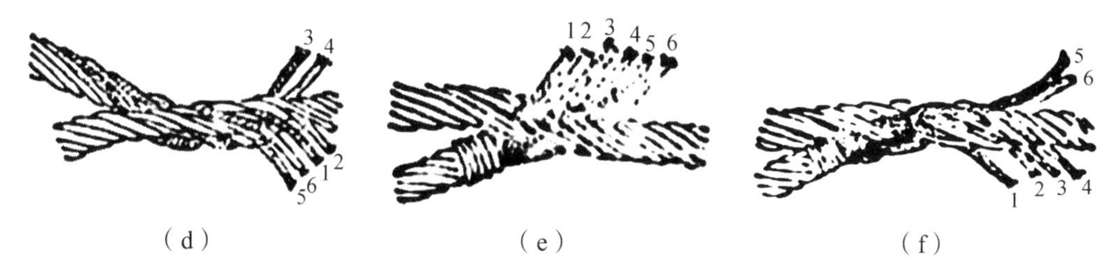


图 12-14　钢丝索眼环的制作

为了使钢丝索穿插部分逐渐缩细，应把活股在穿插过程中逐步砍去一些钢丝，砍去的钢丝应尽可能靠近根股，并用铅丝缠绕该处，以防这些断丝刺伤手。

## 五、实训作业

（1）分别使用鱼结、双花大绳结和蛙股二重结进行绳端接合。

（2）分别使用绳端绞插法、穿套眼环接合法和眼环附缚木棒的接合法进行绳端接合。

（3）分别使用鲁班结、小绞花结和掣结进行绳端和绳中间部分的接合。

（4）分别制作 1 个吊板结和 1 个缚桩结。

# 实训十三

# 水产养殖对象的雌雄鉴别

## 一、实训目的

（1）掌握几种常见水产养殖对象的雌雄性别特征，描述雌雄个体外部形态的差异。

（2）掌握鱼类性腺解剖方法，分离并正确描述鱼类雌雄性腺器官。

## 二、实训材料

几种常见水产养殖对象，如四大家鱼、罗氏沼虾、中华绒螯蟹、牛蛙、中华鳖和金钱龟等的活体标本。

## 三、实训器具

解剖盘、解剖剪、骨剪、解剖刀、解剖针、各种镊子、放大镜、直尺、卡尺、吸水纸、棉花等。

## 四、实训要求

（1）每组1人，每人任意选择1尾鱼，进行雌雄个体外部形态的观察；对提供的任意1种鱼类进行性腺解剖观察。

（2）对所提供的任意5种养殖对象的雌雄个体进行鉴别。

## 五、实训内容

1. 四大家鱼雌雄鉴别

（1）外部形态观察鉴别鱼类雌雄。

对所提供的几种常见经济鱼类样本的体型、体色、体重、胸鳍鳍条的形态及光滑程度，鱼体腹部的柔软程度，肛门和生殖孔的形状及颜色，有无追星等外部形态进行观察鉴定。

在外形特征上，区分方式较多，但各个种类区分外形不尽相同。如珠星，在繁殖季节雄鱼的头吻部会长出珠星，雌鱼则不会；如生殖孔的形状，雌鱼的生殖孔为长椭圆形，雄鱼为圆形；如臀鳍末根鳍条的角质化，有的鱼类雄鱼的臀鳍会角质化变硬，雌鱼则不会出现这个特征；如尾柄的粗细程度（尾柄粗细程度=尾柄长/尾柄高），成体的雌鱼和雄鱼尾柄粗细程度落在两个不同的范围区间，在哪个区间则为对应的鱼，一般雄鱼尾柄细，雌鱼尾柄粗；如看体型，雄鱼体型修长，雌鱼体型短胖。

（2）挤压法鉴别鱼类雌雄。

通过挤压鱼体腹部观察，若在繁殖季节雄性亲鱼挤压下腹部有乳白色精液流出，雌性亲鱼挤压下腹部有卵子流出。

（3）解剖法鉴别鱼类雌雄。

鱼类成熟个体，生殖腺体积较大，占据腹腔的大部分空间，尤其是卵巢几乎覆盖了整个腹腔。雄性的精巢为乳白色，雌性的卵巢为黄色。

### 2. 罗氏沼虾雌雄鉴别

雄性个体明显比同龄雌性大。雄虾第二步足强大，呈蔚蓝色，其长度超过体长头胸部较大，腹部较短，生殖孔开口于第五对步足的基部并形成小突起，第二腹足内肢的内缘有一棒状的雄性附肢，第四、五对步足基部之间的距离较窄。雌虾第二步足较小，长度短于体长；头胸部较小，生殖孔开口于第三步足基部内侧，第四、五对步足基部间的距离较宽；在头胸甲背部中央部位透过甲壳可看到橙黄色卵巢。

### 3. 中华绒螯蟹雌雄鉴别

雄蟹的双螯较大，强健有力，掌部密生绒毛；雌蟹的双螯较小，着生的绒毛短而稀。雄蟹的蟹脐呈狭长三角形，称为“尖脐”；雌蟹呈圆形，称为“团脐”。这是河蟹雌雄鉴别的主要标志。雄蟹腹肢只有 2 对，着生在 1 ~ 2 腹节上，每个腹肢只有内肢，已特化为交接器；雌蟹腹肢 4 对，着生在 2 ~ 5 腹节上，每个腹肢又都有内肢和外肢，其上生有刚毛，是附着卵粒的地方。

### 4. 中华鳖

雄鳖体较薄，背甲稍稍隆起呈椭圆形，后部较前部略宽，腹甲后缘近弧形，尾较长而硬，裙边较窄，尾部能自然伸出裙边外；后肢间距窄，生殖期间经常可见到从泄殖孔伸出的交接器。雌鳖体较厚，背甲圆形而凸起，前后宽度基本一致；腹甲后缘略凹入；尾短而软，裙边较宽，尾端不露出裙边；后肢间距较宽，产卵期泄殖孔红肿，孔内无交接器。

### 5. 牛　蛙

同一种群内，雄蛙生长迅速，个体较大，而雌蛙生长较慢，个体较小；雄蛙背部为黑褐色，常有细小的痣瘭，雌蛙背部常呈绿色，较光滑；雄蛙鼓膜直径比眼大，雌蛙鼓膜直径比眼略小。雄蛙拇指内侧有发达的婚姻瘤，生殖季节尤为明显，而雌蛙无婚姻瘤；雌蛙咽喉部为灰白色，无声囊，而雄蛙咽喉部皮肤为金黄色，内有一对带状声囊，能发出声音。

6. 金钱龟

雄龟腹甲稍凹，尾长且粗，体薄、略有腥臭味，泄殖孔距腹甲较远，有单个交配器。雌龟则腹甲直，尾短且细，体厚，无腥臭味，背甲拱而呈椭圆形，后端圆宽、无交配器，泄殖孔距腹甲较近。

## 六、实训作业

（1）认真撰写所鉴别养殖对象的雌雄性状实训报告。

（2）分离所解剖鱼类标本的性腺组织，放于白纸上，写上性腺名称，拍照附于实训报告后。

# 实训十四

# 鱼类胚胎发育观察与描述

## 一、实训目的

（1）掌握常见鱼类早期胚胎发育不同时期的特点。
（2）了解鱼类胚胎发育的规律，掌握受精卵人工孵化的技术要点。

## 二、实训材料

几种常见经济鱼类如鲤、鲫、团头鲂、鲢、鳙、草鱼、大口黑鲈、罗非鱼、斑点叉尾鮰等的受精卵。

## 三、实训器具

游标卡尺、显微镜、体视镜、照相机、玻璃缸、烧杯、计时器、温度计等。

## 四、实训要求

每组1人，每人任意选择1种鱼类受精卵，进行胚胎发育观察，辨别各期胚胎的主要特征，记录发育水温和时间。

## 五、实训内容

观察胚胎发育的过程及胚胎发育各阶段的形态特征（见图14-1），包括受精卵、细胞分裂期、囊胚期、原肠期、神经胚期、肌节出现期、眼基出现期、嗅板期、尾芽期、听囊期、尾鳍出现期、心脏原基期、眼晶体形成期、肌肉效应期等。

随机选择6～12个受精卵用显微镜连续观察胚胎发育情况，并进行拍照记录。在卵裂阶段每30 min左右取卵观察1次，白天大约1 h观察并记录一次，晚上从凌晨到6时观察两次。每次观察卵数6～12粒，各发育阶段在50%以上个体发育进入某个时期，则将该时期作为发育阶段的开始。每阶段的发育时间以观察记录的时间为准。

胚胎发育所需积温计算：

胚胎发育各阶段的积温时长（h·°C）
=平均水温（°C）×该阶段胚胎发育所用的时间（h）

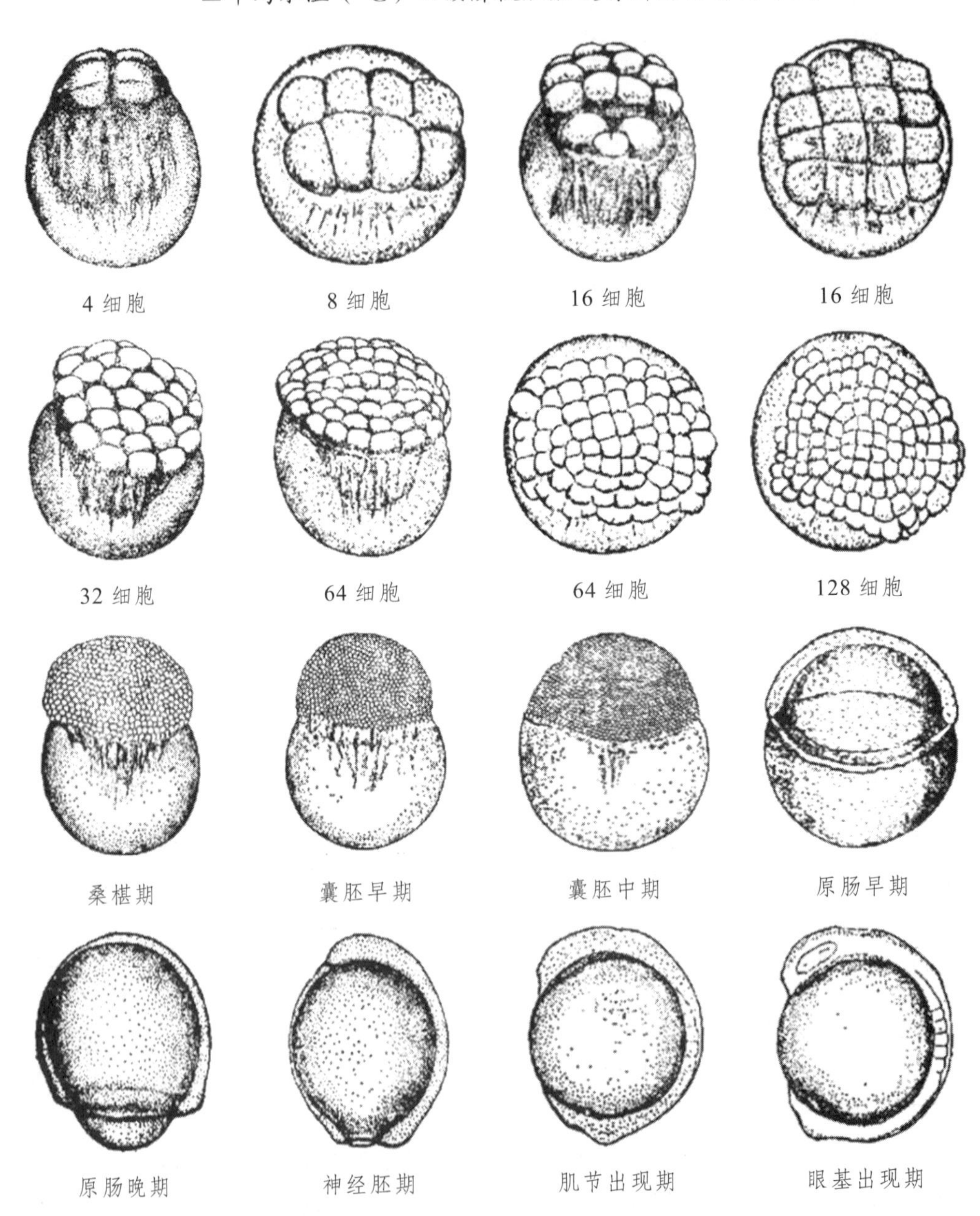

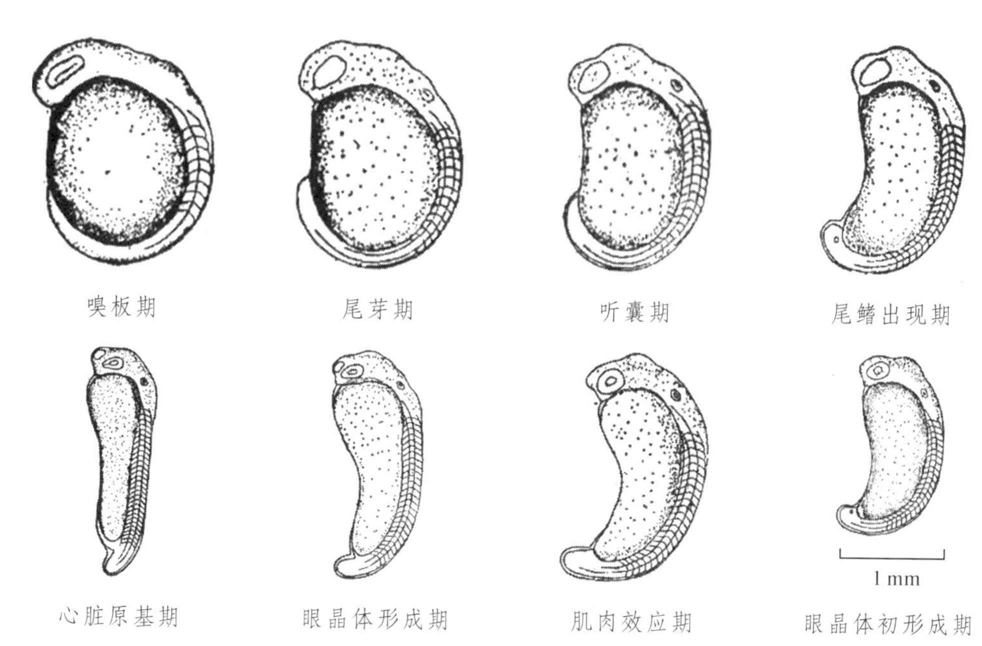


图 14-1　鱼类的胚胎发育过程

## 六、实训作业

填写表 14-1 的内容。

表 14-1　鱼类胚胎发育情况

| 发育时期 | 特征 | 水温/°C | 发育至此期的时间/min | 发育积温/(h・°C) |
|---|---|---|---|---|
| 受精卵 | 原生质集中于卵球的动物极端形成幅状胚盘 | | | |
| 2 细胞期 | | | | |
| 4 细胞期 | | | | |
| 8 细胞期 | | | | |
| 16 细胞期 | | | | |
| 32 细胞期 | | | | |
| 64 细胞期 | | | | |
| 128 细胞期 | | | | |
| 桑椹期 | | | | |

续表

| 发育时期 | 特征 | 水温/°C | 发育至此期的时间/min | 发育积温/(h·°C) |
| --- | --- | --- | --- | --- |
| 囊胚早期 | | | | |
| 囊胚中期 | | | | |
| 原肠早期 | | | | |
| 原肠晚期 | | | | |
| 神经胚期 | | | | |
| 肌节出现期 | | | | |
| 眼基出现期 | | | | |
| 嗅板期 | | | | |
| 尾芽期 | | | | |
| 听囊期 | | | | |
| 尾鳍出现期 | | | | |
| 心脏原基期 | | | | |
| 眼晶体形成期 | | | | |
| 肌肉效应期 | | | | |

# 实训十五

# 鱼苗尼龙袋充氧模拟运输

## 一、实训目的

（1）掌握使用尼龙充氧袋装鱼苗以及运输鱼苗的操作方法。

（2）掌握使用尼龙袋袋装鱼苗下塘的放养方法。

## 二、实训材料

几种常见经济鱼类如鲤、鲫、鲢、鳙、草鱼等的鱼苗。

## 三、运输工具

适宜的交通运输工具如电瓶车、汽车等。

## 四、实训要求

（1）每组 2 人，每组选取 1 个尼龙袋，根据装袋和鱼苗下塘的放养方法进行鱼苗的装袋运输实训。

（2）将暂养的鱼苗运输到鱼池进行放养。

## 五、实训内容

### 1. 尼龙氧气袋袋装鱼苗的方法

（1）选袋。

选取 70 cm × 40 cm、80 cm × 40 cm 或 90 cm × 50 cm 等规格适宜的塑料袋，检查是否漏气。将袋口敞开，由上往下一甩，让空气进入袋中并迅速捏紧袋口，使空气留在袋中呈鼓胀状态，然后用另一只手压袋，检查尼龙袋是否漏气。也可以充气后将尼龙袋浸没水中，观察有无气泡冒出。

（2）加水。

注（加）水要适中，一般每袋注水 1/4 ~ 1/3，以塑料袋躺放时，鱼苗能自由游动为好，水过多袋子易破损。加水时，可在装水塑料袋外再套一只尼龙袋或直接用双层袋，以防万一破损。

（3）放鱼。

按计算好的装鱼量，将鱼苗轻快地装入袋中，鱼苗宜带水按批次装入，装鱼的密度宜稀不宜密。

（4）充氧。

将塑料袋压瘪，排尽其中的空气，然后缓慢充入氧气，至塑料袋鼓起至略有弹性为宜。

（5）扎口。

用扎绳或橡皮筋扎口要紧，防止水与氧气外流，用双层袋的，一般先扎内袋口，再扎外袋口

（6）装运。

扎紧袋口后，可以直接搬装到车厢内发运，或者把袋子装入纸质箱或泡沫箱中，也可将塑料袋装入编织袋后发运。

在发运前和发运后的过程中，要注意防止温度变异，应将袋子置于阴凉处，不宜曝晒和淋雨。在上下车时尽量轻拿轻放，避免氧气袋遭剐碰烂袋，以免造成跑气漏水而损失。

### 2. 尼龙氧气袋袋装鱼苗下塘的放养方法

塑料袋充氧密闭运输的鱼苗，其体内往往含有较多的二氧化碳。特别是长途运输的鱼苗，血液中二氧化碳浓度很高，可使鱼苗处于麻醉甚至昏迷状态（肉眼观察，可见袋内鱼苗大多沉底打团）。如将这种鱼苗直接下塘，成活率极低。因此，凡是经长途运输的鱼苗，必须让池水与袋内的水逐渐混合，调节池塘与袋内的温差，使鱼苗对袋内、外气压适应后再下塘，称为“缓苗”或“调温”。

鱼苗下塘时，应先将塑料袋充氧鱼苗放入鱼池内降温，一般需 15 ~ 30 min，袋内外的水温温差不能超过±3 °C，即当氧气袋内外水温基本一致后，再打开塑料袋口，缓慢再放入池塘水中或者放入预先安置在鱼池中的网箱内暂养。

暂养时应保证暂养网（(捆箱)）内水的溶氧要充足。一般经 0.5 ~ 1.0 h 暂养后，鱼苗血液中过多的二氧化碳均可排出，鱼苗就可集群在网箱内逆水游泳，体质恢复后再放塘的效果为好。

## 六、实训作业

（1）认真撰写使用尼龙袋充氧模拟运输实训报告。

（2）认真总结分析影响鱼苗运输成活率的因素。

## 实训十六

# 精子活力测定

### 一、实训目的

精子活力检测是繁殖生物学研究的重要手段，熟练掌握采集雄鱼精液，并进行精子活力的测定，在鱼类种质改良、远缘杂交及雌核发育研究中具有重要的作用。

### 二、实训材料

几种处于繁殖期的雄性鱼类如鲤、鲫、团头鲂、鲢、鳙、草鱼、大口黑鲈、罗非鱼、斑点叉尾鮰等。

### 三、实训器具

载玻片、毛巾、EP 管、牙签、显微镜等。

### 四、实训要求

每组 1 人，每人任意采集 3 尾雄鱼精液，进行活力测定。

### 五、实训内容

1. 精子的获取

检查成熟度并挑选发育较好的雄鱼，用毛巾擦干鱼体生殖孔周围的水分，轻轻挤压腹部，挤出乳白色的精液（正常精液为乳白色、黏稠且无粪、尿和血液污），将精液分装于 EP 管中，采集 3 尾雄鱼精液。

2. 精子活力观察

（1）用干燥牙签的钝端沾一小滴精液，点在干净且干燥的载玻片上（用纱布擦干净），4 倍物镜下找到精液后，转换到 10 倍物镜，观察精子的运动性。

（2）用牙签蘸水划过精液区，观察精液边缘区域精子运动性，记录精子遇水激活后 1 min、2 min、5 min、10 min 的运动性（精子活力）。精子存活率计算公式如下。

精子存活率＝活动精子数量/全部精子数量×100%

3. 精子稀释液对精子活力的影响

取 EP 管，加入稀释液和精液（4∶1），在室温下放置 1 min、2 min、5 min、10 min、30 min、1 h 后，检查精子活力。

精子稀释液：0.4% NaCl 溶液、Hank’s 液。

4. 环境温度对精子活力的影响

（1）将精液分装于 EP 管中，其中 1 管置于 4 °C 冰箱中，另一管放入 35 °C 度水浴。

（2）分别在 10 min、30 min、1 h 取样检查精子活力。

## 六、实训作业

记录三种处理的精子存活率。

# 实训十七

# 观赏水草栽培

## 一、实训目的

（1）熟练掌握观赏水草的各种栽培方法和注意事项。
（2）掌握观赏水草的修剪方法。
（3）掌握观赏水草的消毒方法。

## 二、实训材料

水草种子、皇冠草、椒草、金鱼藻、莫丝、水榕、矮珍珠、虎耳、蕨类水草、网纹草等。

## 三、实训器具

花盆、玻璃缸、沉木、造景石、水草泥、造景底砂、水草夹、水草弯镊、水草直镊、水草弯剪、水草直剪、平沙铲、钓鱼线、刮藻刀、水草胶、水草灯、塑料网、发泡胶等。

## 四、实训要求

每组1人，每人需选择不同的观赏水草，按照实训内容所述方法学习不同的栽种方法。

## 五、实训内容

1. 栽种法

皇冠草、辣椒草、水兰、柳叶、松尾、红蝴蝶等观赏水草通常采用栽种法栽培。这些水草有明显的根系，有些根系十分庞大，有些具有块茎或球根。在商店里出售的时候，这些水草是根茎叶完整的，买回家后将根系和叶片清洗干净，去除螺蛳和螺蛳卵，然后将根直接埋入沙子或者水草泥中。

（1）先在玻璃缸底部铺上一层厚 30 ~ 40 mm 的水草泥或者底砂。水草泥或砂粒不宜过于细小。细砂稠密结实，水草的根不易伸入；砂粒过于粗大，则松散间隙大，饵料残渣和鱼的粪便会沉于间隙中，不易清除，逐渐腐败使砂变黑，影响水质。

（2）水草泥或底砂选好后，用清水反复淘洗，不断搅拌，反复换水，并在淘洗过程中拣去砂中的石块和杂质，一直淘洗至没有泥土、水色澄清为止。铺砂时一定要一边高一边低，有一定倾斜度，鱼的游动便能促使食物残渣、粪便移动并沉积于最低处，有利于清理和换水。

（3）适量注水，为避免水流冲起底砂，可一手舀水加入，另一手作为缓冲托住水流，用水管加水时可将水流冲在石块上或在管口系布条以减少冲击力。注水至玻璃缸高度的 1/5 ~ 1/4 即可。

（4）将观赏水草分株，用清水冲洗干净水草，再用剪刀和镊子除去水草的老叶和老根。在新的栽培环境中，植物原有的根系和叶片并不一定能适应存活；相反它们会大量枯萎腐烂，污染水质。在栽种具有鳞茎（比如喷泉草）、球茎（比如网草）、块茎（比如荷根）的水草时，即使将叶片、根系全部去掉也没有关系，只要其鳞茎、球茎、块茎不受损害，就能很快地生长出新的根和叶。

（5）水上叶的水草（比如皇冠草、水兰等），需要尽量多地去除叶片，只保留中心一两片叶子。

（6）简单消毒后，用镊子小心夹住水草的茎底部（大型水草可以直接用手栽种），然后将根直接埋入底砂或者水草泥中，培砂。每株水草栽种的距离根据水草叶片的宽度大小而调整，如图 17-1 所示。

（7）注水。

直接埋入底沙中

图 17-1　将水草茎底部埋入底沙

2. 插茎法

插茎法适用于插茎类水草的栽种，这类水草购买时通常并不带有完整的根系，是从水草上剪下的断枝，一般长 10 ~ 20 cm，没有根或有少许水中根。

（1）参照栽种法（1）~（3）的步骤。

（2）在插茎栽种时，也应当尽量去掉水草的老叶，特别是水上叶。用清水清洗干净和消毒后用水草镊子夹着水草茎的底部直接插入底砂或水草泥中。插茎完毕后，用手轻轻搅动水，看是否有没插牢的水草漂浮起来。同时，要注意埋入底床中茎必须含有茎节，如图 17-2 所示。

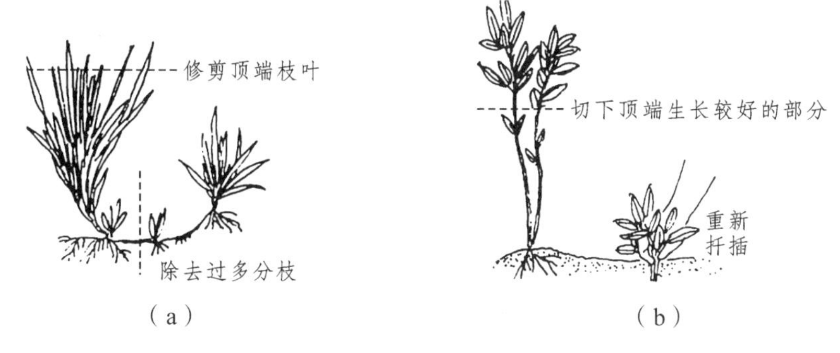


图 17-2　水草的扦插

（3）插茎栽种分为单株插茎和多株插茎。大多数水草需要使用单株插茎方式才能生长良好。大型叶片的水草植株间隙就要留多一些，小型叶片的可以留少一些。通常植株间隙距离等于水草一片成叶的长度。珍珠草、宫廷草等小叶水草，可以采用多株插茎。多株插茎时，可将 3 ~ 5 株水草整合在一起插入底床中，然后空出一个草叶的长度再插第二丛。

3. 捆绑法

对于莫丝、蕨类植物以及小榕草、辣椒榕草，通常采用捆绑法栽种。

（1）参照栽种法（1）~（3）的步骤。

（2）将水草分株，用清水冲洗干净，再用剪刀和镊子除去水草的老叶和老根。

（3）利用钓鱼线先把每株水草捆绑在沉木、岩石等的造景材料上，捆绑的水草不宜过多，在造景材料上绑上薄薄一层，让植物片段既接触到光照，又可大面积接触造景材料，如图 17-3 所示。

图 17-3　捆绑好水草的沉木

（4）对于一些细碎的苔藓类，如鹿角苔、珊瑚莫丝等，不容易用钓鱼线捆绑，可以采用塑料网将其网在造景材料上生长，如图 17-4 所示。另外，莫丝类在捆绑时，要尽量将它们分解得细小一些。这些植物只有新长出生长点才能附着到造景材料上，老叶是无法附着的。

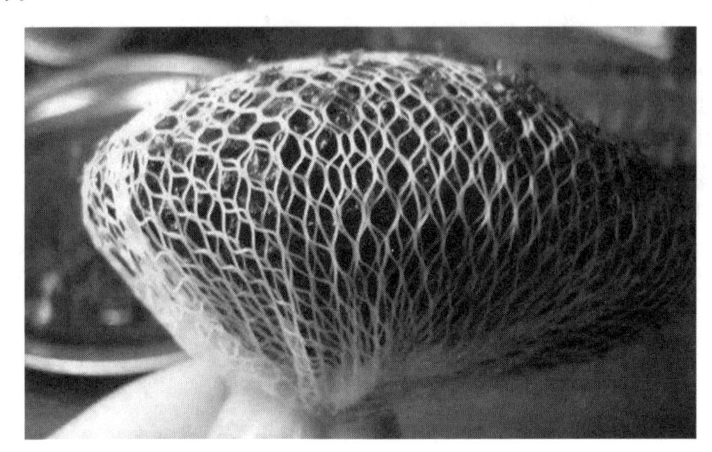

图 17-4　网兜捆绑细碎的苔藓类

4. 干种法

通常一些细小、容易在栽种后漂浮起来的水草采用这种方法种植，比如矮珍珠草、迷你矮珍珠草、挖耳草、天胡荽等。

（1）参照栽种法（1）~（2）的步骤。

（2）铺好水草泥或底砂后，加入水，加水的高度以刚刚漫过水草泥或底砂，确保水草泥或底砂潮湿，并且有一定的积水。

（3）用水草镊子将小型水草一簇一簇地栽种到合适的位置。然后用一张保鲜膜覆盖在玻璃缸上，打开照明设备，水草便开始生长。一般 3 ~ 5 周后，水草已经生长得非常茂盛，根系深深地扎入水草泥或底砂中。此时可以去掉保鲜膜，把缸里水位提高到正常高度。

5. 水草的修剪

不同品种的水草要采取不同的修剪方式，常用的修剪方法有修叶、分株、打头、剪枝、扫边、切薄、摘心、留茎去根等。

（1）修叶法。

修剪掉水草过多的叶片，防止相互遮挡光照而影响生长。修叶法适用于莲座生的水草和蕨类水草，比如皇冠草、辣椒草、喷泉草、波浪草、黑木蕨、铁皇冠草等。

（2）分株法。

当莲座生水草生长过大，叶片过多，已经从根部分裂成多个植株后，就要进行分株修剪。分株时，需要将水草连根拔起，洗净根系上的泥土和沙子，将原始植株

上生长出的小植株全部掰下来，再分别种回水族箱，主要适应于辣椒草、皇冠草、睡莲类等。

（3）打头法。

当插茎类水草生长过高时，就可以用剪子将它们的茎剪短。通常，根据水族箱的高度确定打头的长度。比如水族箱高 50 cm，当前水草已经生长到 45 cm，这时就需要修剪掉 20 ~ 25 cm 的高度，所谓“打掉一半”留下 20 cm 左右高度的水草下半部，让其继续生长。修剪下来的茎直接栽种到地床上成为新的植株。

6. 水草的消毒

修剪好的水草用清水漂洗干净后再用 0.1%的 $KMnO_4$ 溶液浸泡 5 ~ 10 min，或 2%的 NaCl 溶液浸泡 15 min，或 0.1% 的 $CuSO_4$ 溶液浸泡 10 min，或 0.4% 甲基蓝溶液浸泡 10 min，再用清水洗净。

## 六、实训作业

（1）观赏水草的四种栽培方法。

（2）观赏水草的修剪方法。

（3）观赏水草的消毒方法。

实训十八

# 水族箱造景

## 一、实训目的

（1）了解水族箱造景的基本原则及方法。

（2）熟练识别水族箱造景常见材料。

（3）完成水族箱造景并能从美学角度阐述主题意义。

## 二、实训材料

不同规格水族箱、过滤设备、加热设备、照明设备、充氧设备、造景用底砂、各类型水草、石材、沉木以及各种装饰品等。

## 三、实训器具

方盘、剪刀、各种镊子、放大镜、直尺、强力胶、胶带等工具。

## 四、实训要求

（1）造景缸：每组 4 人，分别制作 45 cm × 30 cm 和 90 cm × 45 cm 两类规格的水族箱。制作 45 cm × 30 cm 规格的水族箱由 1 人主要负责完成；90 cm × 45cm 规格的水族箱则由其他 3 人主要负责完成。

（2）根据给定主题，或自定主题，在规定时间内完成具有原创性的造景设计，观念独特、形式新颖，充实、生动，突出主题特点。

（3）实训时间 8 h 内完成。

（4）实训评分标准如表 18-1 所示。

表 18-1　评分表

| 项目 | 主题 | 评分细则 | 满分 |
| --- | --- | --- | --- |
| 创意性 | 主题立意 | 水族造景基本原理 | 10 |
| | | 原创性或创意性 | 10 |
| 技术性 | 设计原理 | 床底设置、骨架搭配协调性及工艺难度 | 10 |
| | | 水草搭配、布局 | 10 |
| | | 长期维护的可能性 | 10 |
| 内容性 | 自然氛围 | 和谐自然的表现，积极向上的风貌 | 15 |
| 整体性 | 水景完成度 | 作品完成度，是否完全反映作者的构思 | 5 |
| | | 作品整体清洁度 | 5 |
| | | 材料的合理利用 | 10 |
| | | 灯光、过滤等设备安装 | 5 |
| | 工具整理 | 造景区域清理干净且工具完好 | 10 |
| 总计 | | | 100 |

## 五、实训内容

1. 水族箱造景原则

观赏水族箱造景应遵循总体原则如下：

（1）多样与统一。

水族箱的设计是将观赏鱼、山石、水草等合理进行配置，通过构图设计显示出鱼、石、草的姿态、线条、色彩方面的多样性，并且应掌握造景的统一性。统一就是水草、观赏鱼、山石、沉木和底沙等必须在水里，在统一的基础上有所变化，可以表现为层次、色彩、形状、疏密、明暗等方面的变化。

（2）对比与陪衬。

根据水族箱中各种鱼及置景材料的差异和变化，恰当运用对比手法，给人以强烈、鲜明的感受和深刻的印象，从而增强观赏效果。

（3）协调与均衡。

对石头进行合理的选择与搭配，可使整体构图产生协调感，以水族箱中心为分界线，景观设计时左右对称，这样设计的均齐的形式条理性强，有统一感，可以产生稳重、庄严的效果。另外，配置水草、设置岩石和沉木等时，可采用对称或不对称的手法造景，以使整个水族箱画面均衡。

（4）节律与韵律。

在水族箱造景中，水草、沉木、岩石等造景材料的气韵和动势上有秩序的反复，比如，宽叶水草、窄叶水草、针叶水草之间的重复交替，沉木与岩石的巧妙运用以及高矮水草创造出有韵律的层次感。

2. 主题构思及材料选择

（1）根据缸体大小，完成主题设计。

（2）根据经费，合理选择造景材料，包括水草、底砂、卵石或山石、沉木以及其他装饰品。

（3）造景用的水草选择标准。

水草的种类很多，根据其在水族箱中种植或造景区域一般可分为前景草、中景草、后景草。前景草：种植在水族箱前部的水草，一般多为小型草、较低矮草，如矮珍珠、地毯草、牛毛毡、香菇草等。中景草：种植在水族箱中部，介于前、后景草中间，如铁皇冠、荷根、虎耳草等。后景草：种植在水族箱后部的草，一般为大型草、较高的草，如小圆叶、金鱼草、菊花草、小罗兰等。具体选择要求参考如下：

① 选择水草时应先考虑到本身配置设备的条件，依照配置设备的功能不同而挑大小长短，光亮要求能配合的水草种类。

② 如果种植技术不是很有把握，避免种一些高难度的水草品种。

③ 选择时，应该要考虑到前景、中景、后景都要有适合的水草。

④ 尽量挑选颜色、叶型、大小不相近的水草品种。

⑤ 红色系的水草不宜种植过多。

⑥ 全部种植水草的面积应该至少占水族箱底面积的 70%。

⑦ 选择适合当季气候的水草。

3. 造景步骤

（1）画出水草造景的配置图。

（2）准备素材：水族箱、四大设施、底砂、水草、石材、沉木、装饰品等。

（3）安装加热系统。（根据需求而定）

（4）安装过滤设备。（根据需求而定）

（5）铺放底砂。

（6）摆放沉木或石材。种植附着性水草。

（7）摆放其他装饰物。

（8）加入 1/3 水，注意不要冲起底砂。

（9）种植前景草，加水至 3/4。

（10）以水草配置图依次种植其他水草。

（11）加水至造景高度，用捞网捞出水面的叶片、杂物。最终效果如图 18-1 所示。

图 18-1　造景完成的水族箱

## 六、实训作业

（1）自选主题，绘制完成一个水族箱造景的配置图。
（2）根据主题，在限定经费内选材并完成水族箱造景。

实训十九

# 淡水热带观赏鱼的人工繁殖与苗种培育

## 一、实训目的

（1）掌握卵胎生鱼类的繁殖和苗种培育方法。

（2）掌握产浮性卵的斗鱼科鱼类的人工繁殖和幼鱼培育方法。

（3）掌握产黏性卵或沉性卵的鲤科鱼类的人工繁殖和幼鱼培育方法。

（4）掌握丽鱼科鱼类的人工繁殖和幼鱼培育方法。

## 二、实训材料

卵胎生鱼雌雄亲鱼（孔雀鱼、红剑、玛丽），斗鱼科雌雄亲鱼（曼龙、泰国斗鱼、接吻鱼、珍珠马甲），鲤科雌雄亲鱼（虎皮鱼、斑马鱼、玫瑰鲫等）、丽鱼科雌雄亲鱼（神仙鱼、七彩神仙鱼、红宝石、非洲凤凰等）、卤虫。

## 三、实训器具

亲鱼缸、产仔缸、抄网、产卵网、产卵罐、棕榈皮、丝状水草、浮游植物网、浮游动物网、200 目筛绢、仔鱼培育缸及配套装置、水管、商品饵料、鸡蛋黄等。

## 四、实训要求

每组 2～3 人，选择性成熟良好的热带观赏鱼，按照一定的雌雄比例将亲鱼移到亲鱼缸中暂养。

## 五、实训内容

1. 卵胎生鱼类的人工繁殖和苗种培育

1）亲鱼培育

将雌雄亲鱼按照 3：1 混合饲养于同一水族箱中，每天投给优质的饵料以促进亲鱼性腺成熟。

2）亲鱼交配

雌雄亲鱼混养（可自由交配）或配对，亲鱼性成熟后雄鱼经常追逐雌鱼。雌鱼腹部日渐膨大,肛门前的腹部出现黑斑说明雌鱼已受孕,此时应加强投喂动物性活饵料。

3）亲鱼移缸

当发现雌鱼腹部膨大如鼓、向腹部两侧突出，肛门处黑色胎斑变大、黑色明显加深时即接近产期，应移入产仔缸中。待产期间仍要投喂。

4）增加隔离措施

为防止亲鱼吞食产出的仔鱼，可在产仔缸内设置隔离墙或将亲鱼放入较大且种植有水草的缸中待产。

5）亲鱼产后恢复

雌亲鱼产后体质衰弱，应单独饲养，待体质恢复后再与雄鱼合缸。

6）生物饵料捕捞

（1）灰水类。

灰水类饵料也叫洄水或纤毛虫，是轮虫和草履虫等微小浮游生物的统称，在水中大量聚集时如灰雾一般漂动，特别适合饲喂细小的仔鱼，作为初孵仔鱼的开口饵料，用浮游植物网在有灰水的水体中捞取。

（2）水蚤类。

水蚤类即枝角类，大小 1 mm 左右，也叫鱼虫、青蹦、红虫，适于作为较大仔鱼或小型观赏鱼的饵料，可用浮游动物网在水蚤密集的小池塘等捞取，一般在黎明时分水蚤会因缺氧而密集地浮于水面。

7）生物饵料的处理

刚采集的生物饵料可能带有病原菌，要经多次漂洗后才能用，再用 200 目筛绢过滤浓缩。

8）饵料投喂

一般在仔鱼产出的第二天就进行投喂,一般用吸管吸入浓缩的灰水滴入仔鱼缸中,一日数次，每次投喂量宜少，饲喂后仍能保持水质的透明度，当仔鱼腹部鼓起才算饲喂合适。随仔鱼生长可开始投喂水蚤（天然饵料缺乏时也可投喂人工代用饵料，使用为蛋黄或将商品饵料磨碎后使用）。

9）水质控制

换水时注意换水前后水质的一致性和温度的一致性。给仔鱼换水时应用虹吸管先吸除多余的老水，使仔鱼密集于缸底，再连水轻轻舀出仔鱼入备有新水的缸中，原则上要求不能全缸换水，可将原水抽出 2/3。再加进水质相同、水温相同的新水。

10）温度控制

理论上应保持恒温，尽量做到温度的稳定。

11）充气的控制

为仔鱼提供的气流应微小而细腻。

12）分缸

随仔鱼生长，仔鱼缸日渐拥挤时应将同一缸中仔鱼进行分缸饲养。

2. 斗鱼科鱼类的人工繁殖和苗种培育

1）亲鱼培育

将雌雄亲鱼按比例 1∶1 混合饲养于同一水族箱中，每天投给优质的饵料以促进亲鱼性腺成熟。

2）促进亲鱼发情交配

当发现亲鱼性成熟，雄鱼体色加深且十分鲜艳时说明亲鱼临近繁殖。此时将配对的雌雄亲鱼移入比原水族箱水温约高 2 ℃的繁殖缸中，缸中放一些浮性水草，暂停充气。

3）亲鱼发情交配

雄鱼利用浮性水草作为骨架开始吐泡沫筑成巢后即将雌亲鱼引至泡沫巢下进行交配、产卵，如图 19-1 所示。

（a）雄鱼缠住雌鱼使其产卵

（b）雄鱼将卵含在口中送入泡沫巢

图 19-1　斗鱼的繁殖

4）卵的孵化

雌雄亲鱼产卵受精后移出雌亲鱼，留下雄鱼守护卵的孵化，卵约经 1～2 d 孵化。

5）幼鱼培育

（1）刚孵出的仔鱼垂挂在泡沫巢下，行内源性营养，此时无须投食。

（2）仔鱼孵出 3 d 左右开始主动游泳，将雄鱼移出，留下仔鱼。

（3）仔鱼较小，最初可投喂蛋黄、原生动物、轮虫或卤虫无节幼体，之后再喂小型枝角类或卤虫等。

3. 鲤科鱼类的人工繁殖和苗种培育

1）亲鱼培育

将雌雄亲鱼按照比例 2∶1 混合饲养于同一水族箱中，每天投给优质的饵料以促进亲鱼性腺成熟。

2）亲鱼选择和配对

对雌鱼要求体短而肥胖，体色艳丽，腹部凸出表示腹腔内已有卵粒存在；雄鱼体形要求体形稍长，并在缸中不断追逐雌鱼。

3）产巢准备

不同类型产巢如图 19-2 所示。

（1）黏性卵的产巢。

在自然环境下这类鱼多产卵附于水草上，故一般将发丝草、金鱼藻等丝状水草或棕榈皮铺在鱼缸底。

（2）沉性卵的产巢。

用产卵网，网目大小以让卵通过而隔离亲鱼为宜，或在产卵槽底部放弹珠或小石粒让卵隐蔽于其中。产卵槽内设送气装置，不能用过滤器。

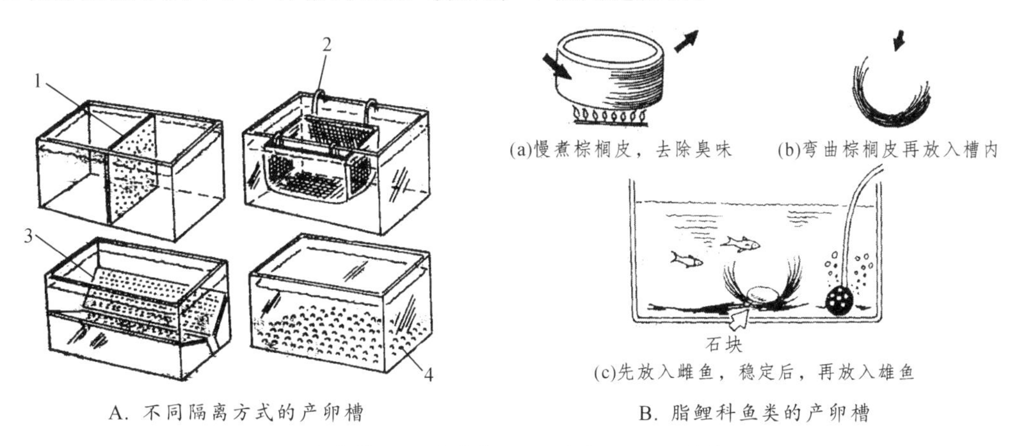


A. 不同隔离方式的产卵槽　　B. 脂鲤科鱼类的产卵槽

1—分离器；2—产卵架；3—产卵网；4—弹珠。

图 19-2　产巢类型示意图

4）促进亲鱼发情产卵

先将成熟的雌鱼放入产卵槽，1 ~ 2 d 后待雌鱼熟悉环境后再放入 2 尾雄鱼，雌雄亲鱼进入发情，进行产卵、受精，完成繁殖活动。

5）孵化仔鱼

移出亲鱼，留下受精卵进行孵化，仔鱼依水温高低，1 ~ 2 d 孵出仔鱼。

6）幼鱼培育

初孵仔鱼行内源营养，暂不投喂，孵出 2 ~ 3 d 后开始投喂灰水作为开口饵料。随仔鱼生长开始喂小型枝角类或卤虫等，注意幼鱼培育中的水质、水温和密度控制。

4. 丽鱼科鱼类的人工繁殖和苗种培育

1）亲鱼培育

将较多数量的雌雄亲鱼混合饲养于同一水族箱中，每天投给优质的饵料以促进亲鱼性腺成熟，并让亲鱼相互熟悉、自由配对（丽鱼科鱼类社会性强，人为强行配对一般难以成功）。在亲鱼性成熟后逐渐调节水温、水质等使其接近此类鱼类的繁殖要求。

2）产巢准备

当发现雌雄亲鱼双成对游动表示已进入发情期，此时应准备产巢。丽鱼科鱼类繁殖方式多样，应根据其繁殖特点准备产巢。

（1）神仙鱼属的附着繁殖。

繁殖缸只充气，不必放过滤器，以中性软水为佳。可在缸中先种植宽叶水草作为鱼巢或放入经消毒处理的塑料板、瓷片、瓦片等作为鱼巢，使其表面呈 60° 倾斜，如图 19-3 所示。

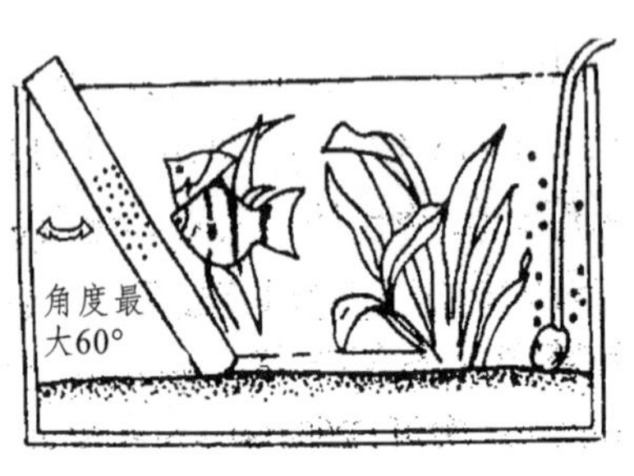


图 19-3　神仙鱼产卵板

（2）丽体鱼属（七彩神仙）的洞中繁殖。

繁殖缸中可用生化过滤器或上总过滤器，水温控制在 28 ~ 29 °C，以弱酸性软水为宜，放入紫砂产卵罐、花盆等作为产卵巢。

3）亲鱼发情产卵

将性成熟并已配对的雌雄亲鱼移入繁殖缸中，亲鱼即开始清理产巢，雌鱼将卵产在产卵巢上，雄鱼紧接着为卵受精。

4）卵的孵化

丽鱼科鱼类有较强的护卵行为，产卵后留下亲鱼照顾卵的孵化，期间不能惊动亲鱼，避免其吞食受精卵或仔鱼。

5）仔鱼培育

初卵仔鱼不能水平游动，行内源性营养，在鱼巢上停留一段时间，此期间由亲鱼照顾（七彩神仙鱼仔鱼孵出 2 ~ 3 d 后可游动，靠吸食亲鱼体表分泌物为食，5 ~ 6 d 后可投喂卤虫细幼体）。约 7 d 后移出亲鱼，开始投喂活饵料，先喂灰水、卤虫，再喂水蚤等。注意幼鱼培育中的水质、水温和密度控制。

## 六、实训作业

（1）卵胎生鱼类人工繁殖时的注意事项。

（2）泡沫巢的生态学意义。

（3）热带观赏鱼苗种培育时开口饵料和食性转换饵料的选择。

# 实训二十

# 生物饵料的培养

## 一、实训目的

（1）掌握从高浓度有机废水或污泥中采样富集培养、分离、纯化红螺菌科细菌。

（2）了解常见水产动物生物饵料如植物性生物饵料光合细菌、微藻及动物性生物饵料轮虫、枝角类、卤虫等的种类、生物学特征和生态条件。

（3）掌握微藻、轮虫、枝角类等培养方法。

（4）掌握卤虫卵的去壳和孵化。

（5）熟悉了解生物饵料培养过程中的日常管理事项。

## 二、实训材料

（1）池塘养殖水、底泥、卤虫卵。

（2）培养基。

乙酸钠 3.0 g；丙酸钠 0.3 g；$(NH_4)_2SO_4$ 0.39 g；$CaCl_2 \cdot 6H_2O$ 0.05 g；$KH_2PO_4$ 0.5 g；$K_2HPO_4$ 0.3g；NaCl 0.10 g；$MgSO_4 \cdot 7H_2O$ 0.2 g；酵母膏 0.05 g；蒸馏水 1 000 mL；pH 7.0。

（3）试剂。

消毒海水、鲁哥氏碘液、NaClO、NaOH、海水、$Na_2S_2O_3$ 溶液、KI 溶液、海盐。

## 三、实训器具

采泥器、浮游生物网、试管、试剂瓶、无菌水、无菌培养皿、移液管、玻璃涂棒、接种环、光学显微镜、血球计数板、盖玻片、计数器、1 mL 移液管、细口胶头吸管、擦镜纸、吸水纸、纱布、电子天平、烧杯（500 mL、100 mL）、量筒（200 mL、100 mL、50 mL、5 mL）、温度计、凹玻片、充气泵、解剖针、解剖镜、胶头滴管。

## 四、实训要求

每组 1 人，每人任意选择 1 种生物饵料按照下面的方法进行培养，将培养结果填写在表 20-1 中。

## 五、实训内容

### 1. 光合细菌的富集培养

1）采样

红螺菌科菌属广泛分布于各种水体及污泥中，用采泥器采集养鱼池塘底泥中，用无菌铲子直接取生长有光合细菌的底泥 50 ~ 100 g，装入透明的玻璃圆捅标本缸内，再取池水 100 mL，加入标本缸内，带回实验室。采样时记录地点、日期、水温、pH、是否有 $H_2S$ 等气味。

2）富集培养

（1）取 1 g 底泥放入盛有 10 mL 光合细菌富集培养液的试管中，混合均匀，然后在试管上层液面小心加入 0.5 cm 高的液体石蜡以隔绝空气，在 25 °C 下用 5 000 ~ 10 000 lx 的光照强度进行光照培养 2 ~ 8 周（最好用白炽灯）。

（2）数周后，试管内各种微生物均生长起来，由于发酵性细菌、硫酸盐还原细菌增殖，水层中积累了 $CO_2$ 和 $H_2S$，满足了光合细菌的营养来源，造成厌气状态，于是光合细菌大量繁殖，由于厌氧、光照条件控制，试管中培养液逐渐变红（或紫色或茶色）或在试管壁上出现红色（或紫色或茶色）菌落状菌团。

（3）用无菌滴管自光合细菌生长良好的试管内吸取红色细菌和污水汁 0.5 ~ 1 mL，移植到盛有 10 mL 富集培养液的试管中，加灭过菌的富集培养液至瓶中，试管上层液面小心加入 0.5 cm 高的液体石蜡以隔绝空气，造成厌氧状态，继续在 25 °C 下用 5 000 ~ 10 000 lx 的光照强度进行培养。试管内的颜色逐渐改变，培养物的颜色因菌种不同而异，可变为红色、紫色或茶色。

（4）待菌生长良好后（一周至数周），再按上述同样步骤转接第 2、3 次培养基中富集培养。直至红螺茵科细菌（棕红色）占优势。

### 2. 单细胞藻类的培养

1）富集培养

（1）水生 4 号培养液配方（可配成 1 000 倍母液，使用时稀释）。

| | | |
|---|---|---|
| $(NH_4)_2SO_4$ 0.2 g | KCl 25 mg | 过磷酸钙 30 mg |
| $FeCl_3$（1%溶液） 0.15 mL | $NaHCO_3$ 0.1 g | $MgSO_4 \cdot 7H_2O$ 80 mg |
| 土壤浸出液 0.5 mL | 淡水 1 000 mL | |

（2）土壤浸出液。

取土壤 1 kg，加纯水 1 000 mL，煮沸 60 min，在暗处放置 2 d，过滤，以滤液 600 mL

加纯水 400 mL 即可使用。

（3）采样。

池塘采集富含藻类的水样，入烧杯，加入等量体积的水生 4 号培养液，用纱布盖住烧杯口，放窗台上在散射光下培养，待藻液变绿即可。

2）分离

（1）水滴分离法。

用微量吸管吸取水样，滴到载玻片上，一载玻片上 3 ~ 4 滴，显微镜观察。如果某一滴内只有一个需要分离的藻类细胞，无其他生物混杂，可将水滴冲入培养液中培养。

（2）平板分离法（喷雾法）。

首先用经煮沸消毒的自来水把水样稀释到合适的程度，装入塑料喷雾器中，打开培养皿盖，把水样喷射到培养基表面上，使水样在培养皿上形成一薄层均匀的水珠。

（3）划线法。

水样不用稀释，直接用接种环进行划线培养。

3）培养

喷射或划线接种后，盖上培养皿盖子，放在适宜的光照条件下培养，一般经过 20 d 左右的培养，就可以在培养基面上生长出相互隔离的藻类群落。通过镜检，寻找需要分离的藻类群落，获得单种微藻。

4）计数

（1）目测微尺的校正。

目测微尺也称目微尺，为一圆形光学玻璃片，可被安装到光学显微镜的目镜中。玻片中央刻有一条线段，此线段被等分成共 100 格。由于显微镜物镜下的物体经过放大，而目镜中的目测微尺没有被放大，因此，当以目测微尺为参照物，目测微尺的每一格刻度线的测量长度因显微镜物镜的放大倍数的不同而不同。故必须用台测微尺进行校正，以求得在特定的放大倍数下，目测微尺每一格线所代表的真实长度。

台测微尺也称台微尺，是一片中央部分刻有精确等分线的载玻片，一般为 1 mm 等分成 100 格，每一格的实际长度为 0.01 mm，即 10.0 μm。

当要校正目测微尺时，先将显微镜的目镜取下，旋开目镜，将目测微尺装入目镜镜筒内的搁板上，然后旋紧目镜。注意，目测微尺的有刻度面应朝上。将带有目测微尺的目镜重新装好，此时观察目镜可见视野中央有一刻度尺。确认目测微尺的刻度线清晰明了，若刻度线不清楚，则需将目测微尺重新取出，用擦镜纸小心擦拭后重新安装。

将台测微尺置于显微镜的载物台上，先用低倍镜观察，调节调焦旋钮和光栅，直至看清楚台测微尺的刻度线。旋转目镜，使目测微尺与台测微尺平行。移动载物台的推进器，先使两尺重叠，再使两尺在视野的左方某一刻度完全重合。然后从左到右寻找第二个完全重合的刻度。并计数两重合线段之间目测微尺和台测微尺的格数。由于台测微尺的刻度是镜台上的实际长度（10 μm），故可通过下列公式计算出当前放大倍数下目测微尺每格的测量长度：

目测微尺每格长度（μm）=两重叠刻度之间台测微尺的格数×10/两重叠刻度之间目测微尺的格数

同样，将物镜转换成高倍物镜，再次校正在高倍镜下目测微尺每格的测量长度。校正完毕，将台测微尺擦拭干净后小心放好。

（2）计数。

① 将盖玻片和计数板用擦镜纸擦拭干净，将盖有盖玻片的计数板放在显微镜的载物台上，调焦，用低倍镜仔细观察计数池的结构。

② 将计数板连同盖玻片一起取下，用细口胶头滴管吸取摇匀的藻液，迅速将吸管尖靠在计数池上盖玻片的边缘，略挤胶头滴管使藻液进入盖玻片下，直至充满整个空间，多余的藻液会流入 H 形的凹沟中。注意，当藻液浓度高时，为了便于计数，可将藻液稀释后进行计数。在计数有鞭毛或有运动性的藻类时，可先吸取定量的藻液，滴加鲁哥氏碘液进行固定，然后添加消毒海水稀释后计数。

③ 样品添加到计数池后，静置片刻。在显微镜下仔细调焦，同时调节光栅，必要时调节光源和反光镜角度，直至细胞和纵横格线都清楚。

④ 统计计数池中央大方格内四角及中央中格内的饵料生物的数量，并记录。计数时，小心移动载物台，从上到下，由左及右又由右及左依次计数各小格内的细胞数。凡压方格的上线和左线的细胞，统一算此方格内的细胞，而压方格的下线和右线的细胞，统一不算此方格内的细胞。

⑤ 将计数板及盖玻片用流水冲洗、擦干，重复上述步骤，对同一样品再计数 2～3 次。

⑥ 将同一样品的计数结果，取平均值。代入下式，计算单胞藻的密度：

单胞藻密度（个/mL）=平均每小格内的细胞数×16×25×10 000×稀释倍数

⑦ 计数完毕，将血球计数板冲洗干净，用纱布吸干水分，用擦镜纸包装后连同盖玻片一起放入原盒子内。

3. 轮虫的培养

（1）单胞藻培养。

将培养器皿洗净，烘干。每只三角烧瓶中分别加入 50 mL 培养好的小球藻，贴好标签。注明接种日期，接种量。

（2）水样采集与处理。

在水质较肥、有机质丰富、藻类繁生的水中常有轮虫生活，用网目 120 μm 的浮游生物网在清晨日出之前向水体中捞取水样。

（3）用 300 μm 尼龙网滤出水样中的杂物，再集于烧杯中放置数小时，使其他浮游生物死亡沉底。用纱布或滤纸平放水面，使轮虫附于其上，再将其洗入另备容器中。按此法重复 2～3 次分离后，可得较纯种轮虫。

（4）轮虫分离。

将处理后的将水样在解剖镜下，用吸管吸取轮虫（大小，带卵情况一致），每只三角烧瓶内放 10 只，分好瓶口，置于有光处 20 ~ 25 °C 培养。

（5）每天摇动三角烧瓶，观察轮虫生长情况。当藻液变清，肉眼可见轮虫时，计数轮虫密度。

4. 枝角类的培养

（1）采样。

在清晨或黄昏或晚上用灯光诱捕，用 100 ~ 150 目浮游生物网采集。用吸管吸出枝角类放于凹玻片上显微镜观察后，分离出适宜的培养种类。

（2）以微藻和酵母为饵料，小球藻投放密度每毫升 200 万个；扁藻每毫升 50 万个；面包酵母控制在 2 ~ 3 mg/(个 · d)。饵料密度过高反而不利于枝角类摄食。

（3）每天观察轮虫生长情况。当藻液变清，肉眼可见轮虫时，计数轮虫密度。

5. 卤虫的去壳和孵化

1）去壳液的配制

**例 20-1** 用浓度为 10% 的次氯酸钠溶液作为去壳原料配制卵的去壳液，计算过程如下：

（1）10 g 卵所需的去壳液的总体积为：13 mL/1 g 卵 × 10 g 卵=130 mL。

（2）按 2 g 卵/1 g 有效氯计算。10 g 卵所需的有效氯为：10/2=5 g。

（3）含 5 g 有效氯所需 10% 次氯酸钠溶液的毫升数，可由下式算出：

$$100 : 10 = x : 5$$

$$x = 100 \times 5/10 = 50\ \text{mL}$$

（4）所需海水量为：130 mL−50 mL=80 mL。

（5）所需 NaOH 的量为：0.13 g/1 g 卵 × 10 g 卵=1.3 g。

这样用 80 mL 海水加 1.3 g NaOH，再加 10% 次氯酸钠溶液 50 mL 就配成了 10 g 去壳卵所需的去壳液。

漂白粉亦可使用，算法同上。但加入漂白粉易吸潮，使用前应进行有效氯的测定。

2）卵的去壳过程

（1）水处理。

称取一定量的卵放入盛有海水或自来水的容器中，通气搅拌使卵保持悬浮状态；一小时后把卵放在孔径为 120 ~ 150 μL 的筛网上洗净过滤。

（2）去壳。

把滤出的卵放入已配好的去壳液中并搅拌。卵的颜色渐渐由咖啡色变为白色，进而橘红色。此过程最好在 6 ~ 15 min 内完成（孵化率与温度有关，搅拌超过 10 min 会影响孵化）。在去壳过程中，为了防止温度过分升高（ > 40 °C），可用自来水浴降温。

（3）清洗脱氯。

将去壳卵溶液内加水若干，倒入筛网上，用自来水或海水冲洗，直至无氯味，然后把经过冲洗的卵放入盛有海水或自来水的容器中（5 ~ 10 mL 水/g 卵），加入 1% ~ 2% 的 $Na_2S_2O_3$ 溶液，去氯情况可用 0.1 mol/L 的 KI 溶液（16.6 g KI 溶于 1 L 蒸馏水中）和淀粉溶液检查。方法是：取少量已去过氯的卵，加入 0.1 mol/L 的 KI 溶液和淀粉溶液，如不出现蓝色，表示氯已去净。

$$Cl_2+2KI=\!=\!=2KCl+I_2$$

（4）去壳卵的处理。

去氯后的去壳卵可以直接投喂，也可以孵化后投喂或放入−4 °C 冰箱中保存。

3）孵化

（1）配制盐度 35‰ 的海水。

（2）称取 250 mg 卤虫卵待测卵放入 100 mL 盐度为 35‰ 的海水中，设置光照 2 000 lx、水温 25 °C，底部充气。

（3）培养 48 h 后，移取 10 个样品，每个样品 0.5 mL（约含 100 只无节幼体）。

（4）将样品放入培养皿或小试管中，用鲁哥氏液固定无节幼体，解剖镜下计数，计算平均值。

（5）向每个样品中滴 1 滴 40% 的 NaOH 溶液，再滴 5 滴含有效氯 5.25% 的漂白粉水，数分钟后空壳溶解，未孵化的虫卵成为去壳卵。

（6）观察卤虫实孵无节幼体的形态结构。

## 六、实训作业

（1）填写表 20-1 的内容。

表 20-1　生物饵料的培养情况

| 饵料种类 | 培养时间/h | 培养数量（个/mL） | 抱卵量/% | 形态观察 |
|---|---|---|---|---|
| | | | | |
| | | | | |

（2）统计卤虫卵的孵化率、去壳卵数。

# 实训二十一

# 饲料原料辨识与配方设计

## 一、实训目的

（1）掌握玉米、麸皮、米糠、鱼粉、大豆粕、菜籽饼、棉籽饼、肉骨粉、羽毛粉、血粉等常用饲料原料品质的感官鉴别常识，熟练掌握立体显微镜鉴别饲料原料品质的方法。

（2）掌握全价配合饲料配方设计。

## 二、实训材料

各类饲料原料。

## 三、实训器具

瓷盘、显微镜、放大镜、电子秤。

## 四、实训要求

每组1人，每人对任意提供的饲料原料进行辨识，并对其品质进行感官检测；根据提供的养殖对象及饲料营养成分表，编写合理的配合饲料配方，并阐明理由。

## 五、实训内容

1. 饲料原料的辨识及品质的感官鉴定

1）玉米品质的鉴别

（1）玉米基本特点。

① 颜色：黄玉米颜色为淡黄色至金黄色，通常凹玉米比硬玉米的颜色浅。

② 味道：略甜，初粉碎时有生谷味道。

③ 容重：玉米粒 0.6 ~ 0.7 kg/L，玉米粉 0.71 ~ 0.73 kg/L。

（2）玉米耐贮存的程度。

① 水分含量：水分含量越高则贮存的时间越短，或因为贮存环境的温差造成水分的变动。

② 已变质程度：发霉初期轴变黑，然后胚变色，最后整粒玉米霉变。

③ 破碎性：玉米破碎后不宜保存。

④ 虫蛀、发芽、掺杂的程度：虫蛀、发芽的程度通过感官可以判断，掺杂中往往在玉米粉内掺混石灰石粉，检测方法是向供试品中滴入少量稀盐酸（1∶3），如发生泡沫者表示含有石灰石粉。

（3）玉米立体显微特征。

① 皮层光滑，半透明，薄，并带有平行排列的不规则形状的碎片物。

② 胚乳具有软、硬两种胚乳淀粉。硬淀粉或者叫角质淀粉有黄色及半透明特征；软淀粉呈白色、亮泽不透明的粉质特征。

③ 胚芽呈奶油色，质软，含油。

（4）玉米芯特征。

粉碎后的玉米芯可根据其非常硬的木质组织结构，常常成团或呈不规则形状，含有白色海棉状的髓和很薄的苞片及颖片等特征进行鉴别。

2）麸皮品质的鉴别

（1）麸皮基本特点。

① 颜色：淡黄褐色中略带红灰色，但因小麦品种、等级、品质而有差异。

② 味道：具有粉碎小麦特有的气味。

③ 形状：粗细不等的片状。

（2）麸皮立体显微特征。

① 小麦麸皮粒片薄且大小不等，外表面有细皱纹，内表面黏附有白色淀粉粒，呈黄褐色。

② 麦粒尖端的麸皮粒片薄，透明，附有一簇长长的有光泽的毛。

③ 胚芽看起来呈椭圆形，软而平，色淡黄，含油。

④ 淀粉颗粒小，呈白色，质硬，形状不规则，半透明且附着在麸皮碎片上。

3）米糠的品质鉴别

（1）米糠基本特点。

① 颜色：淡黄色或褐色，略呈油感。

② 味道：具有米糠特有风味，不应有酸败、霉味及异臭味。

③ 形状：粉状，含有微量碎米、粗糠，其数量应在合理范围内，不应有虫蛀及结块等现象。

④ 容重：0.22 ~ 0.32 kg/L。

（2）米糠立体显微特征。

① 糠壳呈不规则的片状，在显微镜下可见到外表面的横纹线，颜色黄色或褐色。

② 米糠为很小的片状物，含油，呈奶油色或浅黄色，并结成团块。但脱脂米糠不结团块。

③ 米糠表面光滑，呈小的不规则形状，质硬，色白，半透明。

④ 胚芽呈椭圆形，平凸状，与米粒相连的一边弧度大，含油。有的胚芽可能已破碎成屑。

（3）米糠品质判断的其他方法。

① 全脂米糠因油脂含量高（12%～15%），非常容易氧化酸败，故测定其游离脂肪酸含量即可确认酸败程度。

② 米糠中含粗糠比例的多少亦影响其成分之差异及品质等级。一般由粗糠中所含有木质素的定性与定量来判断。

③ 米糠的粗糠含量可以通过比重分离法测定，从而判断其等级。

④ 粗糠含约 17%的二氧化硅，检测硅（二氧化硅）的含量，再乘以 5.9（100/17）即为所掺粗糠的估计量。

4）鱼粉品质的鉴别

（1）鱼粉基本特点。

① 颜色：色泽因鱼种而异，沙丁鱼呈红褐色，白鱼粉为淡黄或灰白色，墨罕敦鱼粉呈淡黄或淡褐色，当加热过度或含脂肪高时颜色较深。

② 味道：有烹烤过的鱼香味并略带鱼油味，若混入鱼溶浆则腥味较重。

③ 形状：粉状，含鳞片和鱼骨，处理良好的鱼粉均具有可见肉丝。

④ 容重：0.45～0.66 kg/L。

（2）鱼粉的构造。

鱼粉内含有鱼骨、鱼鳞及肌肉组织，鉴别鱼粉可找鱼骨及鱼鳞进行对比。

① 鱼骨：细长薄片有规则形，较扁平，呈银色或淡色，鱼骨裂缝呈放射状。

② 鱼鳞：为扁平形，透明薄片，有时稍扭曲，在高倍显微镜下可看到同心轮，由深色带及浅色带而形成一年轮。

③ 鱼肉：其骨肉纤维有条纹，与肉骨粉难以比较，但鱼肉骨颜色较淡。

④ 牙齿：白色，呈圆锥形，较硬。

（3）鱼粉的立体显微特征。

① 鱼粉看起来是一种小的颗粒物，表面无光泽，颜色为黄色或浅褐色，相当硬，但只要用镊子钳便很容易将肌肉纤维断片弄碎，肌肉纤维大多呈短断片状，形状平而卷曲，无光泽呈半透明状。

② 骨刺坚硬，颜色呈不透明白色至黄白色，表面光滑，暗淡，大小与形状各异。

③ 鱼鳞是一种薄、平而卷曲的片状物，外表面上有一些同心线纹。

④ 眼球是一种晶体似的凸透镜状物体，半透明，光泽暗淡，坚硬呈圆形或破球形颗粒。

（4）鱼粉品质的其他因素。

① 鱼粉的外观：呈淡黄色、棕褐色、红棕色、褐色或青褐色粗粉状；手捻有细小肉丝，略有鱼腥味，不可有酸败、氨臭等腐败气味，也不能有过热之焦味，看不到虫蛀和结块现象为佳。

② 鱼粉的黏性：鱼肉肌纤维富有黏着性，越新鲜的鱼粉其黏性越佳。其判断方法为：将鱼粉和α-淀粉按 3∶1 的比例混合，加 1.2 倍水炼制，然后用手拉其黏弹性即可判断。

③ 鱼粉的纯度。当鱼粉价格低时，掺假的可能性较大，通常用来掺假的原料有血粉、羽毛粉、皮革粉、肉骨粉、下杂鱼、畜禽下脚、锯末、花生壳粉、贝壳粉、海砂、尿素、蹄角、粗糠、钙粉、硫酸铵等，这些物质有些是为了提高蛋白质含量，有些是当增量剂使用，但大多数是廉价而不易消化吸收的物质。

④ 鱼粉的比重：用标准比重液将鱼粉中的有机物与无机物进行比重分离，其含量可判别鱼粉品质，如无机物含量多，则该品质等级较差。

⑤ 鱼粉燃烧的气味：如怀疑鱼粉中掺有皮革粉、羽毛粉、轮胎粉时，可将待测的鱼粉用铝箔纸包着用火点燃，由其产生的气味来判别品质。

5）大豆粕品质的鉴别

（1）豆粕基本特征。

① 颜色：淡黄褐色至淡褐色。

② 味道：烤黄者有豆香味。

③ 形状：片状或粉状。

④ 容重：粉状 0.49 ~ 0.64 kg/L，片状 0.30 ~ 0.37 kg/L。

（2）大豆粕立体显微特征。

① 外壳的外表面光滑，有光泽，并有被针刺似的印记，其内表面为白黄色，不平的部位为多孔海绵状组织，外壳碎片通常紧紧地卷曲。

② 种脐为坚硬种斑，长椭圆形，带有一条清晰的裂缝，颜色为黄色、褐色或黑色。

③ 浸出粕颗粒的形状不规则，扁平，质硬而脆，豆仁颗粒呈奶油色到黄褐色，压榨饼粕质地粗糙，其外表颜色比内部的深。

（3）大豆粕品质判断的其他方法。

① 壳粉比例及颜色：若壳太多，则品质差；颜色呈浅黄或暗褐色都表示加热不足或过热处理所致，品质亦差。

② 抗营养因子的含量：生大豆含有抗胰蛋白酶因子、血球凝集素、甲状腺肿源及脲酶等抗营养因子，如未经适当的加热处理，上述抗营养因子不能除去，会妨碍其养分的利用，因此可通过检测脲酶的活性来判断其品质的优劣。

6）菜籽饼（粕）品质的鉴别

通过立体显微特征来判断。

① 种皮和种仁碎片相互分离，种皮薄，硬度较棉籽壳差。

② 表面红褐色或近棕黑色。

③ 有些品种内外表面具有网状，内表面附有半透明薄片，籽仁呈小碎片，呈黄色至棕黄色，质脆，无光泽。

7）棉籽饼（粕）品质的鉴别

通过立体显微特征来判断。

① 外壳碎片表面附着半透明、有光泽、白色的纤维。沿边方向呈类似阶梯状的色层。壳呈褐色至深褐色，壳厚而有韧性。

② 有淡褐色至深褐色的种脐碎片。扁平棉仁碎片中带有黑色或红褐色棉酚色腺体。

③ 榨后的残渣，仁与壳压在一起，每一碎片结构较难看清，但壳上纤维特征较易观察。

8）肉骨粉（及肉粉、骨粉）品质的鉴别

（1）肉骨粉基本特征。

① 颜色：为金黄色至淡褐色或深褐色，含脂量高时色深，过热处理时颜色也加深，一般猪肉骨粉颜色较浅。

② 味道：常为新鲜肉味，并具烤肉香味及动物油味。

③ 形状：粉状，含粗骨。成分均匀一致，不能含过多毛发、蹄、角及血液等。

④ 容重：0.51 ~ 0.79 kg/L。

（2）肉骨粉组成。

① 肌肉纤维：有条纹，白色至黄色，有较暗及较淡之面的区分。

② 骨头：家畜骨头颜色较白，较硬，形状为多角开设，组织较致密，边缘较平整，内有点状（点状为输送养分处）。家禽骨头颜色为淡黄白色，椭圆长条形，较松软，易碎，骨头上孔隙较大。

③ 皮、角、蹄：皮本身主要成分为胶质，其与角、蹄的区别见表 21-1。

表 21-1　皮与角、蹄区别方法

| 名称 | 加醋酸（1∶1） | 加热水 | 加盐酸 |
| --- | --- | --- | --- |
| 皮 | 会膨胀 | 会胶化、溶解 | 不冒泡 |
| 角、蹄 | 不会膨胀 | 不溶解 | 会冒泡，但反应慢 |

④ 毛：家畜的毛呈杆状，有横纹，内腔是直的，家禽羽毛呈卷曲状。

（3）立体显微特征。

① 湿炬法生产的骨粉颗粒为小片状，不透明，白色，光泽暗淡，表面粗糙，质地坚硬，难以用镊子钳碎，有的骨粉颗粒表面上有血点或有血管的线迹。蒸汽压力法生

产的骨粉颗粒容易破碎。

② 腱和肉的小片颗粒形状不规则，半透明，呈黄色乃至黄褐色，质硬色暗光滑。

③ 血在显微镜下为小颗粒，形状不规则，呈黑色或深紫色，难以破碎，表面光滑缺乏光泽。

④ 毛为长短不一的杆状，呈红褐色、黑色或黄色，半透明，坚韧而弯曲。

（4）品质判断方法。

① 原料的品质受其质量、加工方法、掺杂及贮存时间的变化影响很大。腐败原料制成的产品品质不良，甚至有中毒可能；过热产品会降低适口性及消化率；含血多的肉骨粉粗蛋白质较高但消化率差，品质不佳。

② 肉骨粉及肉粉被细菌污染可能性很大，尤其要注意防止被沙门氏杆菌污染，应定期检查活菌数、大肠杆菌数和沙门氏杆菌数。

③ 肉骨粉掺杂比较普遍，多使用水解羽毛粉、血粉等。更恶劣者添加生羽毛、贝壳粉、皮革粉等来掺杂。

④ 检测钙与磷的比例，正常产品钙∶磷为 2∶1。比例异常者要进行掺假检测。

⑤ 粗灰分的含量应为磷含量的 6.5 倍以下，否则可能掺假。肉骨粉的钙、磷与粗灰分满足以下关系。

$$\text{钙}(\%)=0.348\times\text{粗灰分}(\%)$$
$$\text{磷}(\%)=0.165\times\text{粗灰分}(\%)$$

⑥ 肉骨粉和肉粉是品质变异相当大的饲料原料，若肉骨粉及肉粉含脂肪高则易变质，造成风味不良，应检测其酸价和过氧化价。

9）羽毛粉品质的鉴别

（1）羽毛粉的基本特征。

① 颜色：浅色生羽毛所制成的产品呈金黄色。深色生羽毛所制成的产品为深褐色至黑色，加温过度会加深成品颜色，有时呈暗色，有时也因屠宰作业中混入血液所致。但同一批次的产品色泽、成分和质地应一致。

② 味道：有新鲜羽毛的臭味，不应有焦味、腐败味、霉味及其他刺激味。

③ 形状：粉状。

④ 容重：0.45 ~ 0.54 kg/L。

⑤ 构造：镜检时可见比较稀少的扁平管状羽轴，呈深棕色，羽毛有霜绒毛纤细直挺。

（2）品质判断。

① 影响品质的最大因素在于水解的程度，过度水解为蒸煮过度所致，会破坏氨基酸，降低蛋白质品质。若水解不足则为蒸煮不足造成，判断其水解程度可用容积比重加以判断。

② 加入石灰可促进蛋白质分解，且可抑制臭气产生，但也同时加速氨基酸的分解，胱氨酸约损失 60%，其他必需氨基酸的损失为 20%～25%，因而最好不使用石灰这一类促进剂。

10）血粉品质的鉴别

（1）血粉的基本特性。

血粉因干燥方法不同，导致物理性状有所差异。

① 颜色：采用蒸馏干燥法血粉的颜色为红褐色至黑色并随干燥温度增加而色泽加深；采用瞬间干燥或喷雾干燥方法的血粉颜色比较一致且呈红褐色。

② 味道应新鲜，如有辛辣味，可能血中混有其他物质。

③ 溶水性：采用蒸馏干燥法的略溶于水；采用瞬间干燥法的血粉不溶于水；采用喷雾干燥法的血粉易溶于水及潮解。

④ 容重：0.48～0.60 kg/L 。

（2）立体显微特征。

血粉颗粒的粒度和形状各异，颜色呈深褐色乃至紫黑色，质硬表面光滑，无光泽或有光泽。用喷雾法干燥制得的血粉颗粒细小，多为球形。

（3）品质判断的其他方法。

① 通常瞬间干燥或喷雾干燥的血粉品质较好，蒸馏干燥血粉品质较差。

② 同属蒸馏干燥血粉，其水溶性差异变化很大，低温制造者水溶性较强，高温干燥者水溶性较差，故可根据产品水溶性差异作为品质判断的依据。

③ 水分不宜太高，应控制在 12% 以下，否则易发酵、发热。水分太低者可能加热过度，颜色发黑，消化率亦降低。

2. 饲料配方设计

试差法饲料配比的具体步骤：

（1）饲料配比前要确定饲喂对象，并进一步确定饲喂标准。

（2）查询特定养殖阶段该养殖对象的饲喂标准；根据饲喂标准，选择可使用原料，并根据原料营养成分表，确定这其中营养成分的含量。

（3）拟定配方。

通常情况下，能量需求和蛋白质含量是全价配合饲料的两个重要指标。所以，拟定配方前，一定要确定配合饲料中能量需求与蛋白质之间的关系比例。一般情况下，把能量需求和蛋白质含量指标设计到 96%，这样可留下 4% 左右的比例添加其他矿物质或者是添加剂。采用这种方法拟定配方，可在满足能量需求和蛋白质含量指标在饲料中所占比例要求的前提下，适量补充矿物质、氨基酸以及微量元素添加剂等，可有效避免多种指标同时计算的麻烦。配方拟定之后，可进行反复的计算，将结果与饲养标准进行详细的比较，进行调整，直到结果与饲养标准接近时为最好。

（4）补充矿物质。

矿物质补充过程中，首先应考虑磷元素补充量，因为在磷元素添加适量的饲料中必定也含有足量的钙元素，补充磷元素后，再计算钙元素就更为容易了。对于食盐含量的添加，可根据饲养标准进行计算，一般不考虑饲料中的含量。

（5）补充氨基酸添加剂。

最后可根据需求量确定氨基酸的添加。以玉米、大豆等为主要原料的大料配方一般可根据饲养标准来确定氨基酸的添加量，差多少补多少。目前可用于氨基酸补充的添加剂有赖氨酸和蛋氨酸添加剂，因此，在计算中只要确定这两种氨基酸的添加比例即可。

## 六、实训作业

（1）分辨不同类型饲料原料。

（2）鉴定原料品质，对鱼粉掺假进行鉴定。

（3）根据给定养殖品种及养殖阶段，设计全价配合饲料配方。

# 实训二十二

# 常用渔药的识别及质量鉴别

## 一、实训目的

（1）了解水产养殖中的常用药物。
（2）了解和掌握常用渔药的主要理化性状，并能识别常用渔药的种类。
（3）了解渔药质量鉴别方法。

## 二、实训材料

漂白粉、漂粉精、稳定态二氧化氯、二氯异氰尿酸钠、三氯异氰尿酸、溴氯海因、碘、聚维酮碘、福尔马林、醋酸、生石灰、氯化钠、碳酸氢钠、双链季铵盐、乙二胺四乙酸二钠（EDTA-2Na）、高锰酸钾、过氧化氢溶液（双氧水）、光合细菌、磺胺类药物、抗菌素、喹诺酮类药物、硫酸铜、硫酸亚铁、氯化铜、敌百虫、硫酸二氯酚、维生素、中草药等。

## 三、实训器具

滴管、药勺、烧杯、锥形瓶、镊子、玻璃棒及实验室常备仪器和设备等。

## 四、实训要求

每组 1 人，严格按照实验要求操作，避免与药物直接接触，注意安全。

## 五、实训内容

1. 肉眼观察法识别渔药

将购买的渔药打乱顺序编号，肉眼观察渔药后填写渔药名称并进行归类。渔药的类别主要有：环境改良剂、消毒剂、抗微生物药、杀虫驱虫药、代谢改善、中草药、生物制品、免疫激活剂以及其他（包括氧化剂、防霉剂、麻醉剂、镇静剂、增效等）。

1）环境改良剂与消毒剂

（1）漂白粉（含氯石灰）、漂粉精。

① 漂白粉：为白色颗粒状粉末；有氯臭，有效氯含量为25%～30%；水溶液呈碱性；部分溶于水和乙醇；稳定性差，在空气中易潮解。

② 漂粉精：为漂白粉精制品，其有效氯含量为60%，稳定性比漂白粉好，效力约为漂白粉的3倍。

（2）二氯异氰尿酸钠（优氯净）、三氯异氰尿酸（强氯精、鱼安）。

① 二氯异氰尿酸钠：为白色结晶性粉末；有氯臭，有效含氯量为60%～64%；性质稳定；易溶于水，水溶液呈弱酸性。

② 三氯异氰尿酸：为白色粉末；有氯臭；强氯精的有效含氯量在85%以上，鱼安的有效含氯量为80%～82%。

（3）二氧化氯（稳定态二氧化氯）。

常温下二氧化氯为淡黄色气体；可溶于硫酸和碱中；有效含氯量为263%；其可制成无味、无臭和不挥发的稳定液体。

（4）溴氯海因。

溴氯海因为白色或淡黄色粉末；微溶于水；易吸潮，有轻微的刺激性气味。

（5）二溴海因。

二溴海因为淡黄色结晶性粉末；微溶于水，溶于氯仿、乙醇等有机溶剂；干燥时稳定强酸或强碱中易分解，在水中加热易分解。

（6）碘。

碘为棕黑色或蓝黑色有金属光泽的片状结晶；有异臭；常温下易挥发，微溶于水，易溶于乙醇、乙醚、氯仿等有机溶剂。

（7）聚维酮碘（聚乙烯吡咯烷酮碘、PVP-I）。

聚维酮碘为黄棕色至红棕色粉末或水溶液；性能稳定，气味小；无腐蚀性；易溶于水，溶液呈酸性；含有效碘为9%～12%。

（8）福尔马林（甲醛溶液）。

福尔马林为含37%～40%甲醛的水溶液，并有10%～12%的甲醇或乙醇作稳定剂；无色液体；有刺激性臭味；弱酸性；易挥发；有腐蚀性；在冷处（9 ℃以下）易聚合发生浑浊或沉淀。

（9）醋酸（乙酸）。

醋酸为无色液体；特臭；味极酸；易溶于水。

（10）生石灰（氧化钙）。

生石灰为白色或灰白色块状；水溶液呈强碱性；空气中易吸水变为熟石灰而失效。

（11）氯化钠（食盐）。

氯化钠为白色结晶粉末；无臭；味咸；易溶于水；水溶液呈中性。

（12）碳酸氢钠（小苏打）。

碳酸氢钠为白色结晶粉末；无臭；味咸；空气中易潮解；易溶于水，水溶液弱碱性。

（13）双链季铵盐。

双链季铵盐为无色透明黏稠状物质；易溶解于水和乙醇，水溶液呈无色透明，富有泡沫；挥发性低；性能稳定，可长期储存。

（14）乙二胺四乙酸二钠（EDTA-2Na）。

EDTA-2Na 为白色结晶性粉末；略臭，易溶于水，不溶于乙醇、苯和氯仿。

（15）高锰酸钾。

高锰酸钾为黑紫色细长结晶，带蓝色金属光泽；无臭；易溶于水；与某些有机物或易氧化物接触，易发生爆炸。

（16）过氧化氢溶液（双氧水）。

双氧水为无色透明水溶液；无臭，或类似臭氧的臭气；味微酸；有腐蚀性；不稳定，氧化性强，且具弱酸性，遇氧化物或还原物即分解发生泡沫，见光易分解，久贮易失效；一般以 30% 的水溶液形式存放，用时再稀释成 3%的溶液；能与水、乙醇或乙醚以任何比例混合，不溶于苯。

（17）光合细菌。

光合细菌的生物学特性见表 22-1。

表 22-1　光合细菌的生物学特性

| 分类（科） | 生物学特性 |
| --- | --- |
| 红螺菌 | 红色，螺旋状，端丛生毛，运动，厌氧或微厌氧 |
| 着色菌 | 红紫色，球形，有夹膜，极生鞭毛，运动或不运动，厌氧 |
| 绿色菌 | 绿色，卵球形，不运动，革兰氏阴性，严格厌氧 |
| 曲绿菌 | 绿色或橘汁色，革兰氏阴性，厌氧 |

2）抗微生物药

目前，水产动物疾病防治中常用的抗微生物药主要有抗病毒药、抗细菌药和抗真菌药等。已使用的抗病毒药物主要有聚维酮碘和免疫制剂。已使用的抗菌药物约有 70 多种，包括磺胺类、抗生素类、喹诺酮类等药物。已使用的抗真菌药主要有制霉菌素。

（1）磺胺类药物。

磺胺类药物的主要种类和性状见表 22-2。

表 22-2　磺胺类药物的主要种类和性状

| 名称 | 简称 | 性状 |
| --- | --- | --- |
| 磺胺甲基嘧啶 | SM | 白色结晶性粉末；无臭；味微苦；遇光色变深 |
| 磺胺甲基异恶唑 | SMZ | 白色结晶性粉末；无臭；味微苦；几乎不溶于水 |
| 磺胺嘧啶 | SD | 白色结晶性粉末；见光色变深；几乎不溶于水 |
| 磺胺间甲氧嘧啶 | SMM | 白色结晶性粉末；无臭；无味；遇光色变暗；不溶于水 |
| 磺胺间二甲氧嘧啶 | SDM | 白色结晶性粉末；无臭；无味；几乎不溶于水 |
| 磺胺二甲异恶唑 | SIZ/SFZ | 白色结晶性粉末；溶于水 |

（2）喹诺酮类药物。

喹诺酮类药物的主要种类和性状见表 22-3。

表 22-3　喹诺酮类药物的主要种类和性状

| 名称 | 性状 |
| --- | --- |
| 奈啶酸 | 白色或淡黄色，结晶性粉末；无臭；几乎不溶于水；在酸、碱溶液中稳定，见光色变黑 |
| 恶喹酸 | 白色，柱状或结晶粉末；无臭；无味；几乎不溶于水；对热、光、湿稳定 |
| 吡哌酸 | 微黄色，结晶性粉末；无臭；味苦；微溶于水，易溶于酸或碱；见光色变黄 |
| 氟哌酸（诺氟沙星） | 白色至淡黄色，结晶性粉末；无臭；味微苦；微溶于水，遇光色变深 |

（3）抗生素类。

常用的抗生素主要有四环素类、β-内酰胺类、氨基糖苷类、酰胺醇类和制霉菌素。抗生素类的主要种类和性状见表 22-4。

表 22-4　抗生素类药物的主要种类和性状

| 名称 | 性状 |
| --- | --- |
| 四环素 | 黄色，结晶性粉末；无臭；在空气中较稳定，见光色变深；在碱性溶液中易失效 |
| 金霉素 | 金黄色，结晶；无臭；在空气中较稳定，见光色变暗；水溶液呈酸性，中性和碱性溶液中易失效 |
| 土霉素 | 黄色，结晶性粉末；无臭；在空气中稳定，强光下色变深；饱和水溶液呈弱酸性，在碱性溶液中易失效 |
| 青霉素 | 白色，结晶性粉末；无臭；易溶于水，水溶液不稳定；遇热、碱、酸、氧化剂、重金属等易失效 |

续表

| 名称 | 性状 |
| --- | --- |
| 硫酸链霉素 | 白色到微黄色；粉末或颗粒；无臭；味苦；有吸湿性，在空气中易潮解；易溶于水；性质较稳定 |
| 氟苯尼考 | 白色结晶性粉末；无臭；极易溶于甲基甲酰胺，溶于甲醇，略溶于冰醋酸，微溶于水或氯仿 |
| 甲砜霉素 | 白色结晶性粉末；无臭；性微苦，对光、热稳定；易溶于N，N-二甲基甲酰胺，略溶于无水丙酮，微溶于水，不溶于乙醚、氯仿及苯 |
| 制霉菌素 | 黄色或棕黄色粉末；有类似谷物气味，有吸湿性；性质不稳定，遇光、热、氧、水等物质易变质失效；干燥状态下稳定；难溶于水，微溶于甲醇、乙醇 |

3）杀虫驱虫药

（1）硫酸铜（$CuSO_4$）。

硫酸铜，又称蓝矾、胆矾、石胆，为蓝色透明结晶性颗粒或结晶性粉末；无臭；具金属味；在空气中逐渐风化；易溶于水，水溶液呈酸性。

（2）硫酸亚铁（$FeSO_4$）。

硫酸亚铁，又称绿矾、青矾、皂矾，为淡蓝绿色柱状结晶或颗粒；无臭；味咸涩；在干燥空气中易风化；在潮湿空气中则氧化成碱式硫酸铁而呈黄褐色；易溶于水，水溶液呈中性。

（3）氯化铜（$CuCl_2$）。

氯化铜为蓝绿色粉末或斜方双锥体结晶；无臭；在潮湿空气中潮解，在干燥空气中风化；易溶于水，水溶液呈酸性。

（4）敌百虫。

敌百虫为白色结晶；易溶于水和大多有机溶剂；在中性或碱性溶液中发生水解，生成敌敌畏，进一步水解，最终分解成无杀虫活性的物质，是一种高效、低残留的有机磷农药。

（5）硫双二氯酚（别丁）。

硫双二氯酚为白色结晶性粉末；无臭；几乎不溶于水，易溶于乙醇、乙醚。

4）代谢改善和强壮药

目前水产养殖生产中常用的代谢改善和强壮药主要有激素、维生素、矿物质、氨基酸等。维生素根据其溶解性分为脂溶性维生素和水溶性维生素两大类。脂溶性维生素不溶于水，溶于有机溶剂。主要种类有维生素 A、维生素 D、维生素 E、维生素 K 四种。

水溶性维生素溶于水，不溶于有机溶剂。主要种类有维生素 $B_1$、维生素 $B_2$、维生素 $B_3$、维生素 $B_4$、维生素 $B_5$、维生素 $B_6$、维生素 $B_{11}$、维生素 $B_{12}$、维生素 H、维生素 C 等。其中维生素 C 为白色结晶粉末，有酸味，久置色渐变微黄；易溶于水，水溶液显酸性反应；水溶液不稳定，有强还原性，遇空气、碱、热变质失效，干燥较稳定；与维生素 A、维生素 D 有拮抗作用。

5）中草药

中草药具有天然性、多功能性、毒副残留性小以及耐药性小等优点。根据中草药的作用可分为抗病毒类中草药、抗细菌类中草药和抗真菌类中草药。

（1）大蒜。

大蒜为百合科多年生草本植物。鳞茎呈卵形微扁，直径 3 ~ 4 cm；外皮白色或淡紫红色，有弧形紫红色脉线；内部鳞茎包于中轴，瓣片簇生状，分 6 ~ 12 瓣，瓣片白色肉质，光滑而平坦；底盘呈圆盘状，带有干缩的根须。药用部分为鳞茎，现有人工合成的大蒜素和大蒜素微囊。其性温、味辛、无毒，具有止痢、杀菌、驱虫、健胃等作用。

（2）大黄。

大黄为蓼科多年生草本植物，高达 2 m。地下有粗壮的肉质根及根块茎，茎黄棕色，直立，中空；叶互生，叶身呈掌状浅裂；花黄白色而小，呈穗状花序。药用部分为根、根块茎。其性寒、味苦，具有抗菌、收敛、增加血小板，促进血液凝固等作用。

（3）乌桕。

乌桕为大戟科落叶乔木植物，高可达 20 m。叶互生，菱形或卵形，背面粉绿色；夏季开黄花，穗状花序顶生；蒴果球形，有三裂；三颗种子外被白色蜡层。药用部分为根、皮、叶、果。其性微温、味苦，具有抑菌、解毒、消肿等作用。

（4）五倍子。

五倍子为漆树科属植物盐肤木、青麸杨和红麸杨等叶上寄生的虫瘿，虫瘿呈囊状，有角倍和肚倍之分。角倍呈不规则囊状，有若干瘤状突起或角状分枝，表面具绒毛；肚倍呈线形囊状，无突起或分枝，绒毛少。9 ~ 10 月摘下虫瘿，煮死内部寄生虫干燥即得。药用部为虫瘿。其性寒、味酸涩，具有抗菌、止血、解毒、收敛等作用。

（5）苦楝。

苦楝为楝科落叶乔木植物，高 15 ~ 20 m。树皮暗褐色，有皱裂；叶互生，二至三回奇羽状复叶；花淡紫色，腋生圆锥花序；果球形，熟时黄色。药用部分为根、树皮和枝叶。其性寒、味苦，具有杀虫、抗真菌等作用。

（6）车前草。

车前草为车前科多年生草本植物，高 10 ~ 30 cm。根状茎短，有许多须根；叶根生，形，基出掌状脉 5 ~ 7 条；花细小，淡绿色，穗状花序，长 6 ~ 7 cm；果卵形，长约 3 cm。药部分为全草。其性寒、味淡甘，具有抗真菌、消炎、抗肿瘤等作用。

（7）生姜。

生姜为姜科多年生草本植物，高 40 ~ 100 cm。根状茎肉质，扁平多节，黄色，有芳香辛辣味；叶互生，排成 2 列，线状披针形，基部无柄；花橙黄色，花萼单独自根

茎抽出，穗状花序卵形，通常不开花；蒴果 3 瓣裂。药用部分为鲜根状茎。其性微温、味辛，具有抗菌、解毒等作用。

2. 渔药质量肉眼鉴别

1）检查药品包装

渔药包装应当按照规定印有或者贴有标签，附有说明书，并在显著位置注明“兽用”字样。正规渔药的标签必须同时使用内包装标签和外包装标签，否则可视为不正规、不合格的渔药。

渔药的标签或说明书，应当以中文注明兽药的通用名称、成分、含量、规格、生产企业、兽药产品批准文号（进口兽药注册证号）、产品批号、生产日期、有效期、适应症或者功能（主治）、用法、用量、休药期、禁忌、不良反应、注意事项、运输与贮存条件及其他应说明的内容。有商品名称的渔药，还应当注明商品名称。

2）检查注册商标

正规渔药厂家均申请有注册商标，非法生产的假渔药往往没有商标或使用没有注册商标。

注册商标（图案、图画、文字等）通常标明在渔药的包装、标签、说明书上，并注有“注册标”字样或注册标记。

3）查看“三证”

（1）生产许可证。

生产许可证包括许可证编号、企业名称、法定代表人、企业负责人、企业类型、注册地生产地址、生产范围、发证机关、发证日期、有效期等项目。

（2）批准文号。

达到一定标准要求的渔药才能拿到批号，质量上有一定的保证；无批号的渔药则没有质量保证。

兽药产品批准文号编制格式为：兽药类别简称+年号（四位数）+企业所在地省份（自治区、直辖市）序号（两位数）+企业序号（三位数）+兽药品种编号（四位数）。

例：兽药字

| | （2011） | 01 | 001 | 2222 |
|---|---|---|---|---|
| 兽药类别简称 | 年号<br>四位数 | 企业所在地省份序号<br>两位数 | 企业序号<br>三位数 | 兽药品种编号<br>四位数 |

① 兽药类别简称。

兽药添字：为药物添加剂的类别简称。

兽药生字：为血清制品、疫苗、诊断制品、微生态制品等的类别简称。

兽药字：为中药材、中成药、化学药品、抗生素、生化药品、放射性药品、外用杀虫剂和消毒剂等的类别简称。

② 年号。

年号用四位数字表示，即核发产品批准文号时的年份。

③ 企业所在地省份序号。

企业所在地省份序号用两位阿拉伯数字表示，由农村农业部规定并公告。

④ 企业序号。

企业序号按省排序，用三位阿拉伯数字表示，由农村农业部公告。

⑤ 兽药品种编号。

兽药品种编号用四位阿拉伯数字表示，由农村农业部规定并公告。

（3）生产批号。

兽药生产批号是兽药生产企业对由同一原料、同一方法、同一时间所生产的兽药产品的编号。

生产批号一般是由生产时间的年（四位数）、月（两位数）、日（两位数）组成。如某厂 2021 年 4 月 19 日生产了一批硫酸庆大霉素注射液，那么该批药品的生产批号为：20210419。

有效期是从生产日期算起的，由此检查渔药的有效期限，超过了有效期的渔药即为失效渔药。

4）查看药物主要成分

检查是否是国家明文规定淘汰或禁止生产、销售及使用的渔药。

5）肉眼鉴别渔药质量

（1）粉剂。

外包装应完整，装量无明显差异，无胀气现象。

内包装产品（药粉）应干燥疏松，颗粒均匀、色泽一致，无异味、潮解、霉变、结块、发黏等现象。

（2）水剂。

容器应完好、统一，无泄漏，装量无明显差异。

瓶装瓶口应封蜡，容器内加规定的溶媒后应完全溶解。

溶液应澄清无异物，色泽一致，无沉淀或浑浊现象。

个别产品在冬季允许析出少量结晶，但加热后应完全溶解。

（3）片剂。

外包装应完好，外观完整。

内包装产品应色泽均匀，表面光滑，无斑点，无麻面，有适宜的硬度，并且经过测试水中的溶解时间达到产品要求。

（4）针剂。

透明度符合规定，无变色，无异样物。

容器无裂纹，瓶塞无松动，混悬注射液振摇后无凝块。

（5）中草药。

包装完整，色泽较好，无吸潮霉变，无虫蛀或胀气现象。

（6）冻干制品。

不失真空或瓶内无疏松团块，无与瓶粘连的现象。

## 六、注意事项

（1）药品自瓶中取出后不应将其倒回原瓶中，以免带入杂质；取用药品后应立即盖上盖，以免搞错瓶塞玷污药品，并立即放回原处。

（2）药勺取用一种药品后必须洗净，并用滤纸擦干，才能取用另一种药品。

（3）遵守操作规程，注意安全。

## 七、实训作业

（1）认真撰写实训报告，要求记录常用渔药的主要性状，对渔药按大类分类。

（2）绘制 3 ~ 4 种中草药图，主要绘制其外部形态。

（3）写实训心得体会。

# 实训二十三

# 水产动物疾病常规检查、诊断

## 一、实训目的

（1）掌握水产动物疾病常规诊断方法。

（2）能对检查结果进行分析、比较，做出疾病诊断。

## 二、实训材料

鲤鱼、鲫鱼、草鱼、斑点叉尾回、南美白对虾、牛蛙、鳖等水产动物。

如果有病料实验动物更好，选择濒临死亡的或刚死的病水产动物。

## 三、实训器具

显微镜、解剖镜、解剖剪、解剖刀、解剖针、白搪瓷解剖盘、小镊子、烧杯、微吸管（附橡皮头）、载玻片、盖玻片、培养皿、擦镜纸、纱布、检查记录表等。

## 四、实训要求

每组 1 人，每人任意选择 1 尾水产动物。

## 五、实训内容

遵循原则：先肉眼后镜检、先外后内、先腔后实。

1. 疾病的常规检查与诊断原理

水产动物疾病检查与诊断常采用目检与镜检相结合的方法。

1）目检

目检也称肉眼检查，即用肉眼直接观察患病养殖动物的各个部位。此法仅局限于对常见的、具有特征性症状的以及大型寄生虫引起的疾病的诊断。肉眼通常能识别真菌、蠕虫、甲壳动物等大型病原体，而对病毒、细菌、原生动物等小型病原体则无法看清。

目检主要以症状为主，要注意各种疾病不同的临床症状。一种疾病可以有几种不同的症状，如肠炎病具有鳍基充血、蛀鳍、肛门红肿、肠壁充血等症状。同一种症状也可以在几种不同的疾病中出现，如体色变黑、鳍基充血、蛀鳍是细菌性赤皮病、烂鳃病、肠炎病共同的症状；鳃黏液增多是鱼波豆虫、车轮虫、斜管虫等寄生虫病共有的症状。因此，目检时要认真检查，全面分析。

当前，对水产动物病毒性疾病和细菌性疾病，主要是根据患病养殖动物表现的显著症状，通过肉眼检查来进行初步诊断；对小型原生动物疾病，除了用肉眼观察其症状外，主要是借助于显微镜检查来进行确诊。

2）镜检

镜检也称显微镜检查，即用显微镜或解剖镜检查病变标本或病原体的方法。镜检一般是根据目检不能确诊的病变，在镜下作进一步的全面检查。

镜检方法有载玻片法和玻片压缩法两种。水产动物的每一种器官或组织往往有各种寄生虫寄生。大型寄生虫一般可用玻片压缩法镜检，但是对于原生动物，由于其一般比较容易死去，故必须先用载玻片法镜检，然后再用玻片压缩法镜检。

（1）载玻片法。

将要检查的小块组织或小滴内含物放在载玻片上，滴入清水或生理盐水，盖上盖玻片，轻轻压平后放在低倍显微镜下检查，如有寄生虫或可疑现象，再用高倍显微镜观察。载玻片法适用于低倍或高倍显微镜检查。

（2）玻片压缩法。

用解剖刀和镊子从病变部位刮取少量组织或黏液，放在载玻片上，滴入少许清水或生理盐水（滴入的水量以盖上盖玻片后水不溢出盖玻片为度），用另一载玻片将它压成透明的薄层，然后放在解剖镜或低倍显微镜下检查。检查后用镊子、解剖针或微吸管取出寄生虫或可疑的病象组织，分别放入盛有清水或生理盐水的培养皿，以进行下一步的处理。玻片压缩法适用于解剖镜或低倍显微镜检查。此法对水产动物体外和体内的器官、组织和内含物一般都适用，但是，对于鳃组织不大适宜，因为鳃组织经过压展，反而不容易找到和取出里面的病原体。

3）病原体的计数标准

发病的轻重程度与病原体的数量有很大的直接关系，因此，在疾病诊断过程中，除了确定病原体的种类外，还要了解其对水产动物的感染强度。只有当病原体的数量达到一定强度时，才能引起疾病的发生。对大型病原体计数是比较方便的，但对小型病原体，如原生动物，要准确统计病原体的数量是比较困难的，目前只能采用估计法。一般采用以下计数标准：

（1）计数符号。

用“+”表示。“+”表示有；“++”表示多；“+++”表示很多。

（2）计数标准。

目镜为10×；虫体数为同一片中观察3个视野的平均数。

① 微生物疾病：用文字描述所表现的症状，并按病状的严重程度分别用“+”表示轻微；“++”表示较重；“+++”表示严重。

② 鞭毛虫、变形虫、球虫、黏孢子虫、微孢子虫、单孢子虫：在高倍显微镜下有1～20个虫体或孢子时记“+”；21～50个时记“++”；50个以上时记“+++”。

③ 纤毛虫及毛管虫：在低倍显微镜下有1～20个虫体时记“+”；21～50个虫体时记“++”；50个以上的由体时记“+++”。若计算小瓜虫囊胞则用数字说明。

④ 单殖吸虫、线虫、绦虫、棘头虫、蛭类，甲壳动物，软体动物的幼虫：在50个以下均以数字说明；50个以上者，则说明估计数字或者部分器官里的虫体数，例如，一片鳃、一段肠子里的虫体数。

4）待查水产动物标本的编号

通常要对待查的每一水产动物标本标定一个号码，编号的方法通常用双号码，即用两种数字表示。

例如，编号“10-3”中的“10”表示在调查过程中，已解剖了各种鱼的总数，“3”表示已经解剖了某种鱼的条数。若开始调查时，第一次解剖的是草鱼，标号为1-1，第二次解剖的是第一条鲤鱼，编号为2-1，第三条解剖的是第二条草鱼，则编号为3-2，第四次解剖的是第一条鲢鱼，编号为4-1，以此类推。如果调查的有几个不同地区，在编号前应加上一个地名的简号。例如调查的地区为四川邛海，可编号为“邛10-3”。

2. 具体检测步骤（以鱼为例）

1）水浸片的制作与观察

制作水浸片的具体操作步骤如下：

取干净载玻片→取待检组织→置载玻片上→加一滴洁净水→盖上盖玻片。

取一干净的载玻片，从要检查的部位取一小块组织，置于载玻片上加一滴洁净的水（淡水动物用淡水，海水动物则用海水；若是检查内脏组织器官则用生理盐水），并用镊子夹住待检组织在水滴中轻轻搅动，再取一洁净的盖玻片将其一边与载玻片接触，倾斜着将盖玻片轻盖在待检组织上，并用镊子柄或铅笔轻压，如水过多可用纱布（或吸水纸）从盖玻片边缘吸去多余的水。

将制好的水浸片置于显微镜下，先用低倍镜观察，必要时转换高倍镜观察。

2）鱼体检查

先对待检个体进行拍摄，编号，鉴定种名，记录来源和检查时间，然后测量其体重、全长、体长和体高，必要时还要确定其性别以及年龄，最后对患病个体进行常规检查。检查顺序先目检后镜检，先体表后体内，从前向后。

3）目检

目检重点检查部位为体表、鳃和内脏。

① 体表。

检查鱼体左右两侧。将病鱼或刚死的鱼置于白搪瓷盘中，按顺序仔细观察头部、嘴、眼、鳞片、鳍等部位。检查主要内容：观察体形是否有畸形、过瘦或异常肥胖；腹部是否肿胀；体色是否正常；黏液是否过多；眼球是否突出、浑浊、出血；肛门是否红肿外突；体表是否有附着物、霉菌、大型寄生物、充血、出血以及溃烂等；鳞片是否完整；鳍是否缺损、溃烂、出血等。

若鱼体呈弯曲状可能是由于营养不良或有机磷中毒所致；下唇突出呈簸箕口状则可能为池塘缺氧浮头所致；腹部膨大，肛门红肿呈紫红色，轻压腹部有黄色黏液流出则多为细菌性肠炎病；体表有棉絮状的白色物则为水霉病；体表充血、发炎、鳞片脱落则多为细菌性赤皮病；鳍基充血，肌肉呈充血状或块状淤血则为出血病；尾柄及腹部两侧有红斑或表皮腐烂呈印章状则为打印病；体表黏液较多并有小米粒大小、形似臭虫状的虫体为鲺病；体表有白色亮点，离水 2 h 后白色亮点消失则为白点病（小瓜虫病）；体表有白色斑点，白点之间有出血或红色斑点则为卵甲藻病；部分鳞片处发炎红肿，有红点并伴有针状虫体寄生则为锚头鳋病；苗种成群在池边或池面狂游一般为车轮虫病或跑马病；尾柄表皮发白则为白皮病；鱼在水中头部或嘴部明显发白，离水后又不明显为白头白嘴病。

② 鳃。

重点检查鳃丝。先观察鳃盖是否张开，鳃盖表皮是否腐烂或变成透明。然后，剪去鳃盖，观察鳃片颜色是否正常；黏液是否较多；鳃丝末端是否肿大、腐烂。

若病鱼鳃部浮肿，鳃盖张开不能闭合，鳃丝失去鲜红色呈暗淡色则为指环虫病；鳃盖出现“开天窗”现象，鳃丝腐烂发白、尖端软骨外露，并有污泥和黏液则为细菌性烂鳃病；鳃丝因贫血而发白则可能为鳃霉病或球虫病；鳃丝末端挂着像蝇蛆一样的白色小虫则为中华鳋病；鳃丝呈紫红色，黏液较少则可能为池塘中缺氧引起泛池所致；鳃丝呈紫红色，并伴有大量黏液则应考虑是否为中毒性疾病，如过量使用有机氯消毒剂时这种现象较常见。

③ 内脏。

重点检查肠、肝、胆、脾、肾等。

首先，解剖方法产常常有两种，分别为沿直线剖剪和沿腹线剖剪，如图 23-1 所示。

方法一：剪刀从肛门伸进，向上方剪至侧线上方，然后转向前方剪至鳃盖后缘，再向下剪至胸鳍基部，最后将身体一侧的腹肌翻下，露出内脏。观察是否有腹水，是否有肉眼可见的大型寄生虫。此方法较为常用。

方法二：剪刀从肛门伸进，向上方沿腹线剪至鳃部，然后打开腹部露出内脏。观察是否有腹水，是否有肉眼可见的大型寄生虫。

其次，用剪刀从咽喉附近的前肠和靠肛门的后肠剪断，并取出内脏，置于白搪瓷盘中，把肝、胆、鳔、肠等内脏器官逐个分开。仔细观察各内脏器官外表，注意颜色是否正常，是否有溃烂、充血、出血或白点等病变出现。

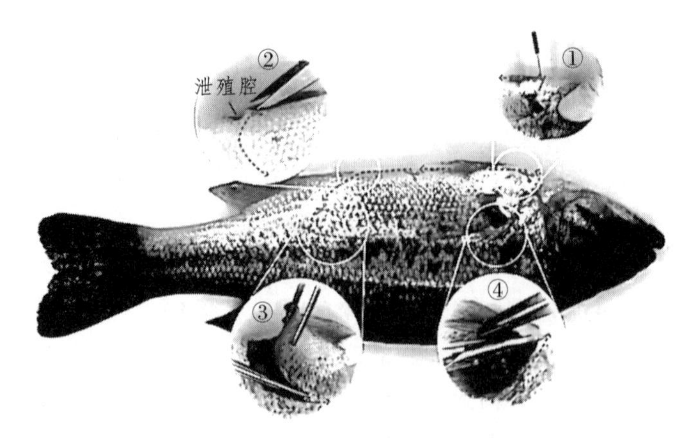

图 23-1　鱼类沿侧线剖解顺序图

最后，把肠道分成前、中、后三段置于盘中，轻轻地把肠道中的食物和粪便去掉，然后进行观察。

若病鱼肠道全部或局部充血，肠壁不发炎则为出血病；充血、发炎且伴有大量黄色黏液则为细菌性肠炎病；前肠肿大，但肠道颜色外观正常，肠内壁含有许多白色小结节则为球虫病或黏孢子虫病。

4）镜检

镜检主要判断依据是寄生虫形态特征及其寄生部位。镜检的顺序和检查主要部位与目检相同。注意对肉眼观察时有明显病变症状的部位进行重点检查。显微镜检查特别有助于对原生动物引起的疾病的确诊。每一病变部位至少检查三个不同点的组织。

镜检一般检查步骤为：黏液→鼻腔→血液→鳃→口腔→体腔→脂肪组织→胃肠→肝脏→脾脏→胆囊→心脏→鳔→肾脏→膀胱→性腺→眼→脑→脊髓→肌肉。

（1）黏液。

用解剖刀从病鱼体表疑似病变部位上刮取少许黏液，放在载玻片上，滴入少许清水，着上盖玻片，用显微镜检查。

体表常见的寄生虫有车轮虫、小瓜虫、斜管虫、鱼波豆虫、钩介幼虫、黏孢子虫等。

（2）鼻腔。

先用小镊子或微吸管从鼻孔里取少许内含物，放在载玻片上，滴入少许清水，盖上盖玻片，用显微镜检查，随后用吸管吸取少许清水注入鼻孔中，再将液体吸出，放在培养皿里，用显微镜或解剖镜观察。

鼻腔内常见的寄生虫主要有黏孢子虫、车轮虫、指环虫等。

（3）血液。

从鳃动脉或心脏取血均可。具体方法如下：

方法一：从鳃动脉取血。剪去一边鳃盖，左手用镊子将鳃瓣掀起，右手用微吸管插入鳃动脉或腹大动脉吸取血液。如果血液量不多时可直接放在载玻片上，盖上盖玻

片，用显微镜检查如果血液量多时可放在培养皿里，然后吸取一小滴在显微镜下检查。

方法二：从心脏直接取血。除去鱼体腹面两侧两鳃盖之间最狭处的鳞片。用尖的微吸管插入心脏，吸取血液放在载玻片上，盖上盖玻片，在显微镜下检查。也可将血液放在培养皿里，用生理盐水稀释，在解剖镜下检查。

血液中常见的寄生虫主要有锥体虫、线虫或血居吸虫等。

（4）鳃。

用小剪刀取少量鳃组织（最好检查每边鳃的第一鳃片接近两端的位置）放在载玻片上滴入少许清水，盖上盖玻片，在显微镜下检查。鲢、鳙还要检查鳃耙。

鳃上常见的微生物有细菌、水霉、鳃霉等；常见的寄生虫主要有鳃隐鞭虫、鱼波豆虫、孢子虫、纤毛虫、毛管虫、指环虫、双身虫、鱼蛭、鳋、鲺等。

（5）口腔。

肉眼观察病鱼的上下颚，用镊子刮取上下颚一些黏液，进行镜检。

口腔常见的寄生虫主要有吸虫的胞囊、鱼蛭、锚头鳋、鲺等。

（6）体腔。

打开体腔，观察有无可疑病象及寄生虫，发现白点，压片镜检。

体腔内常见的寄生虫主要有黏孢子虫、微孢子虫、绦虫成虫和囊蚴等。

（7）脂肪组织。

肉眼观察脂肪组织，发现白点，压片镜检。

脂肪组织常见的寄生虫主要有黏孢子虫。

（8）胃肠。

尽量除干净肠外壁上所有的脂肪组织，否则会妨碍观察。

先肉眼检查肠外壁，发现许多小白点，压片镜检。然后把肠前后伸直，在肠的前、中、后段上各取一个点，用剪刀剪一个小口，镊子取一小滴肠的内含物放在载玻片上，滴上一滴生理盐水，盖上盖玻片，在显微镜下检查；或刮下肠的内含物，放在培养皿里，加入生理盐水稀释并搅匀，在解剖镜下检查。

胃肠处常见的微生物有细菌；常见的寄生虫主要有鞭毛虫、变形虫、黏孢子虫、微孢子虫、球虫、纤毛虫、复殖吸虫、线虫、绦虫、棘头虫等。

（9）肝脏。

用镊子从肝脏上取少许组织放在载玻片上，滴上一滴生理盐水，盖上盖玻片，轻轻压平，在低倍镜和高倍镜下检查。

肝脏常见的寄生虫主要有黏孢子虫、微孢子虫的孢子和胞囊。

（10）脾脏。

镜检脾脏少许组织，可发现黏孢子虫或胞囊，有时也可发现吸虫的囊蚴。

（11）胆囊。

取部分胆囊壁，放在载玻片上，滴上一滴生理盐水，盖上盖玻片，压平，放在显微镜下观察。胆汁另行检查。

胆囊壁和胆汁，除用载玻片法在显微镜下检查外，都要同时用压缩法或放在培养皿里用解剖镜或低倍显微镜检查。

胆囊常见的寄生虫主要有六鞭毛虫、黏孢子虫、微孢子虫、复殖吸虫和绦虫幼虫等。

（12）心脏。

取出心脏放在盛有生理盐水的培养皿里，用小镊子取一滴内含物放在载玻片上，滴入少许生理盐水，盖上盖玻片，用显微镜检查。

心脏常见的寄生虫主要有锥体虫和黏孢子虫。

（13）鳔。

用镊子剥取鳔的内壁和外壁的薄膜，放在载玻片上排平，滴入少许生理盐水，盖上盖玻片，在显微镜下观察，同时用压缩法检查整个鳔。

鳔上常见的寄生虫主要有复殖吸虫、线虫、黏孢子虫及其胞囊。

（14）肾脏。

肾脏紧贴在脊柱的下面，取肾脏应当完整，分前、中、后三段检查，各查两片。可发现黏孢子虫、球虫、微孢子虫、复殖吸虫、线虫等。

（15）膀胱。

完整地取出膀胱放在玻片上，没有膀胱的鱼（如鲤科鱼类），则检查输尿管。用载玻片法和压缩法检查，可发现六鞭毛虫、黏孢子虫、复殖吸虫等。

（16）性腺。

取出左、右两个性腺，先用肉眼观察它的外表，常可发现黏孢子虫、微孢子虫、复殖吸虫囊蚴、绦虫、双槽蚴、线虫等。

（17）眼。

用弯头镊子从眼窝里挖出眼睛，放在玻璃皿或玻片上，剖开巩膜，放出玻璃体和晶状体，在低倍显微镜下检查，可发现吸虫幼虫、黏孢子虫等。

（18）脑。

打开脑腔，用吸管吸出油脂物质，灰白色的脑即显露出来，用剪刀把它取出来，镜检可发现黏孢子虫和复殖吸虫的胞囊或尾蚴。

（19）脊髓。

把头部与躯干交接处的脊椎骨剪断，再把身体的尾部与躯干交接处的脊椎骨也剪断镊子从前端的断口插入脊髓腔，把脊髓夹住，慢慢地把脊髓整条拉出来，分前、中、后段等进行检查，可发现黏孢子虫和复殖吸虫的幼虫。

（20）肌肉。

剥去皮肤，在前、中、后部分别取一小片肌肉放在载玻片上，滴入少许清水，盖上盖玻片轻轻压平，在显微镜下观察，再用压缩法检查，可发现黏孢子虫、复殖吸虫、绦虫、线虫等。

## 六、注意事项

1. 制作水浸片注意事项

（1）制成的水浸片应现制现检查，不能长时间保存。

（2）所取样品不宜过多，韧性较强的组织要用剪刀剪成细长条或切成薄片，否则会透光，不能进行观察。

（3）应先在放有待检组织的载玻片上滴一滴水，然后再盖上盖玻片，否则会产生气泡影响观察。

（4）用镊子柄或铅笔轻压时应掌握力度，不宜过于用力，以免压破盖玻片。

（5）载玻片上滴的水滴要根据不同的组织采用不同的水。检查水产动物能跟水接触的组织器官时，淡水动物用淡水，海水动物则用海水；水产动物不能与水接触的组织器官则用生理盐水，否则检查的病原体会由于渗透压的不同而引起碎裂、皱缩或死亡而影响诊断。

2. 鱼体检查注意事项

（1）用活的或刚死的养殖动物进行检查。

（2）注意解剖的操作程序，解剖时避免伤及腹腔中的内脏器官。

（3）注意解剖工具的消毒，防止交叉感染。

（4）用于检查的水产动物（如鱼类）体表要保持湿润。

（5）取出的内脏器官除保持湿润外，还要保持器官的完整。

（6）一时无法确定的病原体或病象要保留好标本。

## 七、实训作业

（1）每人 1 张白纸，要求同学们剖解时把各器官组织取出放在白纸上并标明相应器官组织名称。

（2）根据观察的实训结果，填写表 23-1 和表 23-2。

表 23-1　鱼病检查（调查）记录表

| 鱼学名 | 俗名 | 编号 | 全长 | 标准长 | 体高 | 重量 | 年龄 | 性别 | 鱼的来源 | 备注 |
|---|---|---|---|---|---|---|---|---|---|---|
| | | | | | | | | | | |
| | | | | | | | | | | |
| | | | | | | | | | | |
| | | | | | | | | | | |
| | | | | | | | | | | |
| | | | | | | | | | | |

表 23-2　鱼病检查（调查）记录表

| 序号 | 器官 | 症状 | 病原体种类及其数量 | 标本处理 |
| --- | --- | --- | --- | --- |
| 1 | 黏液 | | | |
| 2 | 鳍 | | | |
| 3 | 鼻孔 | | | |
| 4 | 血液 | | | |
| 5 | 鳃 | | | |
| 6 | 口腔 | | | |
| 7 | 脂肪组织 | | | |
| 8 | 肠 | | | |
| 9 | 肝 | | | |
| 10 | 脾 | | | |
| 11 | 胆 | | | |
| 12 | 心 | | | |
| 13 | 鳔 | | | |
| 14 | 肾 | | | |
| 15 | 膀胱 | | | |
| 16 | 性腺 | | | |
| 17 | 眼 | | | |
| 18 | 脑 | | | |
| 19 | 脊髓 | | | |
| 20 | 肌肉 | | | |
| 21 | 其他 | | | |
| 备注 | | | | |
| 诊断结果 | | | | |
| 采取措施 | | | | |
| 检查日期 | | 检查人： | | |

（3）若镜检发现有寄生虫的，请拍照打印后并标注寄生虫名称。要求图片清晰，能展示寄生虫的主要器官特征。

# 实训二十四

# 水产动物甲壳类疾病病原体的观察与诊断

## 一、实训目的

掌握水产动物寄生甲壳类动物的形态结构及致病症状，为诊断水产动物甲壳类疾病打下基础

## 二、实训材料

1. 实训对象

选用患甲壳类疾病的活体标本、浸泡病变标本或玻片染色标本。

2. 试剂

二甲苯、生理盐水、蒸馏水、聚乙烯醇。

## 三、实训器具

显微镜（或解剖镜）、放大镜、方盘、手术剪（直尖）、解剖刀、解剖针、镊子、载玻片、盖玻片、纱布、擦镜纸等。

## 四、实训要求

每组 1 人，遵守纪律、严格按照实训开展。

## 五、实训内容

1. 病变组织的观察

根据所采的患甲壳类疾病的活体样本，通过疾病常规诊断程序观察病变组织。若无活体样本，观察浸泡病变标本或玻片染色标本外观形态特征、甲壳类动物寄生部位等。

2. 病原体的观察

先肉眼观察病原体活体标本、玻片染色标本外部形态，再借助放大镜观察，最后取一活体甲壳类放在载片上，加一滴聚乙烯醇，放在解剖镜下由外及内观察其外部形态及内部结构。

鳋的结构如图 24-1 至图 24-4 所示。

消化系统：由口、食道、胃（叶状）、肠、直肠和肛门构成。

生殖系统：雌体由卵巢、子宫、输卵管、黏液腺和受精囊构成；雄体由精巢、输精管、贮精囊和黏液腺构成。

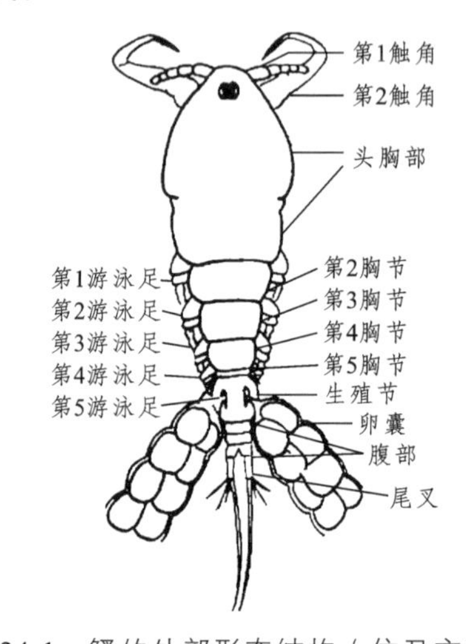


图 24-1　鳋的外部形态结构（仿尹文英）

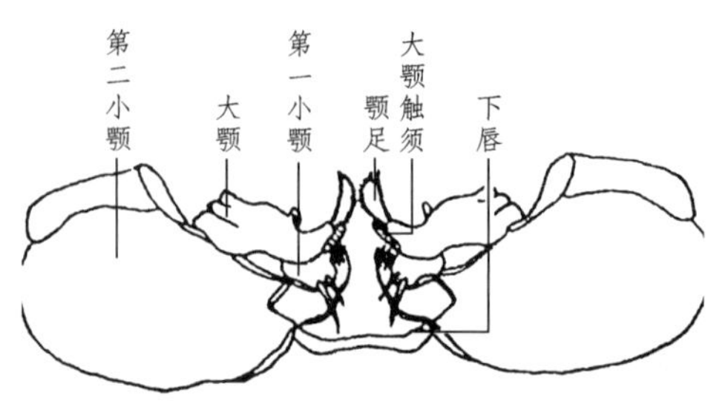


图 24-2　博氏鳋口器（仿尹文英）

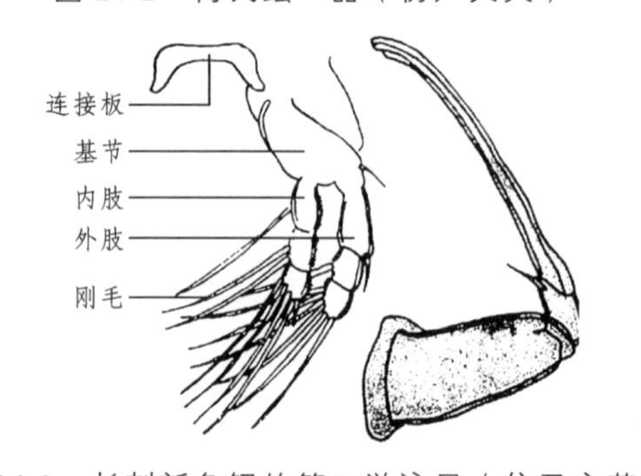


图 24-3　长刺新鱼鳋的第二游泳足（仿尹文英）

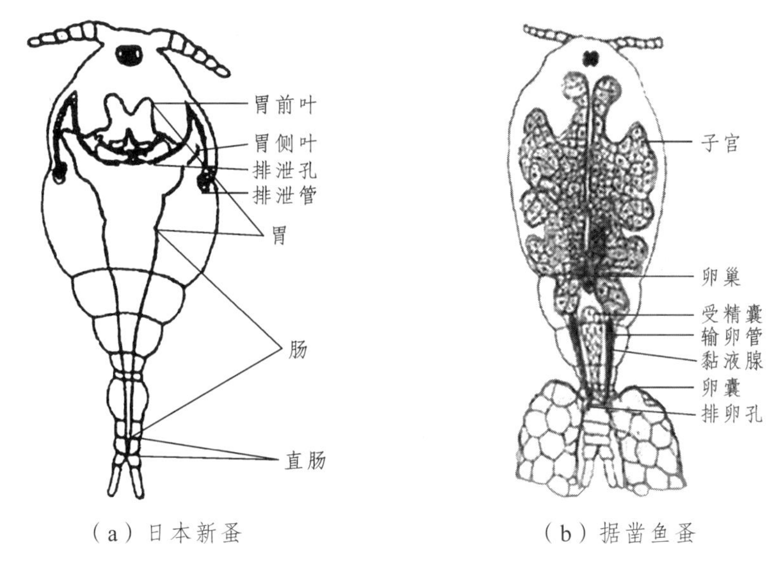


图 24-4　鳋的内部形态结构（仿尹文英）

## 六、思考题

（1）简述甲壳动物疾病的病原（至少三种）的形态特征。
（2）简述甲壳动物疾病的病原（至少三种）的生活史。

## 七、实训作业

描述病变标本的观察结果；绘出观察到的甲壳动物的形态图，并标明病原体的主要结构名称。

## 八、实验拓展

（1）查阅至少五种甲壳动物疾病的病原体形态特征、流行情况、病症。
（2）若一水产动物养殖场发生甲壳动物类疾病，请设计出你的诊断方法、步骤并收集制成浸泡病变标本或玻片染色标本。

## 九、参考资料

1. 中华鳋

中华鳋属于节肢动物门，甲壳纲，中华鳋属。雌虫成虫寄生在鱼鳃上营寄生生活，雄虫及幼虫营自由生活。如图 24-5 所示，中华鳋分为头、胸、腹三部分；头部附肢 6 对，有 2 对触角，第二对触角特别大，末节瓜状；头部背面有 1 对眼，由 3 个小眼组成。胸部 6 节，有 6 对游泳足；腹部 3 节。雌鳋缺颚足和第 6 游泳足，头与胸间有一明显假节。口器包括上唇、下唇、1 对大颚、2 对小颚。消化系统简单，由口、食道、胃（叶状）、肠、直肠、肛门构成。雌体生殖系统包括卵巢、子宫、输卵管、黏液腺和受精囊，虫体后带有一对细长的白色卵囊；雄体生殖系统包括精巢、输精管、贮精囊和黏液腺。

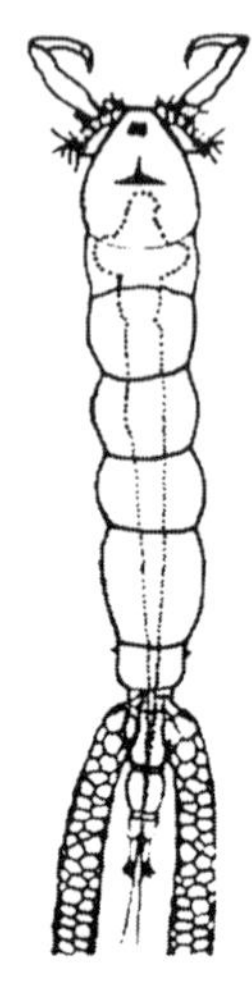

图 24-5　中华鳋的形态结构图（仿尹文英）

中华鳋的生活史：卵→无节幼体→第 1、2、3、4、5 无节幼体（4 次）→第 1 桡足幼体→第 2、3、4、5 桡足幼体（4 次）→幼年鳋（1 次）→成虫（1 次）。

中华鳋病由中华鳋寄生于鱼类体表而产生的疾病，病原体有大中鳋和鲢中华鳋。该病流行地区北起黑龙江，南至广东，流行时间 5 月至 9 月；主要危害 2 龄以上的草鱼、鲢、鳙等鱼类。病鱼焦躁不安，在水表层打转或狂游，尾鳍上叶常露出水面，称为“翘尾巴病”。肉眼观察发病鱼鳃丝时，可见许多带卵囊的虫体挂在肿胀的鳃丝末端上，虫体似白色的小蛆，如图 24-6 所示。

（a）

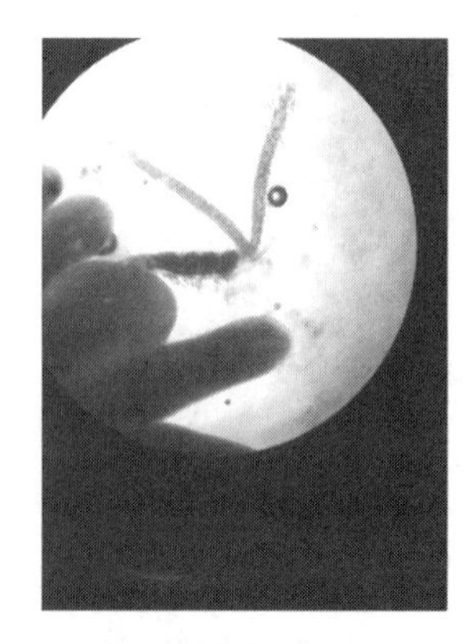

（b）

图 24-6　中华鳋病（张正谦）

## 2. 锚头鳋

锚头鳋属于节肢动物门、甲壳纲、锚头鳋属。成虫雌体寄生于鱼的鳃、皮肤、鳍、眼、口腔、头部等处营寄生生活。如图 24-7 所示，虫体细长，体节融合成筒状。虫体分为头、胸、腹三部分，头胸部长出头角，头部呈锚状分枝，胸部由 6 节互相愈合而成，有 6 对游泳足，卵之后即为腹部，腹部不分节，末端有一对极小的尾叉。口器由上、下唇及大、小颚、颚足组成。消化系统为 1 条直管；生殖系统与中华鳋相似；锚头鳋有涎腺，可分泌消化液及抗凝素的作用；皮下腺可能与虫体表皮的形成及腐蚀周围寄主组织有关。

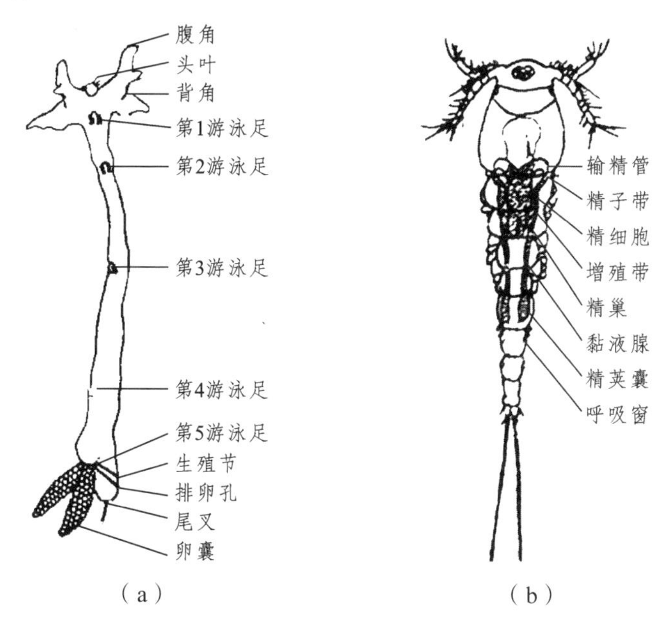


图 24-7　锚头鳋的外部形态图（仿尹文英）

锚头鳋生活史：卵→第 1 无节幼体→第 5 无节幼体（4 次）→第 1 桡足幼体（1 次）→第 5 桡足幼体（4 次、交配）→童虫（状如细毛、白色、无卵囊）→壮虫（身体透明、可见体内肠蠕动、有一对绿色的卵囊）→老虫（混浊不透明、体表有许多固着原生动物）。

锚头鳋病是由锚头鳋寄生机体体表而产生的疾病。锚头鳋寄生鱼体时，以其头部深钻入肌肉或鳞下，胸部和腹部露在外面。鱼体少量寄生锚头鳋时，除在鱼体可见有少量锚头鳋之外，无其他明显症状；鱼体大量感染锚头鳋时，鱼体表仿佛披着蓑衣，故又称“蓑衣病”，如图 24-8 所示。病鱼最初呈现不安、食欲不旺，继而鱼体消瘦、游动迟缓。被锚头鳋钻入的部位，其周围组织常发炎红肿、伤口溢血，并逐渐坏死。被锚头鳋寄生处会出现伤口，易发生真菌性（水霉菌）疾病、细菌性疾病的继发性感染（出血病、打印、烂身）。锚头鳋病危害鱼种和成鱼，以两广地区最为严重，4 ~ 10 月流行。当 4 ~ 5 个虫体寄生时，可引起鱼种死亡。

（a）

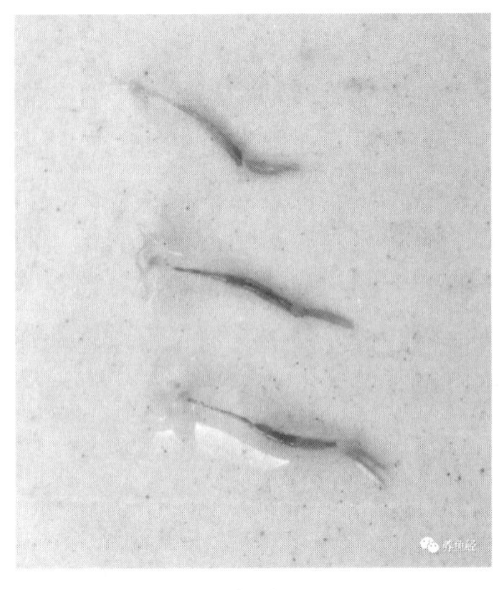

（b）

图 24-8　锚头鳋病（肖建春）

3. 鲺

鲺属于节肢动物门、甲壳纲、鲺属。虫体与寄主的体色相似，背腹扁平，分为头、胸、腹三部分，如图 24-9 所示。头部和胸部第一节互相愈合而成马蹄形的背甲，背甲两侧均对称；胸部有 4 节，游泳足 4 对，如图 24-10 所示。腹部不分节，为两个扁平的叶状体，是充满血窦的呼吸器。腹面观可见第一、第二触角，复眼 1 对，中眼 1 只，大颚 1 对，具有锯齿，小颚 1 对，特化为吸盘，如图 24-11 所示。吸盘是鲺的主要附着和运动器官，可用于附着在鱼体上，也可以用来爬行，两个吸盘之间有一个可以伸缩的口刺，口刺的下面为口器。口器由上、下唇和大颚组成，口器前面有口前刺。

消化系统：口→口管→食道→胃→肠管→肛门。

呼吸系统：靠腹部的气体交换，表皮也有呼吸作用。

生殖系统：如图 24-12 所示，雌性为卵巢→生殖孔→精锥→受精囊→尾叉。雄性为精巢→输精管→贮精囊→生殖孔。

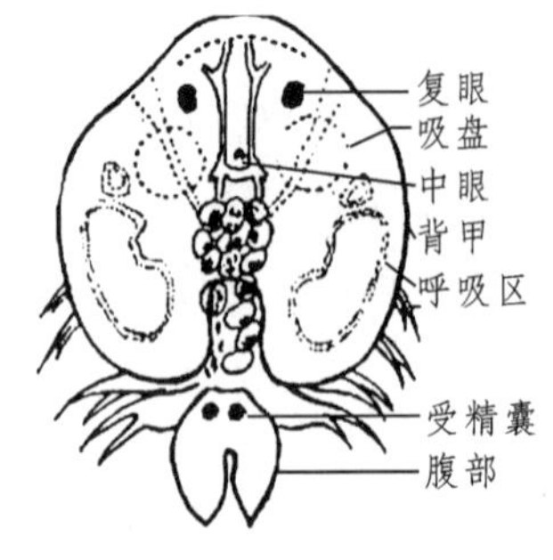


图 24-9　日本鲺雌性背面观（仿《湖北省鱼病病原区系志》）

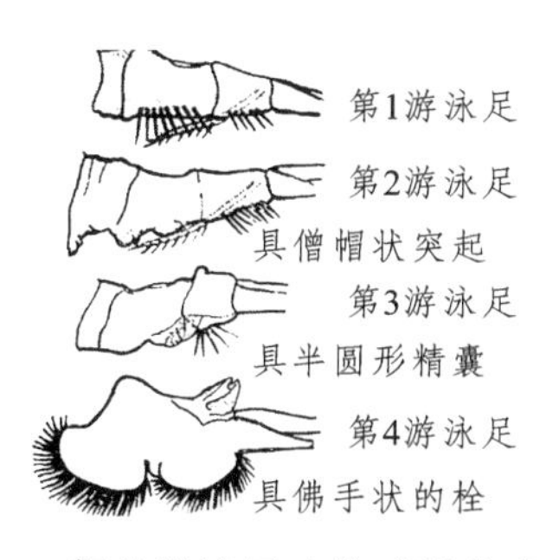


图 24-10　鲺的游泳足（仿《湖北省鱼病病原区系志》）

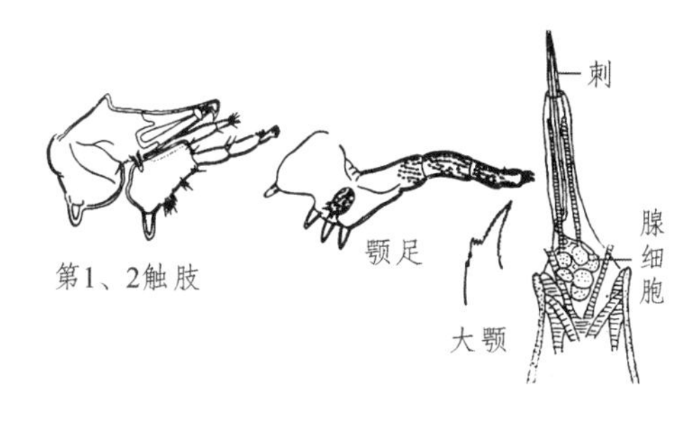


图 24-11　鲺的头部附肢及口刺（仿《湖北省鱼病病原区系志》）

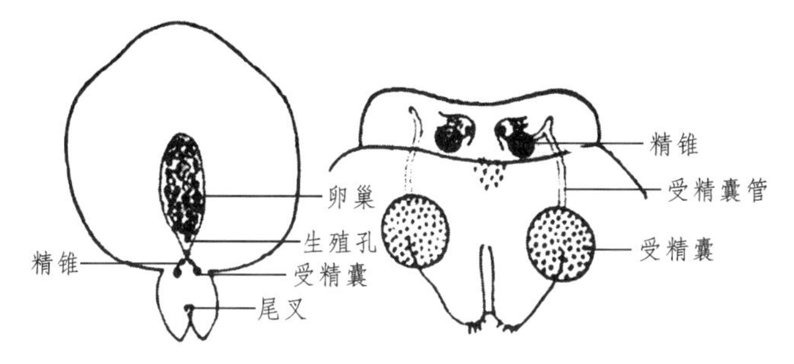


图 24-12　雌鲺生殖系统（仿《水产动物疾病学》）

鲺病是由鲺寄生机体体表而产生的疾病。对我国鱼类危害较大的种类主要有日本鲺、喻氏鲺、大鲺、椭圆尾鲺、鲻鲺等。不同病原寄生品种有差异。鲺病主要危害幼鱼和鱼种，如 3 cm 的草鱼种，当寄生 2～3 只时能引起死亡，流行季节为 6～8 月，流行区域为长江流域一带。如图 24-13 所示，症状主要表现为鲺用其口刺不断刺伤鱼体皮肤，用大颚撕破表皮，用其毒腺刺激鱼体，形成许多伤口，出血，使鱼体表现极度不安，在水中狂游或跃出水面。

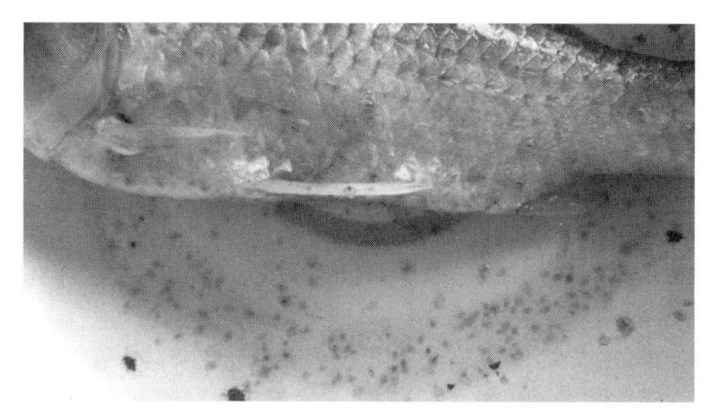

图 24-13　鲺病（张正谦）

4. 鱼　怪

日本鱼怪属于节肢动物门、甲壳纲、软甲亚纲、等足目。成对地寄生在鱼的胸鳍基部附近孔内。

外部形态：如图 24-14 所示，雌鱼怪为 1.4～2.59 cm，常扭向左或右，虫体卵圆形，分为头、胸、腹 3 部分。头部短小，呈“凸”字形，1 对复眼，6 对附肢，口器由大颚 2 小颚及上下唇组成，如图 24-15 所示。胸部 7 节，7 对胸足，由基节、座节、胫节、腕节、掌节和指节组成。腹部宽大而隆起，6 节，有 5 对腹肢。

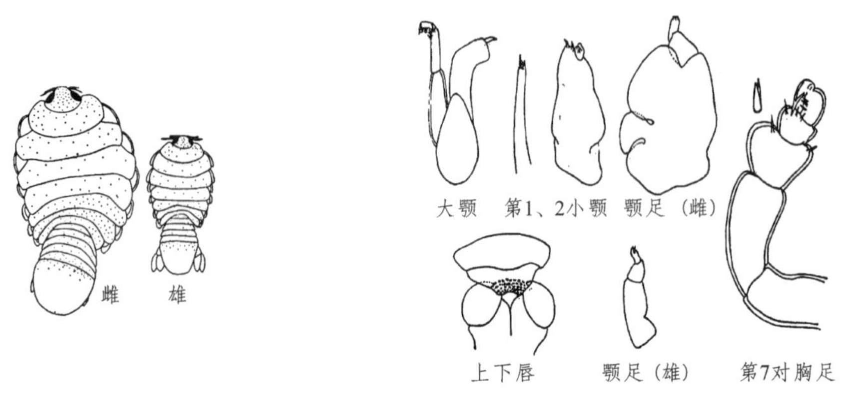


图 24-14　日本鱼怪　　　图 24-15　日本鱼怪的口器及胸足（仿《水产动物疾病学》）

内部构造：消化系统由消化管和消化腺组成；呼吸主要是 5 对叶状的腹肢。

生活史：成虫→虫卵→第 1 期幼虫→第 2 期幼虫。

鱼怪病由鱼怪成虫寄生在鱼的胸鳍基部附近围心腔后的体腔内而发生的疾病。如图 24-16 所示，在鱼体表可见 1 个与外界相通的椭圆形的洞孔，能使病鱼丧失生殖能力，鱼苗被 1 只鱼怪寄生，会在数分钟内死亡。

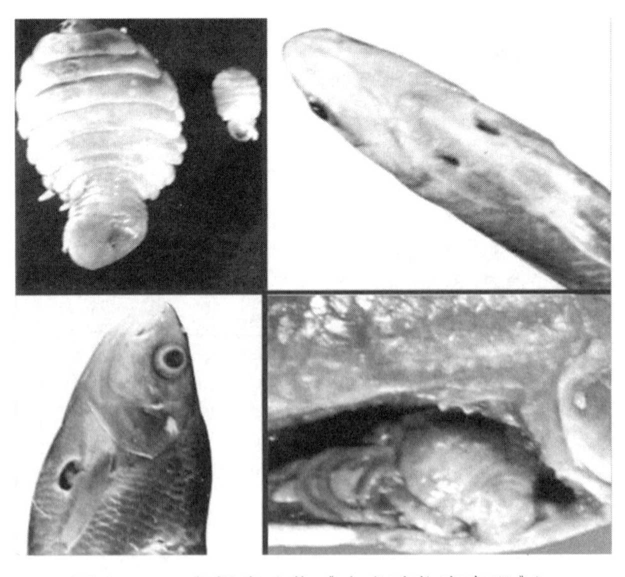

图 24-16　鱼怪病（仿《水产动物病害学》）

# 实训二十五

# 水产动物疾病防治内用药物给药方法

## 一、实训目的

通过本实训课程的学习，使学生熟悉、掌握水产动物疾病防治的口服法、注射法和灌服法等三种内服药物方法的使用；培养学生熟知内服药物给药方法理论知识，在实践中能够正确使用内服药物的方法、锻炼学生动手能力。

## 二、实训原理

内用药物是水产动物疾病防治主要给药方法，有口服法、注射法和灌服法等。口服法和灌服法给药后，水生动物经过消化道吸收药物而进入身体的各个部位，对于消化道疾病具有其他给药途径难以达到的效果，是一种能发挥全身性作用的投药方式。口服法将药物或疫苗与水产动物喜吃的饲料，拌以黏合剂，制成适口的药饵投喂，杀灭体内的病原体或增强抗病力。口服法是水产动物常用的给药方式，灌服法是强制性的口服方法。口服法具有操作方便，对环境污染小等优点，但口服法的治疗效果受拌合药物的方法、给药的剂量、养殖动物病情轻重、摄食能力的影响，对病重者和失去摄食能力的个体无效，对滤食性和摄食活性生物饵料的种类也有一定的难度，掌握药物的拌合方法和准确把控给药剂量是关键。灌服法在畜、禽上常采用，在治疗水族馆大型名贵病鱼时也可使用，此法用药量准确，但操作比较麻烦，用药过程易造成鱼体损害或产生应激。注射法的合适对象是那些数量少又珍贵的种类、大型水产种类或用于繁殖后代的亲本。注射法给药用药量准确，吸收快，效果好，但操作麻烦，容易损伤鱼体。

## 三、操作程序

### 1. 口服法

口服法药饵主要有吞食型药饵、草食性药饵、底栖食性药饵、抱食型药饵、滤食性药饵、嘬食型药饵、摄食动物性活体饵料类型药饵等类型。饵料有人工饲料、草料和肉食性（活饵、冰鲜饵料）饵料；人工饲料根据性状区分浮料、沉料，根据大小还要分为粉料、破碎、薄片、贴片、颗粒料；各种饵料不同，其拌药方法也不同。本部分主要介绍吞食型药饵、草食性药饵的口服法实施方案。

1）实训材料

鲤鱼、草鱼、商品鱼饲料、青草、黏合剂（植物油、面粉、淀粉或专用黏合剂等）、渔药（维生素、微量元素、营养添加剂、中草药、喹诺酮类、磺胺类、四环素类、氨基糖苷类、酰胺醇类中的一种）、蒸馏水、水族缸（或养殖场）。

2）操作程序

（1）给药剂量和药物添加率的确定。

① 投药标准量：指 1 kg 体重所用药物的用量（mg），mg / kg。

② 投饵率（%）：指每 100 kg 鱼体重投喂饲料的用量（kg），根据鱼的不同养殖阶段、水质情况进行确定。

③ 药物添加率（%）：根据日投药标准量、投饵率来确定，或查阅表 25-1。由下列公式得出：

药物添加率（%）=日投药标准量（mg / kg）÷投饵率（%）

④ 给药剂量：一般是根据实训动物质量、投药标准量而确定。由下列公式得出：

给药剂量=投药标准量×实训动物质量

⑤ 药饵投喂量：是根据实训动物质量、药物添加率、投药标准量来确定。由下列公式得出：

药饵投喂量=（投药标准量÷药物添加率）×实训动物质量

表 25-1　投药标准量、投饵率和药物添加率的关系

| 投饵率/% | 药物添加率/% | | | | | | | | |
|---|---|---|---|---|---|---|---|---|---|
| | 0.01 | 0.05 | 0.1 | 0.5 | 1 | 2 | 3 | 4 | 5 |
| | 投药标准量/（mg/kg） | | | | | | | | |
| 5 | 5 | 25 | 50 | 250 | 500 | 1 000 | 1 500 | 2 000 | 2 500 |
| 4 | 4 | 20 | 40 | 200 | 400 | 800 | 1200 | 1 600 | 2 000 |
| 3 | 3 | 15 | 30 | 150 | 300 | 600 | 900 | 1 200 | 1 500 |
| 2 | 2 | 10 | 20 | 100 | 200 | 400 | 600 | 800 | 1 000 |
| 1 | 1 | 5 | 10 | 50 | 100 | 200 | 300 | 400 | 500 |

**例 25-1**　一池塘有草鱼 2 000 kg，现草鱼患“三病”，需内服 SMZ 药饵进行治疗。采用每天一次投喂药饵，投饵率为 1%，问第一天 SMZ 的用量？药物添加率为多少？

**解**：SMZ 的投药标准量：第一天为 200 mg/kg。

SMZ 的用量：2 000（kg）×200（mg/kg）=400 000（mg）=400（g）

药物添加率=200（mg/kg）÷1%=2%

实训中学生根据计算公式，查阅渔药的投药标准量，了解投饵率，称量水产动物总重量后计算出给药剂量和药物添加率。

（2）药物的拌和方法。

药物黏合剂拌和方法常用两种：一是黏合剂与药物干粉混匀，黏合剂按药物的2%～5%添加，如果按饲料添加，可按饲料的0.5%～1%添加。混匀后再用喷雾器喷水。这种方法适合手工拌药。二是可先将药物和黏合剂分别溶于水，总体添加的水量控制在饲料重的4%以内。然后将两种溶解好的液体混合到一起，充分搅拌后，再均匀的拌到饲料上去。此法适合手工或拌药机拌药。

① 吞食型药饵的拌和方法。鲤、罗非鱼、鲈等大多数鱼类以吞食法摄饵。在已知给药剂量和药物添加率情况下，先准备称量相应重量的商品鱼饲料、药物和黏合剂，再将药物与黏合剂拌和（采用方法一或二），然后将之与饲料均匀的混合，最后直接投喂、冷冻保存或阴干后备用。若饲料为粉料，还需用饵料机加工成合适的颗粒状或短杆状。大型水生生物亦可将药饵制作胶囊塞饵料块中投喂。

② 草食性药饵的拌和方法。草鱼、鳊等以植物（草料）食性为主，先准备相应重量的青草，根据鱼体的大小，将草料切成适口的小段（或不切）。将药物与黏附剂混合（采用方法二），加温热水调制成糊状，冷却后使之黏附于草料上，阴干后直接投喂。

（3）投喂。

药饵每天投喂1次，最好为食欲最强时投喂，一般5～7 d为一个疗程（具体根据所施药物的要求来确定），观察效果，停药 1～3 d，视病情而定是否继续投喂。

3）注意事项

（1）实训若为患病鱼更佳，实训对象要能摄食，要掌握实训对象的摄食率。

（2）黏合剂的选择。面粉易溶解于水体，易恶化水质，不推荐使用面粉作黏合剂，尤其在观赏鱼养殖时不推荐；专用黏合剂效果最佳。

（3）所选择药物如果难溶于水，可使用有机溶剂。

（4）药物、黏合剂与饵料需混合均匀；药物、黏合剂拌和时若要求加水稀释时，控制好水量的添加，如一袋100 g黏合剂，溶解到5～7.5 kg水中，可拌5～8袋饲料。溶解黏合剂时时要边搅拌边将黏合剂倒入水中，一次不宜倒入太多，如一次倒入太多，会结团或起球，最后溶解成银耳羹状。

（5）一般发病鱼食欲会大大降低，为了有效提高口服法的效果，可以在投喂药饵前停食1～2 d，让病鱼充分饥饿；同时很多药物有异味，会影响饵料的适口性，可以在饵料中适当添加诱食剂。

2. 注射法

1）实训材料

鲤鱼、泥鳅、鳖、蛙、2 mL注射器、针头、生理盐水、玻璃杯、量筒、方盘、渔药（硫酸链霉素）、纱布、碘酊、棉签、水族箱。

2）操作程序

（1）注射药量的确定。

给药剂量一般是根据养殖动物的体重、注射药物标准量而确定。每尾鱼注射量则根据每尾鱼体重、药物标准量、注射液药物浓度计算。

给药剂量＝投药标准量×实训动物体重

每尾鱼注射量＝每尾鱼体重×药物标准量÷药液浓度

根据计算公式，计算出注射给药剂量和每尾鱼注射量。

（2）药物的配制方法。

水产动物注射液体量一般为 1 ~ 5 mL/尾，具体用量根据动物的大小而定，一般个体大的动物注射液体量多。将计算好的渔药溶解于一定体积的水体中混合均匀形成注射药物，贴上药物有效浓度含量标签。

（3）注射方法

注射方法一般有两种，分别为肌肉注射法和体腔注射法。生产实践证明体腔注射时药液不易泄漏，比肌肉注射效果好，但对个体小的鱼不适用。

① 固定鱼体。小型鱼类可单人用湿纱布或徒手固定，若大型鱼需多人配合，用鱼夹或徒手固定；鱼可离水或在水体中固定。

② 消毒。注射前后用棉签蘸碘酊在注射部位消毒。

③ 注射。

A. 肌肉注射：在背鳍基部与鱼体呈 30° ~ 40 °角进针，注射深度根据鱼体大小、以不伤害脊椎骨（脊髓）为度，一般 1 ~ 2 cm。

B. 体腔注射：将注射器针头沿腹鳍内侧斜向插入腹部，深度以鱼体大小而定；或从胸鳍内侧基部插入，深度以鱼体大小而定。

④ 推药。推射药物，切忌太快而溢出药液，推射药物量要准确。

⑤ 放鱼。将鱼迅速放入富氧的水体，观察鱼的反应，无碍后方可离开。

3）注意事项

（1）注射量适宜，切忌过多。

（2）注射针头的选用要与动物大小相匹配。

（3）体腔注射时控制好针头插入深度，不要刺伤心脏或内脏组织。

（4）鱼类注射时离水时间不能过久，避免对鱼造成伤害。

（5）抓捕动物时要轻、柔，避免对动物造成机械损伤；如大型鱼不易控制，也不利于操作，为防止鱼挣扎受伤，可麻醉后再注射，麻醉方法见灌服法。

3. 灌服法

1）实训材料

鲤鱼（有条件的可提供大型鱼类）、橡胶软管（压脉管）、注射器（或灌食器）、麻

醉剂（MS-222）、渔药、配合饲料（或鱼糜）、玻璃棒、容量瓶、量筒、玻璃容器、方盘、无菌蒸馏水、充分曝气的水、水族箱（或其他盛鱼容器）。

2）操作程序

（1）灌服药量的确定。

一般根据鱼的体重、灌服药物标准量确定给药剂量。每尾鱼所需灌服混合液容量计算是根据每尾鱼体重、灌服药物标准量、混合液药物有效含量计算出。

灌服药物量＝灌服药物标准量×鱼的体重

每尾鱼灌服混合液量＝（根据每尾鱼体重×灌服药物标准量）÷混合液药物有效含量

（2）灌服药物的配制方法。

灌服药物可配制成药物悬液或药物食物混合浆或饵料药块，按每尾大型鱼 80～150 mL、小型鱼类 10～50 mL 灌服量，肉食性大型鱼类摄食饵料块。药物悬液配制是将计算好的药物溶解于一定体积的水体中混合均匀形成药物悬液，盛装容器需贴上药物悬液中药物有效含量标签。药物食物混合浆配制是将计算好的药物、食物（配合饲料或鱼糜）、水充分混合均匀形成浆液，盛装容器也要贴上混合浆液中药物有效含量标签。饵料药块是用制作的胶囊或药物塞入饵料肉块中，如图 25-1 所示。

（3）灌服步骤。

① 麻醉。MS-222 按使用说明配制成相应浓度的水体，把鱼放入将其麻醉，也可不麻醉。

② 固定鱼体。麻醉后鱼体可在水体中进行固定，若没有麻醉灌服，大型鱼类则需要多人配合，1～2 人固定鱼类；可徒手固定或鱼夹固定。

③ 灌服。药物悬液或药物食物混合浆的灌服方法为鱼头向上，用橡胶软管塞入食道，用注射器（或灌食器，如图 25-2 所示）往管子中注入药物悬液或药物食物混合浆，灌入鱼的体内，灌入速度要结合混合液进入鱼体的速度进行，不要太快。饵料药块的

图 25-1　饵料肉块

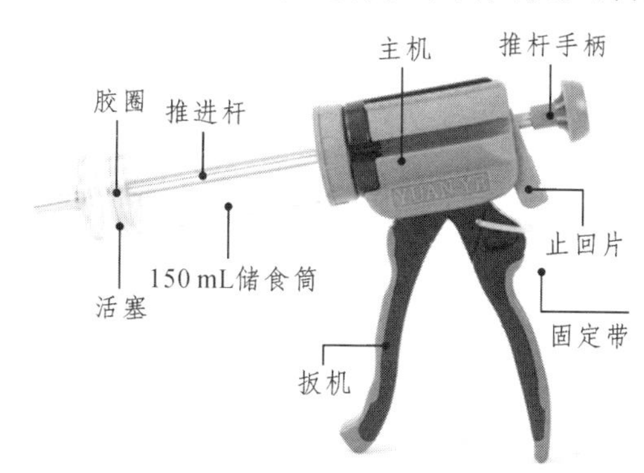


图 25-2　灌喂器

灌服使用软硬适中的管子（或木棒），将饵料肉块穿在管子（或木棒）上，待鱼张嘴，

快速将饵料块插入鱼口中，待鱼咀嚼时，插入鱼食道，吞食后抽出管子（或木棒）。灌服大型鱼类时需 1 ~ 2 人固定鱼类，1 人插入导管并维持，1 人灌服。

④ 恢复。灌完后将病鱼放于预先准备好的富氧水体的容器中待其恢复。恢复后继续暂养直至病愈或视病情第二次灌药。

3）注意事项

（1）灌服主要用于水族馆大型名贵鱼类如鲟鱼、鳐鱼等，不适用于小型鱼类；灌服是水产动物发病后食欲下降，不主动进食时进行的强制性措施；灌服也用于帮助未开口摄食或食欲不振的鱼类进食。

（2）鱼类麻醉时需要预防由于麻醉药物品种、麻醉剂量、麻醉鱼类品种、水环境等有差异而导致麻醉事故。麻醉后鱼无吞咽行为，不易灌入药物。操作比较麻烦，固定不易，灌服过程要轻、柔，避免固定、灌服导致鱼类受伤或产生过强的应激。

4）结果分析

进行分析讨论，并比较三种内服药物方法的优劣；写出操作心得或提出更优方案。要求有原始数据、用药量计算结果等。

## 四、拓展提高

（1）有养殖场地条件的，可设计养殖池鱼类投喂药物预防的方案，包括药饵制备、投喂等，并考虑滤食性和投食性鱼类的摄食差别。

（2）本实训只介绍了吞食型药饵、草食性药饵的实施方案，请在教学时扩展到底栖食性药饵、抱食型药饵、滤食性药饵、嘬食型药饵、摄食动物性活体饵料类型药饵等类型的实施方案。

（3）实训若能结合生产实践中鱼类发病，诊断后需内服药物，就能结合实际给出可行的内服法实施方案。

## 五、评价考核

实训操作表现和实训报告综合评定。

# 实训二十六

# 鱼用疫苗的制备及应用

## 一、实训目的

以草鱼病毒性出血病疫苗制备为例，了解并掌握组织浆灭活疫苗制备的基本过程及其使用方法。

## 二、实训材料

1. 药品

甲醛、碘酒、生理盐水、90% 晶体敌百虫、青霉素、链霉素等。

2. 实训动物

具有典型病毒性出血病症状的草鱼（或以健康草鱼鱼种代替）。

## 三、实训器具

解剖器械、玻璃匀浆器或研钵、三角瓶、注射器、水浴锅、玻璃漏斗、脱脂纱布、离心机、离心管、天平、量筒、琼脂培养平板、超净工作台、恒温培养箱、显微镜、小封口瓶、石蜡等。

## 四、实训要求

（1）每组 4 ~ 5 人，要求严格按程序执行，严防安全事故。

（2）实训时间：30 d 以内完成。

（3）学生应认真观察，如实、准确记录实训结果。

## 五、实训内容

1. 疫苗制备

（1）取材。

取患有典型草鱼出血病症状的刚死的草鱼（最好是活的个体），用酒精或碘酒消毒鱼体腹部，用消毒剪刀剖开鱼腹，再用消毒镊子取出肝、脾、肾组织及充血的肌肉，称重，剪碎，放在组织匀浆器或研钵中。

（2）研磨。

将所取的内脏组织加 10 倍无菌生理盐水，用研杵充分捣碎、研磨成糊状，或使用匀浆器将组织匀浆捣碎。

（3）过滤、离心取上清液。

用双层纱布过滤于三角烧瓶中，弃去滤渣置于 3 000 ~ 3 500 r/min 的离心机中，低温离心 30 min，取上清液。同时按每毫升上清液加入青霉素 1 000 国际单位和链霉素 1 000 μg，最后再加入适量福尔马林溶液，使其最终浓度成为 0.1%，摇匀。

（4）灭活。

将上述制成的原毒疫苗，放在恒温水浴锅中加温至 32 °C 灭活 72 h。在灭活过程中，每天摇匀两次。

（5）细菌检查。

将已灭活的去毒疫苗在琼脂培养平板上划线接种，放入 37 °C 恒温培养箱培养 48 ~ 72 h，观察有无细菌生长。

（6）安全试验。

取上述灭活好的疫苗，用当年健康的草鱼种进行腹腔注射，每尾注射 0.2 ~ 0.5 mL，在水温 25 ~ 28 ℃的水体中饲养，连续观察 15 d，如果没有发现草鱼出血病症状，证明此疫苗是安全的。

（7）效力试验。

对经上述疫苗免疫过的草鱼种，另用 1 : 10 新鲜的或甘油保存的病鱼组织制成病毒悬液，每尾按 0.2 ~ 0.5 mL 经腹腔注射，并设未经免疫的对照组，连续观察 15 d，若对照组全部发生出血病，死亡率在 70% 以上，病鱼症状与天然发病鱼的症状一样，而免疫组获得保护，仍健康存活，说明该疫苗有效，否则说明疫苗无效或效力不够。

（8）保存。

疫苗检验合格后，装进小封口瓶，以石蜡封口，置于 4 ~ 8 °C 冰箱中保存备用。

2. 疫苗应用

鱼类常用的免疫接种方法有注射法、浸洗法、口服法和喷雾法等。目前以注射法免疫接种效果较好。

（1）注射法。

一般要求苗种体重在 50 g 以上，规格过小难以操作。注射法免疫具体操作步骤如下：

将制备好的去毒灭活疫苗，充分混匀，然后按 1∶100 的比例用生理盐水稀释，每尾草鱼种注射剂量为 0.2～0.5 mL，采用胸鳍基部或背部肌肉注射，注射深度以不伤内脏为准，一般为 0.2～0.5 cm，具体视其鱼体规格而定。

（2）浸泡法。

适用于不同规格的苗种，尤其是小规格苗种。浸泡法免疫具体操作方法：用尼龙袋充氧，以 0.5% 灭活疫苗加 10 mg/L 莨菪碱溶液浸浴夏花草鱼种 3 h。

## 六、注意事项

（1）制备疫苗时，必须选择有明显症状的病鱼组织。病鱼材料来源：少量使用时可在发病鱼池挑选自然患病草鱼；大量制备疫苗，可采用人工攻毒的方法获得病鱼。

（2）疫苗必须彻底灭活，必须进行安全试验和效力试验。

（3）接种对象必须是健康草鱼鱼种。

（4）疫苗稀释时应现配现用，稀释好的疫苗要 1 次用完。

## 七、实训作业

（1）认真撰写实训报告。

（2）绘制疫苗制定程序图。

# 实训二十七

# 鱼类基因组提取及琼脂糖凝胶电泳检测

## 一、实训目的

（1）掌握提取鱼类基因组 DNA 的原理和步骤。
（2）熟练掌握琼脂糖凝胶电泳检测 DNA 的实验技术。
（3）掌握实验中各种仪器的使用方法及试剂的配制方法。

## 二、仪器及试剂

1. 主要仪器

高速冷冻离心机、微量取样器、玻璃匀浆器、琼脂糖凝胶电泳系统：电泳仪、水平电泳槽、紫外透射仪（或凝胶成像分析系统）、恒温水浴器、高压灭菌锅、超净工作台、超低温冰箱、电子天平、酸度计。

2. 试　剂

组织裂解液（TES）、蛋白酶 K（20 mg/mL）、Tris 饱和酚（pH=8.0）、酚/氯仿/异戊醇混合溶剂（25∶24∶1）、氯仿/异戊醇混合溶剂（24∶1）、3 mol/L 醋酸钠溶液（NaAC，pH=5.2）、−20 °C 无水乙醇、70%乙醇、TE 缓冲液、琼脂糖、0.5 × TBE 缓冲液、荧光 Loading buffer。

3. 材料

常见经济鱼类的新鲜肌肉组织。

## 三、实验原理

天然状态的 DNA 是以脱氧核糖核蛋白（DNP）形式存在于细胞核中。要从细胞中提取 DNA 时，先把 DNP 抽提出来再把蛋白去除，随后再除去细胞中的糖，RNA 及无机离子等。在 EDTA 和 SDS 等去污剂的作用下，用蛋白酶 K 消化细胞，随后用酚抽提，可以得到鱼类基因组 DNA。用此方法得到的 DNA 大小约为 100 ~ 150 kb。

琼脂糖凝胶电泳是用于分离、鉴定和提纯 DNA 片段的标准方法。琼脂糖是从琼脂中提取的一种多糖，具亲水性，不带电荷，是一种很好的电泳支持物。DNA 在碱性条件下（pH=8.0 的缓冲液）带负电荷，在电场中通过凝胶介质向正极移动，不同 DNA 分子片段由于分子和构型不同，在电场中的泳动速率不同。溴化乙啶（EB）可嵌入 DNA 分子碱基对间，形成荧光络合物，经紫外线照射后，可分出不同的区带，达到分离、鉴定分子量，筛选重组子的目的。

## 四、实训要求

1. 每组 1 人，根据实验步骤提取鱼类肌肉样本基因组 DNA。
2. 采用琼脂糖凝胶电泳检测提取基因组 DNA 的质量。

## 五、实训内容

### 1. 组织样品的消化

（1）取约 0.1 g 新鲜的鱼类肌肉组织于 2 mL 灭菌离心管中，用眼科手术剪剪碎。

（2）向离心管中加入 700 μL TES，7 μL 蛋白酶 K （20 mg/ mL），轻轻混匀。

（3）将离心管置于 55 ℃恒温水浴锅中消化，每隔 15 min 轻轻摇匀 1 次，摇 3 ~ 4 次后继续消化直至消化液透明。

### 2. 蛋白变性，离心分离蛋白

（1）取出样品待其冷却后，加入 700 μL Tris 饱和酚，盖紧离心管，置冰上轻轻颠倒混匀 15 min。在 4 °C、12 000 r/min 的条件下离心 10 min，小心吸取约 600 μL 上清液至另一灭菌离心管中。

（2）向离心管中加入等体积酚/氯仿/异戊醇混合溶剂，在冰上轻轻混匀 15 min。在 4 °C、12 000 r/min 的条件下离心 10 min，小心吸取约 500 μL 上清液至另一灭菌离心管中（此步可进一步去除蛋白）。

（3）向离心管中加入等体积氯仿/异戊醇混合溶剂，置冰上轻轻颠倒混匀 15 min。在 4 ℃、12 000 r/min 的条件下离心 10 min，小心吸取约 400 μL 上清液至另一灭菌离心管中（此步可去除 DNA 溶液中的残留酚）。

### 3. DNA 沉淀和溶解

（1）沉淀 DNA。向离心管中加入 1∶10 体积的 NaAC 溶液，混匀后缓慢加入 2 倍体积的−20 °C 无水乙醇，轻轻旋转离心管至 DNA 聚集，置−20 °C 冰箱静置 30 min。在 12 000 r/min、4 °C 的条件下离心 10 min 后，可见管底白色沉淀，弃上清液。

（2）洗涤 DNA。向 DNA 沉淀中加入 1 mL 70% 乙醇，混匀后静置 5 min，在 4 °C、

10 000 r/min 的条件下离心 5 min，弃上清液；重复洗涤 1 ~ 2 次，弃上清液。

（3）干燥和溶解 DNA。将已洗涤的 DNA 沉淀置超净台中。待乙醇完全挥发，向 DNA 中加入 100 μL TE 缓冲液溶解 DNA。

4. 琼脂糖凝胶电泳检测 DNA

（1）琼脂糖凝胶制备。

称取 1.0 g 琼脂糖于锥形瓶中，加入 100 mL 0.5 × TBE 缓冲液，置微波炉加热溶解，冷却至 60 °C 左右倒胶，凝胶完全冷却后拔掉样品梳，将凝胶置电泳槽中备用。

（2）点样。

待 DNA 溶解后，取 2 μL DNA 溶液，加入 3 μL TE 缓冲液和 1 μL 含荧光染料的 Loading buffer，混匀后加到琼脂糖凝胶的点样孔中；同时点上 5 μL DNA Marker 作参照。

（3）电泳仪参数设置：稳压；电压 10 V/cm，时间 30 min。电泳结束后取出凝胶放到托胶盘中。

（4）拍照。

将凝胶放到凝胶成像系统中拍照，根据 Marker 的大小判断 DNA 分子大小。

## 六、实训作业

（1）认真撰写实训报告，记录实训步骤及实验药品的配制方法和凝胶电泳参数设置。

（2）将所提取的鱼类基因组 DNA 凝胶电泳检测结果拍照后附于实训报告后。

# 实训二十八

# 渔用氯制消毒剂有效氯含量不同方法测定效果评价

## 一、实训目的

（1）了解渔用氯制消毒剂种类及其有效氯的标准含量。
（2）掌握漂白粉等氯制剂有效氯含量的测定方法。

## 二、实训材料

漂白粉、精制淀粉（配制：将可溶性淀粉加无水乙醇润湿，研磨 2 h，烘干而成）、碘化钾晶体、维生素 C（含量 100 mg/片）、蓝黑墨水、醋酸、0.1 mol/L 硫代硫酸钠液、稀盐酸、蒸馏水等。

## 三、实训器具

电子天平、研钵、玻璃棒、500 mL 容量瓶、量筒、移液管、吸管、大小烧杯、白瓷碗等

## 四、实训要求

（1）每组 1 人，认识常用的渔用氯制消毒剂的种类，了解其有效氯的标准含量。
（2）每组 1 人，采用碘量法、维生素 C 法、蓝黑墨水滴定法等，分别测定漂白粉、优氯净等氯制剂有效氯的含量。
（3）实训时间：5 h 以内完成。

## 五、实训内容

1. 渔用氯制消毒剂种类及其有效氯的标准含量

氯制消毒剂药物主要用于鱼、虾类体表或环境消毒，没有严格的抗菌谱，对微生物与机体间也无明显的选择作用，只存在差异，是一类能较迅速杀灭微生物的药物。

其杀灭机理是氧化细菌原浆蛋白中的活性基团，并和蛋白质的氨基结合而使其变性。渔用氯制消毒剂药品主要有 6 种（见表 28-1）。

表 28-1　渔用氯制消毒剂的种类及其有效氯的标准含量

| 名称 | 化学名称 | 分子式 | 性状 | 有效氯的标准含量 |
|---|---|---|---|---|
| 漂白粉 | 含氯石灰 | $Ca(ClO)_2 + CaCl_2 + CaO + Ca(OH)_2$ | 白色颗粒状粉末，有氯臭 | 一般含 25%～35% |
| 漂粉精 | 次氯酸钙 | $Ca(ClO)_2$ | 白色粉末，有氯臭 | 60%～70% 或 80%～85% |
| 氯胺-T（别名：氯亚明） | 对甲苯磺酰氯胺钠 | $CH_3C_6H_4SO_2NclNa \cdot 3H_2O$ | 白色微黄晶粉 | 24%～26% |
| 优氯净 | 二氯异氰尿酸钠 | $C_3Cl_2N_3NaO_3$ | 白色晶粉，有浓氯气味 | 原粉 60%～64% |
| 防散剂 | 二氯异氰尿酸 | $C_3HCl_2N_3O_3$ | 白色粉末，有氯臭 | 原粉 71% |
| 强氯精 | 三氯异氰尿酸 | $C_3Cl_3N_3O_3$ | 白色粉末，有氯臭 | 原粉约 90% |

2. 漂白粉的鉴别和有效氯含量的测定方法

漂白粉是水产药物中一种廉价和广泛使用的强力杀菌剂和消毒剂。药浴和泼洒均很方便，能预防和治疗多种微生物引起的疾病。但是，漂白粉在空气中容易潮解而失去有效氯，受日光作用也会迅速分解，对金属有腐蚀作用，故必须盛放在密闭陶器内，存放于阴冷干燥处。如保管不善，会造成失效。用这种有效成分减少或已完全失效的漂白粉，按正常用量拿来使用，就会对疾病无治疗效果。

1）漂白粉的鉴别方法

本品遇稀盐酸，即产生大量的氯气。

2）漂白粉有效氯含量的测定方法

（1）碘量法。

称取漂白粉 2 g，置研钵中，分次加水 25 mL，研磨调匀，移置 500 mL 的容量瓶中，并将研钵用水洗净，洗液并入容量瓶中。然后，用蒸馏水稀释至刻度，密塞，静置 10 min；摇匀，准确量取混悬液 100 mL，加碘化钾 1 g 与醋酸 5 mL，用硫代硫酸钠液（0.1 mol/L）滴定，至近终点时，加淀粉指示液，继续滴定至蓝色消失，即得漂白粉有效氯含量（每 1 mL 的 0.1 mol/L 硫代硫酸钠溶液相当于 3.546 mg 的氯）。

（2）维生素 C 法。

① 取含量 100 mg 维生素 C 1 片，压成粉状，加入 15～20 mL 清洁水中使其溶解。

② 加碘化钾晶体 2 小匙（约 200 mg）和精制淀粉 2 小匙至维生素 C 溶液内。

③ 用吸管吸取欲测定的 1% 漂白粉溶液，滴入上述溶液内，边滴入边搅动，至出现蓝色 1 分钟不褪色为止。记录用去 1% 漂白粉溶液的体积，代入下列简化公式：

漂白粉有效氯含量（%）= 400 / 用去 1% 漂白粉溶液体积

例如，用去 1% 漂白粉溶液 20 mL，代入公式，400 / 20 = 20，即该漂白粉有效氯含量为 20%。

（3）蓝黑墨水滴定法。

① 取瓶内上、中、下层的漂白粉混匀，称量 5 g，用水（不含氯的干净水）将漂白粉混合研碎，稀释到 100 mL，充分搅拌后，静置。

② 待溶液澄清后，用移液管或注射器吸取一定量的上清液，一滴一滴地滴入白瓷碗内，共 38 滴（不能多，也不能少），记下用去的体积，再用 38 滴除以用量，得出每滴溶液用去的体积。

③ 将上面用过的移液管或注射器洗净擦干，吸取少量墨水在管内转动后弃掉（避免管壁上存留的少许水分，导致墨水浓度变稀）。然后再吸取一定量的墨水向碗中的漂白粉进行滴定，边滴边摇动均匀，溶液颜色由棕色变为黄色，最后出现稳定的蓝绿色时，即为滴定终点。记下所用蓝黑墨水的体积。计算公式：

漂白粉含氯量=（消耗蓝黑墨水体积/每 1 滴漂白粉上清液体积）×1%

例如：漂白粉 38 滴上清液共用去 2 mL，每滴为：2 mL / 38 = 0.05 mL。

滴定漂白粉上清液所用蓝黑墨水为 1 mL，则漂白粉有效氯含量为：

漂白粉有效氯含量=（1 mL/0.05 mL）×1%=20%

注意事项：滴漂白粉上清液及蓝黑墨水时，滴管要垂直，这样滴出的滴量较均匀；漂白粉加水搅拌，静置澄清后的上清液，测定过程要在半小时内完成，所得结果才基本一致，因此要求动作要快。

（4）“水生”漂白粉有效氯测定器比量法。

采用以上任意两种方法对比测定漂白粉的有效氯含量（%）。

在实际应用中，当漂白粉的有效氯含量，经测定与标准含量相差较大时（±5%），可按下式计算校正浓度：

校正浓度=（有效氯标准含量×使用浓度）/有效氯实测含量

例如，使用浓度为 1 g/m$^3$ 漂白粉水时，经实测现有漂白粉有效含量仅为 20%，而漂白粉的标准含量为 30%，则：校正浓度 = 30 × 1/20 = 1.5。

即使用浓度为 1 g/m$^3$ 漂白粉水消毒池水时，在 1 m$^3$ 水体中用有效氯标准含量 30% 的漂白粉为 1 g，而用 20% 有效氯含量的漂白粉需用 1.5 g。

## 六、实训作业

根据上述实验测定，计算出所测漂白粉的有效氯含量，若采用不同方法测定有误差，请分析原因。

# 实训二十九

# 水产品渔药残留检测

## 一、实训目的

掌握水产品中几种常见渔药残留检测的方法，保障水产品质量安全，守护消费者的健康。

## 二、实训材料

几种常见鱼类如鲤、鲫、团头鲂、鲢、鳙、草鱼、大口黑鲈、罗非鱼、斑点叉尾鮰等。

## 三、实训器具

液相色谱仪、气相色谱仪、酶标仪、分光光度计等。

## 四、实训要求

每组 1 人，对水产品中的几种药物残留进行检测。

## 五、实训内容

1. 检测的原则

渔药残留直接危害到人类健康，因此，进行渔药检测时应遵循以下 5 个原则。

（1）具有渔药残留检测实验室的资格。

在渔药残留的检测上，应选择国家认可的、有资质的残留检测实验室。对未取得资质的实验室，须对其人员、机构、管理水平、内外试验实际检测能力等方面进行考核，合格者方可获得残留检测实验室资格。

（2）残留检测技术规范和标准。

严格按照国家的相关技术规范和标准，选择正确的药物分析方法进行操作，检测结果才具有法律性和可靠性。同时，应依靠原农业部 2016 年发布的《农药残留检测方法国家标准编制指南》，对渔药残留检测的方法进行指导。

（3）原创性渔药的残留检测方法。

原创性渔药的残留检测必须提交所有的残留检测资料，包括药动学、日许量、最高残留限量以及残留检测方法，最后确定休药期。对于原创性渔药检测方法，必须要有 3～5 家同类单位进行对比，择优选择。

（4）残留检测新方法的批准。

允许建立多种检测方法，对于采用国外等同标准，将国外方法直接引进到国内的，原则上只要有一家单位建立后，需再找另一家单位进行对比，并提供国外相关文献的全面资料。

（5）其他。

除上述四点外，还应执行官方批准的采样程序，注意取样科学性与代表性；采取适宜的样品前处理方法；根据抽样、检测、养殖用药和国家的需要，做出客观、公正、科学的结果判断。

2. 检测方法的选择

不同检测方法，对药物的敏感性，操作难易程度、检测费用等方面差异较大。应寻求简便、快速、准确、敏感性高的检测方法，以满足日趋严格的残留限量的要求，保障水产品的安全。目前在药残检测上所采取的主要方法有 5 种。

（1）高效液相色谱法。

该方法普遍使用，虽然设备造价高，但对样品的分离鉴定不受挥发度、热稳定性及分子量的影响，具有分离效果好，测定精度高的优点。

（2）微生物测定法。

简单快速、便宜，但操作较烦琐，其灵敏度也有一定的限制。

（3）气相色谱法。

使用具有一定的局限，对那些不易气化的物质测定不准确，而且设备较昂贵，使用不普遍，但灵敏度高，对某些药物具有一定的特异性。

（4）分光光度法。

应用分光光度计进行测定，比较简单、易操作、检测费用便宜，主要确定是精度较低，特别是代谢物与原药结构相似时吸光度会产生叠加不易区分。生物样品中内源性杂质干扰大时，则会出现测定结果偏高的现象。

（5）免疫学方法。

利用抗原抗体的特异性结合反应的原理研制的诊断试剂盒，具有快速、灵敏、特异性好的优点，但须制备相应的抗原和抗体。

（6）注意事项。

为能快速确定水产品中是否有残留，大致确定残留药物的类别，国外通常做法是遵循一定的程序对被测水产品进行取样：按规范要求对样品进行快速筛选检验，（然后再用更精确的方法确证超标药物的品种和准确含量。）即首先利用免疫技术、生物传感器、手提式色谱或光谱仪进行现场监测，对呈阳性的产品送实验室进一步确定。

3. 样品的前处理

样品前处理的主要目的是将待测组分从样品基质中分离出来，除去样品中的干扰杂质，将待测组分转换为分析仪器可检测的形式。样品前处理通常包括提取、净化、浓缩和衍生化等过程，方法的设计需考虑到待测组分的理化性质、存在状态、样品基质的化学组成、可能的干扰物类型、处理方法对药物稳定性的影响。样品前处理通常包含以下几个步骤。

（1）提取溶剂的选择。

应遵循“相似相溶”原则，并满足下列要求：① 对待测组分溶解度大；② 对干扰杂质溶解度小；③ 与样本基质有较好的相容性；④ 能有效地释放药物；⑤ 具有脱蛋白脱脂能力；⑥ 其他：如沸点适中（40 ~ 80 °C）、黏度小、毒性低（尽量少用卤代试剂）、易纯化、价格低廉和易于进一步净化。

（2）常用的提取方法。

① 组织捣碎法。

又称匀浆提取法。一般将样品（固体样品预搅碎）和 3 ~ 5 倍样品体积的溶剂加入捣碎杯（匀浆仪或研钵研磨），通过高速搅拌或匀浆数分钟，使溶剂与样品的微细颗粒紧密接触、混合，使待测组分从固体样品中快速溶出。随后将样品过滤或离心后收集提取液，残渣重复提取 1 ~ 2 次，合并提取液进行净化。该法不用加热，速度快，提取效果较好（应注意匀浆温度）。

② 振荡法。

将样品（固体样品最好用匀浆）和适量溶剂加入具塞锥形瓶（可加入玻璃珠），中速振荡 20 ~ 30 min 或更长时间，样品液过滤或离心后移取提取液即可。该法操作简便，可同时对多个样品进行提取。

③ 超临界流体萃取法。

超临界流体（Supercritical Fluid，SF）是指在临界温度和临界压力以上，以流体形式存在的物质，这种流体同时具有液体的高密度和气体的低黏度的双重特性，有很大的扩散系数，渗透能力好和溶解能力强。以其作为溶剂，在高于临界压力条件下，萃取分离出混合物，当压力和温度恢复到常压和常温时，溶解在 SF 中的成分立刻以液体状态和气态 SF 分开。

国外很多实验室采用本方法进行样品前处理。超临界流体萃取法是当前发展最快

的分析技术之一，其优点是基本上避免使用有机溶剂，简单快速，能选择性的萃取待测组分并将干扰成分减少到最小程度，减少一般提取方法所占用的玻璃仪器及实验室，实现了操作自动化。

4. 常用检测方法简介

1）高效液相色谱法（HPLC）

高效液相色谱法是国内药物残留检测应用最普遍、最有效的分析方法，广泛用于测定青霉素类、四环素类等抗生素及呋喃类、磺胺类、喹诺酮类等药物的残留检测，灵敏度高，检测限低，方法稳定。许多国家都将高效液相色谱法作为国家标准分析方法。

在渔药残留检测方面，常用的是反相高效液相色谱法（RP-HPLC）。绝大多数渔药的 RP-HPLC 检测操作方便，易获得尖锐、分离良好的峰。根据待测物的极性或酸碱性，通过优化流动相的有机溶剂比例、pH、离子强度、离子对试剂和柱温，均可达到分离目的。

（1）高效液相色谱仪操作步骤。

① 过滤流动相，根据需要选择不同的滤膜。

② 对抽滤后的流动相进行超声脱气 10 ~ 20 min。

③ 打开 HPLC 工作站（包括计算机软件和色谱仪），连接好流动相管道，连接检测系统。

④ 进入 HPLC 控制界面主菜单，点击“manual”，进入手动菜单。

⑤ 若长时间没使用或者换了新的流动相，需要先冲洗泵和进样阀。直接在泵的出水口，用针头抽取溶剂冲洗泵。冲洗进样阀，需要在“manual”菜单下，先点击“purge”，再点击“start”，冲洗时速度不要超过 10 mL/min。

⑥ 调节流量。初次使用新的流动相，可以先试一下压力，流速越大，压力越大，一般不要超过 2 000。点击“injure”，选用合适的流速，点击“on”，走基线，观察基线的情况。

⑦ 设计走样方法。点击“file”，选取“select users and methods”，可以选取现有的各种走样方法。若需建立一个新的方法，点击“new method”。选取需要的配件，包括进样阀、泵、检测器等，根据需要进行不同的搭配。选完后，点击“protocol”。一个完整的走样方法需要包括：进样前的稳流，一般 2 ~ 5 min；基线归零；进样阀的“loading-inject”转换；走样时间，随不同的样品而不同。

⑧ 进样和进样后操作。选定走样方法，点击“start”。进样，所有的样品均需过滤。方法走完后，点击“postrun”，可记录数据和做标记等。全部样品走完后，再用上面的方法走一段基线，洗掉剩余物。

⑨ 关机时，先关计算机，再关液相色谱。

⑩ 填写登记本，由负责人签字，记录详细信息。

（2）注意事项。

① 流动相均需色谱纯度，水用 20mL 的去离子水。脱气后的流动相要小心振动尽量不引起气泡。

② 柱子是非常脆弱的，第一次做的方法，先不要让液体过柱子。

③ 所有过柱子的液体均需严格过滤。

④ 压力不能太大，最好不要超过 2 000 psi（1 psi= 6894.76 Pa）。

2）微生物测定法

微生物检测法是应用最早和最广泛的抗生素残留检测的传统方法，其测定原理是根据抗生素对微生物生理机能与代谢的抑制作用，定性或定量分析样品中抗微生物药物的残留量。微生物检测法的优点是结果可靠，检测成本低，可以对大批样品进行快速筛选，对仪器设备要求不高。不足之处是操作过程复杂，检测时间长，由肉眼辨别结果易产生误差等。

微生物抑制实验（MIT）是依据抗生素能够抑制微生物的生长繁殖特性而设计的实验。如果水产品中存在抗生素残留，则其抗生素残留提取液可以抑制微生物的生长，抗生素残留的多少可以根据对微生物的抑制程度来判断；如果没有抗生素的残留存在，则微生物的生长不会受到抑制。其基本的操作过程是将一定量的水产样品提取液以小圆滤纸片或牛津杯（是一种内径为 0.5 cm 左右、高为 1.0 cm 的不锈钢圈）点接在含有特定微生物的平板培养基上，然后在适宜的条件下培养，观察滤纸片或牛津杯周围是否出现抑菌圈。如果有抑菌圈，则表明水产品中存在抗生素残留，抑菌圈的大小与抗生素的浓度相关。

尽管 MIT 法存在测定时间长、分析结果误差较大等不足，但是由于该方法具有简便、经济等优点，所以仍被广泛应用。该法又可分为杯碟法、纸片法、戴尔沃检测法和棉拭法等。

① 杯碟法。

杯碟法（Cylinder Plate Method）是 Foster 和 Wood Ruff 于 1944 年创建的。其基本操作过程是在含有特定实验菌种的琼脂平板上放置一系列的牛津杯，在牛津杯中加一定量的不同浓度的抗生素标准溶液和待测样品的抗生素残留提取液，保温培养后，在抗生素标准溶液的牛津杯周围出现抑菌圈，抑菌圈的大小与抗生素的浓度呈比例关系。如果在待测样品提取液的牛津杯周围也出现抑菌圈，则表明样品中含有抗生素残留，通过与标准液抑菌圈的大小比较，就可以知道样品提取液中抗生素残留的含量。

② 纸片法。

纸片法（Paper Disk Method）是先将一定量抗生素标准液和样品抗生素残留提取液置于一定大小的小圆滤纸片上，然后将滤纸片放在含有特定实验菌种的琼脂平板上，保温培养。如果样品中存在抑菌物质，在纸片周围形成抑菌圈；如不含有抑菌物质，则无透明圈。抑菌圈的大小决定于抑菌物质的种类和浓度。通过与抗生素标准溶液比较，就可以得出样品中抗生素残留的浓度。纸片法是杯碟法的一种衍生方法，它不用牛津杯，操作更简便。

常用的纸片检测法包括嗜热脂肪芽孢杆菌纸片法和枯草杆菌纸片法。其中，嗜热脂肪芽孢杆菌纸片法是 1977 年由 Kaufman 提出的，1981 年得到美国 FDA 认可，并于 1982 年起作为法定方法。这两种方法主要用来检测内酰胺类抗生素，其操作过程基本相同，只是实验菌种不同。

采用枯草杆菌纸片法时，容易出现假阳性结果，所以常采用一些措施进行验证。例如，在检测牛奶中的青霉素残留时，对阳性结果样品以青霉素酶处理，使青霉素分解，然后再进行测定，如果此时仍为阳性结果，则表明是青霉素残留的假阳性，反之则为阳性。该方法的检测限可达 0.01 U/mL。

嗜热脂肪芽孢杆菌纸片法不仅用于检测内酰胺类抗生素，还能检测其他多种常用抗生素，如氨苄青霉素、头孢菌素、邻氯青霉素和四环素等，且不受消毒剂的干扰，检测限可达 0.008 U/mL，一般在 4 h 内即可获得结果。因此，在实践中，嗜热脂肪芽孢杆菌纸片法比枯草杆菌纸片法应用更为广泛。

③ 戴尔沃检测法。

戴尔沃检测法是 20 世纪 70 年代由荷兰 Gist brocades BV 公司开发的，用于检测 β-内酰胺类抗生素残留的方法。该方法是利用嗜热脂肪芽孢杆菌在 64 ℃条件下培养 2.5 ~ 3 h 后能产酸，引起溴甲酚紫指示剂由紫色变为黄色的原理进行设计的。若待检样品不含抗生素，则培养后培养液呈黄色；如果样品中含有抗生素，则嗜热芽孢杆菌生长受到抑制而不产酸，培养液不变色。

④ 棉拭法。

棉拭法，又称现场拭子法，是检测水产动物体内抗生素残留的现场试验方法。该法自 1979 年由美国农业部食品安全和检验署研究开发以来，世界各国普遍采用，目前在加拿大和美国已有商品化的试剂出售。该方法是用棉签（拭子）采取动物体内的组织液，然后将其放置于涂布有枯草杆菌的培养基中，保温培养过夜。观察在拭子周围是否出现抑菌环，若有，即表明组织液中有抗生素存在。该法在几分钟内即可完成取样操作，16 ~ 18 h 即可获得结果，是简便易行而又有一定准确性的检测方法，比较适合基层现场筛选检测。但是该检测法灵敏度较差，检出限较高，多在 μg/g 级，特异性差，一般抗生素类药物都有此类反应，而且不能定量。

3）气相色谱法

（1）气相色谱柱的选择。

① 气相色谱仪分析用的色谱柱选用毛细管柱，除另有规定外，极性相近的同类色谱柱之间可以互换使用。

A. 非极性色谱柱：固定液为 100% 的二甲基聚硅氧烷的毛细管柱。

B. 极性色谱柱：固定液为聚乙二醇（PEG-20M）的毛细管柱。

C. 中极性色谱柱：固定液为（35%）二苯基-（65%）甲基聚氧硅烷、（50%）二苯基-（50%）二甲基聚氧硅烷、（35%）二苯基-（65%）二甲基聚氧硅烷、（14%）氰丙基苯基-（86%）二甲基聚硅氧烷、（6%）氰丙基苯基-（86%）二甲基聚硅氧烷的毛细管柱等。

D. 弱极性色谱柱：固定液为（5%）苯基-（95%）甲基聚氧硅烷、（5%）二苯基-（95%）二甲基硅氧烷共聚物的毛细管柱等。

② 填充柱。

以直径为 0.18 ~ 0.25 mm 的二乙烯苯-乙基乙烯苯型高分子多孔小球或其他适宜的填料作为固定相。

③ 色谱柱适用性试验。

A. 用待测物的色谱峰计算，毛细管色谱柱的理论板数一般不低于 5 000；填充柱法的理论板数一般不低于 1 000。

B. 色谱图中，待测物色谱峰与其相邻色谱峰的分离度应大于 1.5。

C. 以内标法定量分析时，对照品溶液连续进样 5 次，所得待测物与内标物峰面积之比的相对标准偏差（RSD）应不大于 5%；若以外标法测定，所得待测物峰面积的 RSD 应不大于 10%。

（2）检测样品溶液的制备。

① 顶空进样。

除另有规定外，精密称取供试品 0.1 ~ 1 g，通常以水为溶剂。对于非水溶性药物，可采用 N，N-二甲基甲酰胺、二甲基亚砜或其他适宜溶剂。根据供试品和待测溶剂的溶解度，选择适宜的溶剂且应不干扰待测溶剂的测定。根据品种项下残留溶剂的限度规定配制供试品溶液，其浓度应满足系统定量测定的需要。

② 溶液直接进样。

精密称取供试品适量，用水或合适的有机溶剂使溶解。根据品种项下残留溶剂的限度规定配制供试品溶液，其浓度应满足系统定量测定的需要。

③ 对照品溶液的制备。

精密称取各品种项下规定检查的有机溶剂适量，采用与制备供试品溶液相同的溶剂制备对照品溶液。如用水作溶剂，应先将待测有机溶剂溶解在 50% 二甲亚砜或 N，N-二甲基甲酰胺溶液中，再用水逐步稀释。若为限度检查，根据残留溶剂的限度规定确定对照品溶液的浓度；若为定量测定，为保证定量结果的准确性，应根据供试品中残留溶剂的实际残留量确定对照品溶液的浓度。通常对照品溶液的色谱峰面积与供试品溶液中对应的残留溶剂的色谱峰面积以不超过 2 倍为宜。必要时，应重新调整供试品溶液或对照品溶液的浓度。

（3）测定方法。

① 毛细管柱顶空进样等温法。

当需要检查的有机溶剂的数量不多，并极性差异较小时，可采用此法。

色谱条件：柱温一般为 40 ~ 100 °C；常以氮气为载气，流速为 1.0 ~ 2.0 mL/min；以水为溶剂时顶空瓶平衡温度为 70 ~ 85 °C 顶空瓶平衡时间为 30 ~ 60 min；进样口温

度为 200 °C；如采用火焰离子化检测器（FID），温度为 250 °C。

测定方法：取对照品溶液和供试品溶液，分别连续进样不少于 2 次，测定待测峰的峰面积对色谱图中未知有机溶剂的鉴别。

② 毛细管柱顶空进样系统程序升温法。

当需要检查的有机溶剂数量较多，且极性差异较大时，可采用此法。

色谱条件：柱温一般先在 40 °C 维持 8 min，再以 8 °C/min 的速度升至 120 °C，维持 10 min。以氮气为载气，流速为 2.0 mL/min。以水为溶剂时，顶空瓶温度平衡温度为 70 ~ 85 °C，顶空瓶平衡时间 30 ~ 60 min，进样口温度为 200 °C。如采用 FID 检测器，温度为 250 °C。

测定方法：取对照品溶液和供试品溶液，分别连续进样不少于 2 次，测定待测峰的峰面积。对色谱图中未知有机溶剂的鉴别。

③ 溶液直接进样法。

可采用填充柱,亦可采用适宜极性的毛细管柱测定法取对照品溶液和供试品溶液，分别连续进样 2 ~ 3 次，测定待测峰的峰面积。

（4）计算法。

① 限度检查：除另有规定外，按品种项下规定的供试品溶液浓度测定。以内标法测定时，供试品溶液所得被测溶剂峰面积与内标峰面积之比不得大于对照品溶液的相应比值。以外标法测定时，供试品溶液所得被测溶剂峰面积不得大于对照品溶液的相应峰面积。

② 定量测定：按内标法或外标法定量分析各残留溶剂。

4）分光光度法

紫外可见分光光度法是基于分子内电子跃迁而建立起来的一种光谱分析方法。其中 π-π，P-π共轭体系的电子跃迁较有实用价值，前者能产生较强吸收峰，后者往往具有增色作用。紫外可见光度法定量分析的基础是朗伯-比尔定律：

$$A=Kbc$$

式中　$A$——吸光度；

$K$——摩尔吸光系数；

$b$——吸收层厚度；

$c$——吸光物质的浓度。

（1）测定方法分类。

经过半个世纪的发展，紫外可见光度法已经形成了一些比较成熟的测定方法。

① 普通光度法常以蒸馏水为参比，无须显色剂，在最大吸收下直接测定。

② 显色光度法是利用被测物与显色剂的显色反应，以试剂空白或样品空白为参比，在显色波长下进行测定。

③ 如果测定波长选择显色剂的褪色波长，则称为褪色法。

④ 对于多组分样品，由于总吸收为各组分吸收的总和，如于两波长分别测定后，建立方程组，可同时测得 2 个组分的含量，此为双波长法。

⑤ 对于吸收出现肩峰的情况可先对吸收曲线进行求导处理，再选择峰值为测量点，此为导数法。

⑥ 其他常用的方法还有双光束法、示差法、等吸收法等。

（2）各类抗生素的紫外吸收特征。

将抗生素分为 5 大类：内酰胺类、氨基糖苷类、四环素类、大环内酯类和其他类。它们的紫外吸收特征不同，依此可鉴定抗生素的残留。紫外分光光度计目前实验室最为常用，因此本书详细介绍各类抗生素的紫外吸收特征。

① β-内酰胺类抗生素。

分子含有 β-内酰胺环结构，其吸收波长在 200 nm 以下。当侧链含有其他显色或助色基团时，可在 200 nm 以上产生吸收。临床应用中绝大多数 β-内酰胺类抗生素都有紫外吸收。

② 氨基糖苷类抗生素。

氨基环醇与氨基糖缩合而成的苷，其特点是一般不含 π-π 共轭体系，但含多个羟基和氨基。易溶于水，易形成配合物，可用显色法进行测定。常用的显色剂有 $Fe^{3+}$离子、依文思蓝、曲利本红、曲利本蓝、滂胺天蓝等。

③ 四环素类抗生素。

四环素类抗生素以四并苯环为母核，含有苯环，且环外的羰基会使共轭体系增长。通常在 210～250 nm 有 K 带强吸收，在 260～300 nm 有 B 带强吸收或由苯环和羰基的共轭引起的强吸收，可直接进行测定。

④ 大环内酯类抗生素。

大环内酯类抗生素以 1 个大环内酯为母体，通过羟基以苷键 1～3 个分子的糖相联结，多数大环内酯抗生素在 200～300 nm 之间有紫外吸收峰，可直接进行测定。由于分子常为多羟基结构，因而也常利用显色法测定。

综上，只需用显色或直接对不同种类抗生素在对应波长位置检测其峰值即可测出抗生素含量。

### 5. 免疫学方法

免疫学方法是利用抗原抗体的特异性结合反应的原理进行的特异性检测方法，须制备相应的抗原和抗体。

由于各种检测方法中所用的抗原性状不同，出现结果的现象也不同。最广泛应用方法有下述几种。

（1）沉淀反应。

可溶性抗原与抗体结合，在两者比例合适时，可形成较大的不溶性免疫复合物。在反应体系中出现不透明的沉淀物，这种抗原抗体反应称为沉淀反应。

① 环状沉淀试验：先将含抗体的未稀释的免疫血清加到直径小于 0.5 cm 的小试管底部。将稀释的含有可溶性抗原的材料重叠于上，让抗原与抗体在两液体的界面相遇，形成白色免疫复合物沉淀环。此法简便易行，需用材料较多是其缺点。

② 单向免疫扩散试验：是在凝胶中进行的沉淀反应。将抗体混入加热溶解的琼脂中，倾注于玻片上，制成含有抗体的琼脂板，在适当位置打孔，将抗原材料加入琼脂板的小孔内，让抗原从小孔向四周的琼脂中扩散，与琼脂中的抗体相遇形成免疫复合物。当复合物体积增加到一定程度时停止扩散，出现以小孔为中心的圆形沉淀圈，沉淀圈的直径与加入的抗原浓度成正相关。本方法简便，易于观察结果，可测定抗原的灵敏度（最低浓度）为 10 ~ 20 μg/ mL，常用于定量测定人或动物血清 IgG、IgM、IgA 和 C3 等，其缺点是需 1 ~ 2 d 才能看结果。

③ 免疫比浊法：当抗体浓度高，加入少量可溶性抗原，即可形成一些肉眼看不见的小免疫复合物，它可使通过液体的光束发生散射，随着加入抗原增多，形成的免疫复合物也增多，光散射现象也相应加强。免疫比浊法就是在一定的抗体浓度下，加入一定体积的样品，经过一段时间，用光散射浊度计（nephelometry）测量反应液体的浊度，来推算样品中的抗原含量。本法敏感、快速简便，可取代单向扩散法定量测定免疫球蛋白的浓度。

④ 双向免疫扩散试验：双免疫扩散试验是在琼脂板上按一定距离打数个小孔，在相邻的两孔内分别放入抗原和抗体材料。当抗原和抗体向四周凝胶中扩散，在两孔间可出现 2 ~ 3 条沉淀线。本法常用于抗原或抗体的定性或定量检测，或用于两种抗原材料的抗原相关性分析。

⑤ 对流免疫电泳：是一敏感快速的检测方法，即在电场作用下的双向免疫扩散。将琼脂板放入电泳槽内，使琼脂板的两孔沿着电场的方向，于负极侧的孔内加入抗原，于正极侧的孔内加入抗体，通电后，抗原带负电荷向正极泳动，抗体分子虽也带负电荷，但因分子量大，向正极的位移小，而受琼脂中电渗作用向负极移动，抗原和抗体能较快地集中在两孔之间的琼脂中形成免疫复合物的沉淀线。只需 1 小时左右即可观察结果。

⑥ 免疫电泳：该方法分成两个步骤，即先进行电泳，再进行琼脂扩散。先将样品加入琼脂中电泳，将抗原各成分依电泳速度不同而分散开。然后在适当的位置上沿电泳方向挖一直线型槽，于槽内加入含有针对各种抗原混合抗体液，让各抗原成分与相应抗体进行双向免疫扩散，可形成多答卷沉淀线。常用此法进行血清的蛋白种类分析。

（2）酶联免疫分析法。

酶联免疫分析法（EIA）是当前应用最广泛的免疫检测方法。本法将抗原抗体反应的特异性与酶对底物高效催化作用结合起来，根据酶作用底物后显色，以颜色变化判断试验结果，可经酶标测定仪做定量分析，敏感度可达纳克水平。常用于标记的酶有辣根过氧化物酶、碱性磷酸酶等。它们与抗体结合不影响抗体活性。这些酶具有一定的稳定性，制成酶标抗体可保存较长时间。目前常用的方法有酶标免疫组化法和酶联免疫吸附法。前者测定细胞表面抗原或组织内的抗原，后者主要测定可溶性抗原或抗体。本法既没有放射性污染又不需昂贵的测试仪器，所以较放射免疫分析法更易推广。

① 酶联免疫吸附试验（ELISA）：将抗原或抗体吸附在固相载体表面。使抗原抗体反应在固相载体表面进行政区。可用间接法、双抗体夹心法或竞争法测定抗原或抗体。

② 夹心法（sandwich assay）：将已知的特异抗体包装在固相载体（塑料板凹孔或纸片上），加入待检标本，标本中的抗原即可与载体上的抗原结合，洗去未结合的材料后加入该抗原的酶标记抗体，洗去未结合的酶标抗体，加底物显色，用酶免疫检测仪测量颜色的光密度，可定量测定抗原。

③ 间接法（indirect ELISA）：常用于检查特异抗体。先将已知特异抗原包被固相载体，加入待检标本（可能含有相应抗体），再加入酶标抗 Ig 的抗体（即第二抗体），经加底物显色后，根据颜色的光密度计算出标本中抗体的含量。

④ BAS-ELISA：近年来对酶联免疫分析法的改进是使用生物素-亲和素-过氧化物酶复合物作为指示剂，组成一新的生物放大系统进一步提高检测的敏感度。可用来检测多种抗原抗体系统有细菌、病毒、肿瘤细胞表面抗原等。一个亲和素（avidin）分子可以结合 4 个生物素分子（biotin），结合非常稳定。亲和素和生物素都可与抗体、酶、荧光素等分子结合，而不影响后者的生物活性。一个抗体分子可偶联 90 个生物素分子，通过生物素又可连接多个亲和素。因此极大提高了检测的敏感度。目前应用生物-酶标亲和素的系统是通过生物素标记抗体连接免疫反应系统，同时借助生物素化酶或酶标亲和素引入酶与底物反应系统。

## 六、实训作业

撰写实验报告。

# 实训三十

# 水产动物病理标本的采集、固定、染色和保存

## 一、实训目的

（1）掌握水产动物病理标本的采集、固定、染色和保存工作。

（2）掌握水产动物器官组织细胞的基本构造和病理组织学研究的基本方法，提高学生运用病理学手段进行水产动物疾病诊断、防治的科研工作技能。

## 二、实训材料

几种处于病例状态的鱼类如鲤、鲫、团头鲂、鲢、鳙、草鱼、大口黑鲈、罗非鱼、斑点叉尾鮰等。

## 三、实训器具

载玻片、盖玻片、手术刀、镊子、石蜡切片机、冰冻切片机、显微镜等。

## 四、实训要求

每组 1 人，完成水产动物病理标本的采集、固定、染色和保存工作。

## 五、实训内容

1. 水产动物病理标本的采集

（1）材料新鲜：取材组织愈新鲜愈好，组织一般在离体后应迅速固定，以保证原有的形态学结构。

（2）组织块的大小：所取组织块较理想的体积为 2.0 cm×2.0 cm×0.3 cm，以使固定液能迅速而均匀地渗入组织内部。但根据制片材料和目的的不同，组织块的较理想

体积也不同。如制作病理外检、科研切片，其组织块可以薄取 0.1 ~ 0.2 cm，这样可以缩短固定脱水透明的时间；若制作教学切片厚取 0.3 ~ 0.5 cm，这样可以同一蜡块制作出较多的教学切片。

（3）勿挤压组织块：切取组织块用的刀剪要锋利，切割时不可来回锉动。夹取组织时切勿过紧，以免因挤压而使组织、细胞变形。

（4）规范取材部位：要准确地按解剖部位取材，病理标本取材按照各病变部位、性质的不同，根据要求规范化取材。

（5）选好组织块的切面：根据各器官的组织结构，决定其切面的走向。纵切或横切往往是显示组织形态结构的关键，如长管状器官以横切为好。

（6）保持材料的清洁：组织块上如有血液、污物、黏液、食物、粪便等，可用水冲洗干净后再放入固定液中。

（7）保持组织的原有形态：新鲜组织固定后，或多或少会产生收缩现象，有时甚至完全变形，为此可将组织展平，以尽可能维持原形。

2. 水产动物病理标本的固定

（1）水产动物病理标本的固定方法。

最常用的固定液有 10% 甲醛固定液和 95% 乙醇固定液。常用的固定方法有以下 3 种：

① 小块组织固定法：从动物体取下的小块组织，须立即置入液态固定剂中进行固定。通常标本与固定液的比例为 1 :（4 ~ 20），但组织块不宜过大过厚，否则固定液不能迅速渗透。故取组织块的大小一般为 2.0 cm × 2.0 cm × 0.3 cm。

② 注射、灌注固定法：某些组织块由于体积过大或固定液极难渗入内部，或需要对整个脏器或整个动物体进行固定，这时宜采用注射固定或灌注固定法。注射、灌注固定法通过将固定液注入血管，经血管分支到达整个组织和全身，从而得到充分的固定。

③ 蒸汽固定法：比较小而厚的标本，可采用锇酸或甲醛蒸汽固定法。如血液涂片，则应在血片未干燥前采用锇酸或甲醛蒸汽接触固定。

（2）水产动物病理组织标本选择和固定注意事项。

组织标本的选择非常重要，不能随意切取组织来制作病理组织切片，否则病理检验结果不准确，如导致病理切片不完整或不具代表性。因此，在切取组织块时必须注意下列几点。

① 越新鲜越好。为使组织切片结构清楚和更具真实性，病理组织块必须争取最短取样时间和立即固定时间，组织固定越新鲜越好。在选择动物上，最好为病理临床特征明显但还没死的动物个体。较大的标本不能及时检查时，应采取适当维持病理状态的措施，如可暂放（短期）在 4 ℃冰箱内（减轻临床特征变化，降低代谢或病变过程），以降低动物死后病理变化的速度，尽量保证在适当条件下使得临床特征

尽可能不变，如防止标本冰冻和溶解。

② 切勿挤压或损伤。在切取各组织块时，切勿挤压或损伤，以免造成人为的“病变”，如取内脏标本时，不宜选择镊子等用力夹过的部位，也不能用水直接冲洗组织样，而应该配制等渗溶液进行温和清洗。产生压力过大的原因总结如下，采样时应尽量避免过失误差的出现：a. 手术刀过钝或过短，该情况会使得向下切块时需借助手臂下按的力量来切割组织块，导致外力挤压组织块，产生过失误差影响结果准确性。因此，正确的解决方案为：切块使用手术刀刀柄长度适宜且锋利，取样时避免用力下压切块，应从手持刀柄向后轻切，向后划的同时徐徐向下切，直至切到刀尖时，组织的全后方被切开；b. 亦应避免其他形式的挤压，如钳夹剪刀、镊子等；c. 避免摩擦、固定前不要用水过多地冲洗。

③ 切下的组织块，应尽量防止其弯曲扭转。如胃肠道等组织，应先平展于干净整洁的纸上，待其黏着后，慢慢地放于固定液中（提前配制好固定液）。为了携带方便，可备带 50 mL 广口瓶或 50 mL 离心管（放置方式根据需要固定组织形状决定，如肠道组织可以将离心管倾斜放置），并加入适量 10%甲醛固定液（$\frac{V_{固定液}}{V_{组织}} \approx \frac{10}{1}$）。除甲醛外，还有其他固定液，如 Zenker 氏液等固定液。

④ 记录完整。在实验开始前，提前准备好所有试剂、耗材等，并有计划地将器材、容器等分类并编号，尽可能包含所有信息，如水产动物种类、组织名称、地点、采样时间、生物学重复等情况。

⑤ 组织切块的选择和切法：

（a）若标本各部的病变不同，则应从各个不同部位以及从病变部与正常部相接处采取切块。

（b）凡有层次结构的组织，如皮肤、胃、肠壁、主动脉壁等，切块的切面应包括组织的所有各层，而且与各层的平面相垂直。

（c）若标本为细的管状物，如血管等，则切块应为该管状组织的横切面。

（d）如为肌肉、神经等组织，则横切纵切都需要。

（e）各组织块应包括重要结构，如肾脏组织应包括前肾、中肾（也可分开固定）。在有浆膜的脏器组织块中，要有一块带有浆膜。若同一种组织按照部位需区分左右或上下者，则应分别放置于不同的固定瓶内，或将各组织块切成不同形状（如长方形、正方形、三角形等），并在标签上注明形状含义。

为了使组织易于固定，对组织块的厚度要求一般以 0.3 cm 为宜，最厚不应超过 0.5 cm。至于长度和宽度，则无硬性规定，一般为 0.3 ~ 1.0 cm。对于人畜的组织，其大小不应小于 1 ~ 3 $cm^2$，以便使病变部分可以被更全面地观察，又便于以后切取镜检组织块时的修削。在典型病变部分不妨多切数块，以备日后研究的需要。

⑥ 其他注意事项：

（a）切块在放入固定液后，应不使其与瓶底互相黏附，以免妨碍固定和避免取用困难。

（b）组织块固定时间不宜过长或过短：如以甲醛液固定，固定时间一般为 24～48 h 即可，随后清水小心清洗 12 h 左右可进行其他试验（如切片）。如用 Zenker 氏溶液固定 12～24 h 后，再用清水小心清洗 24 h，亦可应用。

（c）组织块冲洗完毕后，即可切取镜检组织块，其厚度一般不应超过 0.3 cm。具体情况可根据组织的紧密度确定，且其面积通常不宜超过 $1.5cm^2$。这样经脱水、透明后组织不易翘起变形，有利于制作切片。

（d）切取镜检组织块后，可将剩余的组织块放于 70%乙醇溶液中贴上标签保存，方便再次使用。

（e）新鲜或已固定组织均不应干化，必须把组织块全部浸入固定液内。干化后细胞及构造会失去正常的形态，会影响准确诊断。

（f）制作切块时须注意组织块内有无骨或钙化部分，若有，应在固定之后脱钙，以免损坏切片刀。

（g）如固定的组织块需用于电镜扫描，对组织块大小要求为 0.2 mm ～0.3 mm。固定液应先预冷，尤其在夏天。先滴固定液，再切组织块。

3. 水产动物病理标本的染色

任何组织的切片，在不进行染色的情况下，看不到组织的细微结构，也看不到细胞核，更无法分辨出病理组织的恶化程度，不能向临床兽医人员提供诊断依据，更不能为患病水产动物的正确治疗提供方案。因此，染色在病理组织形态学的诊断、科学实验研究以及教学工作中具有重要的意义和实用价值。常用的染色方法有苏木精-伊红染色法。

1）苏木精-伊红染色法

常用的染色方法是苏木精-伊红（Hematoxylin-Eosin）染色法，简称 H.E 染色法。H.E 染色法对任何固定液固定的组织和应用各种包埋法的切片均可使用。苏木素是一种碱性染料，可使组织中的嗜碱性物质染成蓝色，如细胞核中的染色质等；伊红是一种酸性染料，可使组织中的嗜酸性物质染成红色，如多数细胞的胞质、核仁等在 H.E 染色的切片中均呈红色。

1865 年，Bohmer 用苏木素对生物样本进行染色。在 1903 年，Mayer 改良了配方，随后出现了众多的改良配方。其中，Harris、Gill、Mayer’s 和 Weigert’s 的染色方法至今仍在使用。下面介绍几种常用苏木素染色配方。

（1）Harris 苏木素液配制方法。

① 配制方法。

配制时（原料清单见表 30-1），先将 2.5 g 苏木色精溶于 25 mL 无水乙醇，加热至完全溶解（A 液）。取 2 000 mL 的三角烧瓶，倾入 50 g 硫酸铝钾，加入 500 mL

蒸馏水，于电炉上加热，溶解硫酸铝钾（B 液），完全溶解后，待温度至 90 ℃左右时，加入预先溶解好的乙醇苏木色精溶液（A 液），继续加热至沸腾，延续 3 ~ 5 min，此时溶液颜色逐渐加深，变为紫红色，拔离电源，加入 1.25 g 黄色氧化汞（小心操作，有剧毒，500 °C 时分解）。当充分氧化后，重新插上电源继续加热 3 ~ 5 min，此时溶液颜色变深紫色，拔去电源，直接将三角烧瓶插入预备好的冰水里（B 液），放于暗处，第二天过滤后加入 20 mL 冰醋酸（临用时加入冰乙酸过滤也行），即可使用。保质期三个月。

表 30-1　Harris 苏木素液配制原料表

| 药品名 | 量 |
|---|---|
| 苏木素 | 2.5 g |
| 无水乙醇 | 25 mL |
| 硫酸铝钾 | 50 g |
| 氧化汞 | 1.25 g |
| 冰乙酸 | 2 mL |
| 蒸馏水 | 500 mL |

② 注意事项。

（a）将加热的 A 液倒入加热的 B 液中，为防止液体喷出，应缓慢分多次倒入，禁止在明火上操作。

（b）加氧化汞时要少量缓慢地加入。防止多量快速地加入氧化汞，避免液体溢出，也可将氧化汞溶解于 10 mL 水中慢慢加入。

（c）氧化汞加入后煮沸时间不要过长，防止过度氧化。

（d）氧化汞如潮解有颗粒，要用药勺背压碎成粉末状加入。

（e）如需自然氧化的苏木素配制时不加氧化汞，三个月以后用时加入 20 mL 冰乙酸过滤后即可应用。

（f）用于配液烧瓶的容积要大于配制试剂量的 1 倍以上为宜。

（g）溶解硫酸铝钾时温度不要过高、煮沸时间不要过长，高温会产生混浊。

（h）冰醋酸的加入量（2% ~ 3%）直接影响苏木素的着色能力和清晰度，量少会导致核浆共染，背景不清晰；量多可抑制苏木素和铝离子的结合，着色成分减少，着色力下降。

（2）Harris 改良苏木素液配制方法。

在经历不断探索后，改良版 Harris 苏木素液配制在氧化汞和硫酸铝钾的使用量上分别降低了 0.725 g 和 33.0 g，其原料见表 30-2。

表 30-2　Harris 改良苏木素液配制原料表

| 药品名 | 量 |
|---|---|
| 苏木素 | 2.5 g |
| 无水乙醇 | 25 mL |
| 硫酸铝钾 | 17 g |
| 氧化汞 | 0.5 g |
| 冰乙酸 | 5 mL |
| 蒸馏水 | 500 mL |

① 配制方法。

用烧瓶将苏木素溶于无水乙醇中，水浴加热至完全溶解（A 液）。再用大的烧瓶取 500 mL 蒸馏水加热至 85 °C 时放入硫酸铝钾，待完全溶解后再加热至 91 °C（B 液），然后慢慢倒入溶解的苏木素乙醇液（A 液），让溶液温度保持在 89 ~ 91 °C 之间再慢慢加入氧化汞，充分搅拌均匀持续 1 ~ 2 min 后迅速入水冷却，临用时加入冰乙酸过滤也行。

② 注意事项。

（a）溶解硫酸铝钾不要温度过高和长时间煮沸。硫酸铝钾是碱式盐，温度过高或时间过长会造成碱式盐分解，金属铝析生成为氢氧化铝易产生混浊。

（b）将氧化汞溶解于 10 mL 水中慢慢加入较为安全。

（c）整个配制过程用水浴加温容易控制温度。

（3）无汞苏木素液配制方法。

因氧化汞含有剧毒，对呼吸系统、眼睛及皮肤等均有不同程度的破坏作用。因此，不含氧化汞的苏木素液配制方法应需而生，其原料见表 30-3。

表 30-3　Harris 无汞苏木素液配制原料表

| 药品名 | 量 |
|---|---|
| 苏木素 | 10 g |
| 无水乙醇 | 200 mL |
| 硫酸铝钾 | 60 g |
| 1%高碘酸 | 80 mL |
| 蒸馏水 | 2 200 mL |

将苏木素溶于无水乙醇，稍加热溶解。硫酸铝钾溶于蒸馏水中，加热至完全溶解，再将苏木素乙醇液倒入。加入 1%高碘酸，迅速冷却后过滤即可应用。

（4）Mayer 苏木素。

Mayer 苏木素染液用作常规切片的染色，用它染核不会过染，时间可在 20 ~

30 min，核染色质清晰可见，核呈灰黑色，可用作特殊染色核的对比染色试剂，其原料见表 30-4。

表 30-4　Mayer 苏木素液配制原料表

| 药品名 | 量 |
| --- | --- |
| 苏木素 | 0.1 g |
| 柠檬酸 | 0.1 g |
| 水合氯醛 | 5 g |
| 硫酸铝钾 | 5 g |
| 碘酸钠 | 20 mg |
| 蒸馏水 | 100 mL |

配制溶液时，先将 100 mL 蒸馏水稍加温，加入 0.1 g 苏木色精并不停搅拌直至完全溶解，继而加入 5 g 硫酸铝钾，令其充分溶解后，加入 0.1 g 柠檬酸和 5 g 水合氯醛，继续搅拌均匀，待全部溶解后再加入 20 mg 碘酸钠，搅拌均匀，此时溶液的颜色变为深棕色，过滤后即可使用。

（5）Gill 改良苏木素（进行性染色）。

进行性染色液，适用于细胞学涂片和石蜡切片染色，推荐使用。Gill Ⅱ液为正常浓度的 1 倍，细胞染色时间 3 min，石蜡切片染色大于 15 min，属于半氧化苏木素，比 Harris 苏木素稳定，染色无需盐酸乙醇分化。其缺点是：黏附的明胶甚至玻片也会染色。其原料见表 30-5。

表 30-5　Harris 苏木素液配制原料表

| 药品名 | 量 |
| --- | --- |
| 苏木素 | 2 g |
| 无水乙醇 | 250 mL |
| 冰醋酸 | 15 ~ 25 mL |
| 硫酸铝 | 17.6 g |
| 碘酸钠 | 0.2 ~ 0.3 g |
| 蒸馏水 | 750 mL |

① 配制方法。

配制时，先将 2 g 苏木色精溶于 250 mL 无水乙醇（A 液），再将 17.6 g 硫酸铝溶于 750 mL 蒸馏水（B 液），然后两液混合后加入 0.2 ~ 0.3 g 碘酸钠，最后加入 15 ~ 25 mL 冰醋酸即可使用。

② 注意事项。

此溶液为半氧化进行性苏木素液，不会产生沉淀，氧化膜少。当配制此液染不上色或染色较慢时，可能是碘酸钠量的原因，可根据气温变化多加一点（气温在 30 ℃时，一般碘酸钠量为 0.25 g，气温每降低 5 ℃，可增加 0.01 g，反之可减少）。同时，用硫酸铝钾代替硫酸铝，着色能力略强于硫酸铝，染液会产生沉淀和结晶。也可以采用加温溶解配制，可促进氧化，增强着色能力。

2）伊红染液的配制方法

（1）水溶性伊红液。

将 1 g 伊红 Y（水溶性）溶于少许蒸馏水中，用玻璃棒搅拌溶解后，加蒸馏水定容至 100 mL。

（2）醇溶性伊红液。

将 1 g 伊红 Y（醇溶性）溶于少量 95% 乙醇溶液中，用玻璃棒搅拌彻底溶解后，加入 95%乙醇溶液定容至 100 mL。

（3）水溶性伊红乙醇液。

将 1 g 伊红 Y（水溶性）溶于少许蒸馏水中，用玻璃棒搅拌溶解后加入剩余蒸馏水，再加 95% 乙醇溶液。蒸馏水总用量为 75 mL，95%乙醇溶液总用量为 25 mL。

（4）沉淀酸化伊红 Y 乙醇液。

20 g 伊红 Y 用 500 mL 蒸馏水充分溶解后加浓盐酸 10 mL，搅拌均匀，放置过夜，析出沉淀。用滤纸过滤，弃滤液，沉淀物与滤纸一起放恒温箱干燥，用 95% 乙醇溶液 1 000 mL 配成沉淀酸化伊红 Y 乙醇储存液。临用时，取饱和液 1 份，加 95% 乙醇溶液 2 份，配成工作液。

3）H.E 染色

整个染色过程包括五个内容：脱蜡、染色、脱水、透明和封固。

（1）脱蜡。

① 从温箱中取出烤干的切片，立即投入二甲苯中脱蜡 5～10 min，脱蜡时间长短取决于蜡彻底溶解需要的时间。气温低可延长时间，气温高可适当缩短时间或在温箱中加速脱蜡。

② 移入 100% 无水乙醇（二瓶）中，约 2 min。

③ 移入 90% 乙醇溶液中（二瓶），约 2 min。

④ 移入 80% 乙醇溶液中（二瓶），约 2 min。

⑤ 移入 70% 乙醇溶液中，约 2 min。

⑥移入水中，洗去乙醇，2～3 min。

⑦ 移入蒸馏水中，约 2 min。

（2）染色。

① 移入苏木素中，浸染 8～15 min，一般以稍深染为宜。

② 移入水中，洗去苏木素和浮色，1～2 min。

③ 移入分化液（1% 盐酸乙醇溶液）中，分化几秒至 30 s，使切片褪色至淡蓝

红色即可。分化液可使细胞浆蓝色（水墨蓝）脱去，而细胞核更加清晰、鲜丽。分化不足时，胞浆带蓝色，胞核过染；分化过度时，胞核太淡，难以辨认，可再退回苏木素染液，延长一定时间。

④ 移入流水中，洗涤 30 ~ 60 min，使组织呈鲜蓝色或天蓝色（蓝化）。

⑤ 移入伊红液中，浸染 2 ~ 5 min，如着染缓慢，可在伊红液中加入冰醋酸（100 mL 伊红液加 1 ~ 2 滴冰醋酸）以助染。

⑥ 移入水中，洗去伊红浮液，并用纱布擦净玻片上的多余染料。

（3）脱水。

① 吸去玻片上的水分后移入 80% 乙醇溶液中，（二瓶）脱水，1 ~ 2 min，如在乙醇溶液中褪色很快时，可迅速移入 90% 乙醇溶液或返回伊红液中复染。

② 移入 90% 乙醇溶液中（二瓶）脱水，2 ~ 4 min。

③ 移入无水乙醇（二瓶）彻底脱水，4 ~ 8 min。

（4）透明。

① 移入一瓶二甲苯 Ⅰ 中透明 3 ~ 5 min。

② 移入两瓶二甲苯 Ⅱ 中透明 5 ~ 10 min。

（5）封固。

用树胶封固，先从二甲苯 Ⅱ 中取出切片，将组织外围的二甲苯迅速擦去，再滴上一滴树胶于组织片上，然后取干净的盖玻片，仔细加在封固剂上，慢慢压平，使盖片位置适中。切片封固后，放在温箱中烤干，或平置晾干后装盒。

为使切片制作更符合质量标准或最佳。除按步骤严格进行外，还应注意以下几点：

① 用含升汞的固定液固定的组织块，在切片染色前，应进行脱汞，具体方法：切片脱蜡，逐次进入 70% 乙醇溶液后，再进入稀碘液（1 g 碘，2 g 碘化钾，3 000 mL 蒸馏水）内 5 ~ 10 min。蒸馏水稍洗，移入 5%硫代硫酸钠溶液内处理 5 min。蒸馏水充分洗后进入染色。

② 组织块在 4 ~ 5 倍稀释的福尔马林液中固定过久，经常产生一种褐色素，叫福尔马林色素。这种色素不溶于水和乙醇，但影响组织观察。在脾、肝、肺发生充血、出血和渗血的组织中最常见。因此，切片在染色前经脱福尔马林色素的步骤。脱色流程为：切片脱蜡，浸水后，投入伟勒卡依氏溶液（1 mL 1% 氢氧化钾液，200 mL 75% 乙醇溶液）处理 20 min ~ 2 h，充分水洗后染色。

③ 如组织片含有大量黑色素时，影响染色和检查，可在脱蜡后，浸水后用 0.25% 高锰酸钾溶液浸洗 2 ~ 4 h。然后用水充分洗涤，或经 1% 草酸液脱去切片上的黄褐色后再充分水洗，然后进行染色。

④ 在切片染色后，进行脱水时，经过 90% 乙醇溶液处理后应对切片进行仔细擦拭。此时，把切片中组织片周围的污染涂色或水分用纱布（清洁）擦干净。当切片经过无水乙醇处理后，也要认真仔细擦去污物及组织片附近水分。这样既可使组

织脱水彻底，还可使溶液浓度不明显降低，尽量保持乙醇溶液的原浓度。

⑤ 封固时，可使灵活操作两种方法。第一种方法是先在盖玻片上滴半滴树胶，再将载玻片从二甲苯Ⅱ中取出。擦去切片外围的二甲苯，翻转载玻片，使有组织的一面朝下，正好与盖玻片对准组织片，当盖玻片被黏附在载玻片下面时，翻转载玻片，压平盖玻片，并置于位置适中。另一种方法，将载玻片从二甲苯 Ⅱ 中取出擦去外围的二甲苯后，立即在组织片上滴上半滴树胶。然后用小镊子挟取盖玻片，翻转盖片并轻轻从酒精灯火焰上通过二次，再翻转过来，从载玻片上组织片一端轻轻放下，当盖片接触树胶时，可将盖片放下，树胶可自然扩散整个盖片，此时注意调整位置。如有气泡可轻轻压盖片从一侧挤出。注意树胶的量不宜过多，防止外溢，也不可过少，防止封闭不全。

4. 水产动物病理标本的保存

1）冰冻切片

取下适当的组织块放入液氮保存。具体操作步骤如下。

（1）取材。

将要进行冰冻切片观察的组织应尽可能快地采取新鲜材料，防止组织发生死后变化，影响后期染色分析结果。

（2）速冻。

① 将取好的组织块平放于软塑瓶盖或特制小盒内（直径约 2 cm）。

② 如组织块小可适量加包埋剂浸没组织，将特制小盒缓缓平放入盛有液氮的小杯内。

③ 当盒底部接触液氮时即开始气化沸腾，此时小盒保持原位切勿浸入液氮中，10 ~ 20 s 组织即迅速冰结成块。

④ 制成冻块后，可置入恒冷箱切片机冰冻切片。

⑤ 若需要保存，应快速以铝箔或塑料薄膜封包，立即置入−80 °C 冰箱贮存备用。

（3）固定。

① 样品托上涂一层包埋胶，将速冻组织置于其上，4 °C 冰箱预冷 5 ~ 10 min 让包埋胶浸透组织。

② 取下组织置于锡箔或者玻片上，样品托速冻。

③ 组织置于样品托上，其上再添一层包埋胶，以完全覆盖为宜，置于速冻架（PE）上 30 min。

（4）切片。

① 恒温冰冻切片机是较理想的冰冻切片机，其基本结构是将切片机置于低温密闭室内，故切片时不受外界温度和环境影响，可连续切薄片至 5 ~ 10 μm。

② 切片时，低温室内温度以−15 ~ −20 °C 为宜，温度过低组织易破碎。抗卷板的位置及角度要适当，载玻片附贴组织切片，切勿上下移动。

③ 切好室温放置 30 min 后，置入 4 °C 丙酮固定 5 ~ 10 min，烘箱干燥 20 min，随后 PBS 洗 3 次，每次 5 min。

④ 进行抗原热修复，微波热修复也可，室温自然冷却。可用 3%$H_2O_2$ 溶液孵育 5 ~ 10 min，消除内源性过氧化物酶的活性，切片标本制作成功。

2）石蜡切片

石蜡切片是非常基础的组织学实验技能，所以在大量的组织染色、病理检测、样本处理中都是不可或缺的一项操作流程，石蜡切片的制作好坏直接影响后期的样本观察或检测。操作步骤如下。

（1）取材。

应根据要求选取材料来源及部位。材料必须新鲜，搁置时间过久则产生蛋白质分解变性，导致细胞自溶及细菌的滋生，而不能反映组织活体时的形态结构。

（2）固定。

用适当的化学药液——固定液浸渍切成小块的新鲜材料，迅速凝固或沉淀细胞和组织中的物质成分、终止细胞的一切代谢过程、防止细胞自溶或组织变化，尽可能保持其活体时的结构。固定能使组织硬化，有利于切片的进行，而且也有媒浸作用，有利于组织着色。固定液的种类很多，其对组织的硬化收缩程度以及组织内蛋白质、脂肪、糖类等物质的作用各不相同。同时，应根据所要显示的内容来选择适宜的固定液。10% 福尔马林（4% 甲醛）或 10% 磷酸缓冲福尔马林是病理切片常规使用的固定液，不仅适用于常规苏木精-伊红（HE）染色，还可以用于组织学有关的其他技术的切片染色。固定液的用量通常为材料块的 20 倍左右，固定时间则根据材料块的大小及松密程度以及固定液的穿透速度而定，可以从 1 h 至数天，通常为 1 ~ 24 h。

（3）洗涤与脱水。

固定后的组织材料需除去留在组织内的固定液及其结晶沉淀，否则会影响后期的染色效果。多数组织材料洗涤用流水冲洗；使用含有苦味酸的固定液固定的则需用乙醇溶液多次浸洗；使用乙醇溶液固定的组织，则不必洗涤，可直接进行脱水。固定后或洗涤后的组织内充满水分，若不除去水分则无法进行以后的透明、浸蜡与包埋处理，原因在于透明剂多数是苯类。苯类和石蜡均不能与水相溶，苯类无法浸入，导致水分不能脱尽。乙醇为常用脱水剂，它既能与水相溶，又能与透明剂相混。为了减少组织材料的急剧收缩，应使用从低浓度到高浓度递增的顺序进行，通常从 30% 或 50% 乙醇溶液开始，经 70%、85%、95% 直至纯酒精（无水乙醇），每次时间为 1 小时至数小时，如不能及时进行各级脱水，材料可以放在 70% 乙醇溶液中保存，因高浓度乙醇溶液易使组织收缩硬化，不宜处理过久。正丁醇、叔丁醇以及丙酮等也可用作脱水剂。

（4）透明。

无水乙醇不能与石蜡相溶，需要使用能与乙醇和石蜡相溶的媒浸液，替换出组织内的乙醇。组织材料块在这类媒浸液中浸渍，出现透明状态，因此这种媒浸液也称透明剂，透明剂浸渍过程透明。常用的透明剂有二甲苯、苯、氯仿、正丁醇等，各种透明剂均是石蜡的溶剂。通常组织先经无水乙醇和透明剂各半的混合液浸渍 1～2 h，再转入纯透明剂中浸渍。透明剂的浸渍时间则要根据组织材料块大小及属于囊腔抑或实质器官而定。如果透明时间过短，则浸渍不彻底，石蜡难于浸入组织；透明时间过长，则组织硬化变脆，就不易切出完整切片，最长为数小时。

（5）浸蜡与包埋。

用石蜡取代透明剂，使石蜡浸入组织而起支持作用。通常先把组织材料块放在熔化的石蜡和二甲苯的等量混合液浸渍 1～2 h，再先后移入 2 瓶熔化的石蜡液中浸渍 3 h 左右，浸蜡应在高于石蜡熔点 3 °C 左右的温箱中进行，以利石蜡浸入组织内。浸蜡后的组织材料块放在装有蜡液的容器中（摆好在蜡中的位置），待蜡液表层凝固即迅速放入冷水中冷却，即做成含有组织块的蜡块。容器可用光亮且厚的纸折叠成纸盒或金属包埋框盒。如果包埋的组织块数量多，应进行编号，以免差错。石蜡熔化后应在蜡箱内过滤后使用，以免因含杂质而影响切片质量或损伤切片刀。通常石蜡采用熔点为 56～58 °C 或 60～62 °C 两种，可根据季节及操作环境温度来选用。

（6）切片。

包埋好的蜡块用刀片修成规整的四棱台，以少许热蜡液将其底部迅速贴附于小木块上，夹在轮转式切片机的蜡块钳内，使蜡块切面与切片刀刃平行，旋紧。通常切片厚度为 4～7 μm，切出的一片接一片蜡带用毛笔轻托轻放在纸上。切片刀的锐利程度、蜡块硬度都直接影响切片质量，可用热水或冷水等方法适当改变蜡块硬度。

（7）贴片与烤片。

黏附剂是蛋白甘油。用黏附剂将展平的蜡片牢附于载玻片上，可以免在以后的脱蜡、水化及染色等步骤中二者滑脱开。贴片与烤片流程：首先在洁净的载玻片上涂抹薄层蛋白甘油，再将一定长度蜡带（连续切片）或用刀片断开成单个蜡片于温水（45 °C 左右）中展平后，移至玻片上铺正，或直接滴两滴蒸馏水于载玻片上，再把蜡片放于水滴上，略加温使蜡片铺展，最后用滤纸吸除多余水分，将载玻片放入 45 °C 恒温箱中干燥，也可在 37 °C 恒温箱中干燥，但需适当延长时间，随后切片标本制作成功。

## 六、实训作业

（1）描述鱼类病变细胞组织的形态特征。

（2）撰写实验报告。

# 实训三十一

# 鱼类病理组织标本切片的制作、观察与判断

## 一、实训目的

（1）掌握鱼类病理组织标本的取材及切片的制作方法。

（2）辨别正常组织和病变组织的病理形态特征。

（3）掌握实验中各种仪器的使用方法及试剂的配制方法。

## 二、实训材料、仪器及试剂

1. 实验器具

手术刀、手术剪、镊子、脱水框、染色缸、烘箱、切片机、毛笔、玻片、染色架、酒精灯、三角架、大烧杯、温度计、火柴、切片刀、记号笔或铅笔、采样管。

2. 试　剂

石蜡、多聚甲醛、一系列浓度梯度的乙醇溶液、二甲苯、1% 盐酸乙醇溶液、1% 稀氨水、中性树胶、蛋白甘油、苏木精、伊红染色剂。

3. 材　料

鱼类新鲜病变组织（以脂肪肝为例）。

## 三、实训要求

（1）每组 1 人，按照实验步骤完成鱼类病理切片标本的取材及制片，避免与药物直接接触、注意安全。

（2）对制作的标本进行显微镜观察后对比鉴别病变组织和正常组织的区别。

## 四、实训内容

1. 取材固定

迅速从新鲜样本中解剖出病变和正常肝脏组织置于装有 4% 多聚甲醛的采样管中

进行固定。固定液数量应为病理组织块的 5 到 20 倍。由于一般把组织块浸入固定液后数小时，固定液渗入组织液的深度只达 2 ~ 3 cm。因此，可以放置于 4 ℃冰箱内固定，使组织内酶失去作用，细菌也能停止滋生。固定时间一般为 48 ~ 72 h，保证固定液充分渗入组织。

2. 脱水浸蜡

将固定好的组织取出后依次经过一系列浓度梯度的乙醇溶液脱水，脱水步骤为 75% 乙醇溶液 4 h，85% 乙醇溶液 2 h，90% 乙醇溶液 2 h，95% 乙醇溶液 1 h，无水乙醇 I 30 min，无水乙醇Ⅱ30 min，醇苯 5 ~ 10 min，二甲苯 I 5 ~ 10 min，二甲苯Ⅱ5 ~ 10 min，之后放入融化的石蜡中进行浸蜡处理，步骤为：65 °C 融化石蜡Ⅰ 1 h，65 °C 融化石蜡Ⅱ 1 h，65 °C 融化石蜡Ⅲ 1 h。

3. 包　埋

将浸好蜡的组织于包埋机内进行包埋。先将融化的蜡放入包埋框，待蜡凝固之前将组织从液体石蜡中取出按照包埋面的要求放入包埋框并贴上对应的标签。于−20 °C 冻台冷却，待蜡凝固后将蜡块从包埋框中取出。

4. 切　片

将修整好的蜡块，放入−20 °C 冻台冷却，再将冷却的蜡块置于石蜡切片机切片，厚 4 μm。切片漂浮于摊片机 40 °C 温水上将组织展平，采用载玻片将组织捞起，60 °C 烘箱内烤片。待水烤干蜡烤化后取出常温保存备用。

5. 苏木精伊红染色

染色步骤：二甲苯 I 脱蜡 10 min，二甲苯Ⅱ脱蜡 5min，无水乙醇冲洗二甲苯 1 min 2 次，95% 乙醇溶液 1 min，90% 乙醇溶液 1 min，85% 乙醇溶液 1 min，自来水洗 2 min，苏木精染色 1 ~ 5 min，自来水洗 1 min，1% 盐酸乙醇溶液分化 20 s，自来水洗 1 min，稀氨水（1%）反蓝 30 s，自来水洗或蒸馏水洗 1 min，伊红染色 20 s ~ 5 min，自来水洗 30 s，85% 乙醇溶液脱水 20 s，90% 乙醇溶液 30 s，95% I 乙醇溶液 1 min，95% Ⅱ乙醇溶液 1 min，无水乙醇 I 2 min，无水乙醇Ⅱ2 min，二甲苯 I 2 min，二甲苯Ⅱ 2 min。中性树胶封片。

6. 镜检观察

显微镜下细胞核呈蓝色，细胞浆、肌肉、结缔组织、红细胞和嗜伊红颗粒呈不同程度的红色。钙盐和各种微生物也可染成蓝色或紫蓝色。观察正常和病变组织切片形态差异。

7. 脂肪肝病理形态观察与判断

（1）脂肪肝的概念。

当鱼类肝组织中 5% 以上的肝细胞发生脂肪变性，即可认定该鱼肝脏为脂肪肝。

鱼类脂肪肝的严重程度与肝细胞发生脂肪变性的比例相关。肝细胞脂肪变性的比例越高，脂肪肝的病变就越严重。鱼类脂肪肝的发病原因非常复杂，一般与脂肪摄入过量、脂肪代谢障碍或药物因素有关。

（2）发病过程。

鱼类脂肪肝的发病过程比较缓慢。发病初期，很难通过对肝脏的外观色泽进行准确判断。发病中后期，肝脏眼观色泽淡白，结合组织切片检测可以确诊。

（3）发生机理。

如图 31-1（A）所示，正常情况下，肝细胞中储存的脂类物质可以正常满足肝细胞的氧化供能和脂蛋白形成需求等。当肝细胞在不同病因作用下，肝细胞中的脂类物累积性增多，并逐渐融合形成一个较大的脂滴，组织切片上呈现为肝细胞内的圆形空白圈，如图 31-1（B）所示。

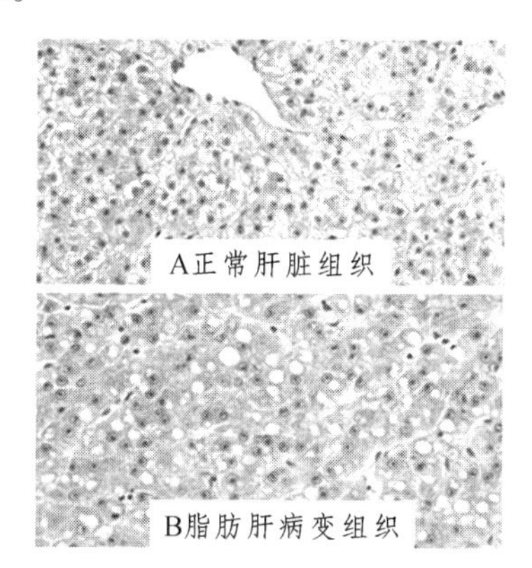


图 31-1　鱼类肝脏正常和病变组织切片图

## 五、实训作业

（1）描述鱼类病变细胞组织的形态特征。

（2）撰写实验报告。

# 参考文献


[1] 苏锦祥. 鱼类学及海水鱼类增养殖学[M]. 北京：中国农业出版社，2010.

[2] 孟庆闻. 鱼类学实验指导[M]. 北京：中国农业出版社，1995.

[3] 龚世园. 淡水捕捞学[M]. 北京：中国农业出版社，2003.

[4] 张万明，等. 基础化学实验[M]. 成都：西南交通大学出版社，2009.

[5] 肖文渊. 水产养殖学专业基础实验实训[M]. 北京：北京理工大学出版社，2013.

[6] 陈国华. 水产养殖学专业基础课程实验[M]. 北京：海洋出版社，2013.

[7] 雷衍之. 养殖水环境化学实验[M]. 北京：中国农业出版社，2006.

[8] 雷衍之. 养殖水环境化学[M]. 北京：中国农业出版社，2004.

[9] 章亚麟. 环境水质监测质量保证手册[M]. 北京：化学工业出版社，1998.

[10] 国家环境保护局. 水质 钙和镁总量测定 EDTA 滴定法：GB 7477—87[S]. 北京：中国标准出版社，1987.

[11] 国家环境保护局. 水质 溶解氧的测定 碘量法：GB 7489—87[S]. 北京：中国标准出版社，1987.

[12] 中华人民共和国环境保护部. 水质 五日生化需氧量（$BOD_5$）的测定 稀释接种法：HJ 505—2009[S]. 北京：中国标准出版社，2009.

[13] 中华人民共和国环境保护部. 水质 总氮的测定 碱性过硫酸钾消解紫外分光光度法：HJ 636—2012[S]. 北京：中国标准出版社，2012.

[14] 战文斌. 水产动物病害学[M]. 北京：中国农业出版社.2013.

[15] 林祥日. 水产动物疾病防治技术实训[M]. 厦门：厦门大学出版社，2012.

[16] 汪开毓，等. 水产动物疾病病理诊断技术[M]. 北京：中国农业出版社，2021.

[17] 唐毅，等. 水产动物疾病学实验与实训[M]. 重庆：西南大学出版社，2022.

[18] 陈春娜. 色谱法在水产品药物残留检测中的应用[J]. 河北渔业，2008,（4）：37-39.

[19] 陈宏. 水产品中几种常见渔药残留检测方法的研究[J]. 科技创新导报，2009,（18）：255-256.

[20] 关海红. 淡水鱼类组织切片及定向包埋技术[J]. 水产学杂志，2003,（2）：44-47.

[21] 姜文钊. 长臀鮠精子保存及性腺发育相关基因的研究[D]. 广州：华南农业大学，2018.

[22] 荆荣燕. 斑马鱼（*Danio rerio*）精子的超低温冷冻保存[D]. 汕头：汕头大学，2007.

[23] 彭娟. 三类重要渔药残留免疫快速检测技术[D]. 无锡：江南大学，2017.

[24] 孙春丽. 孔雀鱼（*Poecilia reticulata*）精子的超低温冷冻保存[D]. 汕头：汕头大学，2007.
[25] 孙丽敏. 水产品中药物残留检测能力验证现状与展望[J]. 现代食品，2018，（11）：36-37-40.
[26] 孙丽萍. 浅谈三种苏木素的配制及比较[J]. 实验与检验医学，2010，28（3）：318-320.
[27] 孙思阳. 石墨烯负载贵金属修饰电极对水产品中重金属和渔药残留的检测[D]. 锦州：渤海大学，2020.
[28] 王位莹，李胜忠，张俊杰，等. 江鳕精子在不同激活液中的活力测定[J]. 贵州农业科学，2015，43（10）：144-146+152.
[29] 袁广明，胡黎平，李燕，等. 成年斑马鱼石蜡连续切片的制作和苏木精-伊红染色[J]. 解剖学研究，2006，（1）：73-75.
[30] 张帅，王晓洁，李楠，等. 渔药残留检测技术比较分析及其研究进展[J]. 食品安全质量检测学报，2015，6（3）：872-879.
[31] 张羽. 修饰电极电化学方法检测水产品中渔药残留[D]. 锦州：渤海大学，2017.
[32] 赵颖，赵德明，王剑伟，等. 稀有鮈鲫的组织学切片制作和苏木精-伊红染色[J]. 实验动物科学，2017，34（2）：31-34.
[33] 吴青，王强，蔡礼明，等. 齐口裂腹鱼的胚胎发育和仔鱼的早期发育[J]. 大连海洋大学学报，2004，19（3）：218-221.
[34] 张人铭，马燕武，吐尔逊，等. 塔里木裂腹鱼胚胎和仔鱼发育的初步观察[J]. 水生态学杂志，2007，27（2）：27-38.
[35] 王杰，李冰，张成锋，等. 盐度对鱼类胚胎及仔鱼发育影响的研究进展[J]. 江苏农业科学，2012，（5）：187-192.
[36] 陈红菊，姜运良，宋憬愚，等. 泰山赤鳞鱼胚胎发育的研究[J]. 水生生物学报，2008，（6）：926-933.
[37] 柴学军，孙敏，许源剑. 温度和盐度对日本黄姑鱼胚胎发育的影响[J]. 南方水产科学，2011，7（5）：43-49.
[38] 董艳珍，邓思红，肖文渊. 花斑裸鲤的胚胎发育观察[J]. 江苏农业科学，2018，46（6）：142-144.
[39] 蔡跃，付晔，李琰，等. 含氯消毒剂有效氯测定方法探讨[J]. 中国卫生检验杂志，2009，（12）：2815-2816.
[40] 聂小燕，周红，佘纯玲，等. 含氯消毒剂的有效氯测定及规范管理[J]. 四川省卫生管理干部学院学报，2001，20（4）：259-261.
[41] 张飞，游钒，华夏，等. 含氯消毒剂中有效氯含量测定方法的适用性验证[J]. 预防医学情报杂志，2021，37（6）：851-854.
[42] 邹文玮，傅颖媛，夏芝璐，等. 四种不同有效氯含量的消毒产品安全性比较[J].

实验与检验医学，2009，27（6）：605-606.
[43] 赵文.几种特种水产动物的雌雄鉴别[J]. 中国水产，1995（9）：26.
[44] 熊谱成.几种特种水产动物的雌雄鉴别[J]. 湖南农业，2000（11）：16.
[45] 李为.特种水产动物的雌雄鉴别方法[J]. 内江科技，2000（6）：42.
[46] 李明锋.几种特种水产动物的雌雄鉴别[J]. 科学养鱼，1988（2）：19.
[47] 王昭鹏，卓子学. 怎样用尼龙袋充氧运输鱼苗鱼种[J]. 四川农业科技，1985：34.
[48] 孙世德，牛立国，郃永芬. 尼龙袋充氧密封远距离陆运鱼苗技术措施[J]. 黑龙江水产，1995（4）：19-20.
[49] 郑洪坤，郑建坡，刘东源，等. 提取鱼类肌肉组织基因组 DNA 的方法，CN108048452A[P]. 2018.
[50] 刘丽，刘楚吾，张明辉，等. 不同保存条件下鱼类组织基因组 DNA 的提取效果分析[J]. 广东海洋大学学报（自然科学），2007：18-21.
[51] 张锐，孙美榕，林洽辉，等. 鱼类基因组 DNA 提取方法的优化及 PCR 扩增[J]. 水生态学杂志，2006，26（4）：7-9.
[52] 马洪雨，姜运良，岳永生. 一种从鱼类肌肉组织中提取基因组 DNA 的简易方法[J]. 生物技术通讯，2005，16（5）：531-532.
[53] 顾铭悦，许强华. 贝氏肩孔南极鱼基因组 DNA 提取方法改进的初步研究[J]. 上海海洋大学学报，2013，22（2）：168-172.
[54] [54] 刘水平，罗志勇. 琼脂糖凝胶电泳实验技巧[J]. 实用预防医学，2006，13（4）：1068-1069.
[55] 黄庆，府伟灵，赵渝徽，等. 核酸荧光染料在琼脂糖凝胶电泳中的染色特性[J]. 中华医院感染学杂志，2006，16（11）：1316-1318.
[56] 刘育艳. 制作优质实验动物组织切片的有效方法[J]. 山西医科大学学报，2001，32（3）：275-276.
[57] 任成林，田勇，梁淑珍. 动物组织 H.E.染色石蜡切片技术的改进[J]. 河北北方学院学报（自然科学版），2007，23（1）：41-45.
[58] 雷佳瑶，徐晔，顾怀宇. 文昌鱼石蜡连续切片的制作和苏木精-伊红染色[J]. 解剖学研究，2010，32（5）：396-398.
[59] 何书海，陈宏智，焦凤超. 动物病理组织切片制作方法的改良[J]. 动物医学进展，2011，32（11）：130-132.
[60] 弯雪燕，景春果，张晓辉. 常规石蜡切片中浸蜡包埋方法的改进[J]. 诊断病理学杂志，2000，7（4）：303-305.
[61] 杨捷频. 常规石蜡切片方法的改良[J]. 生物学杂志，2006，23（1）：45-46.

# 附　录

# 常见浮游生物图片

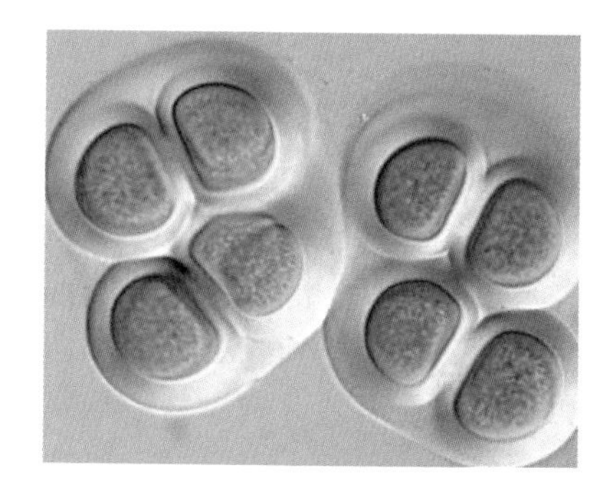

色球藻属 *Chroococcus*

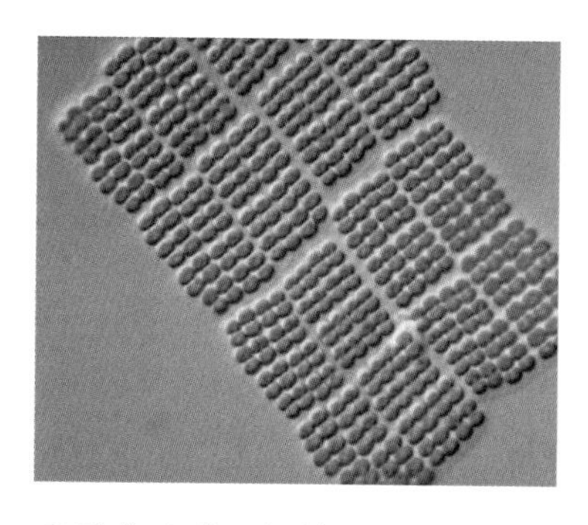

平裂藻（裂面）属 *Merismopedia*

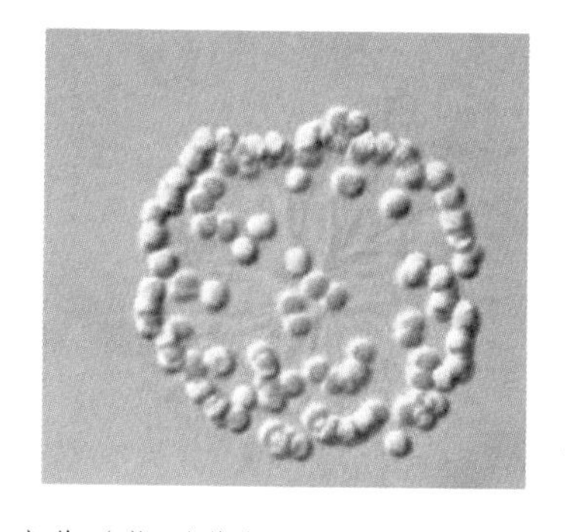

束球藻（楔形藻）属 *Gomphospaerium*

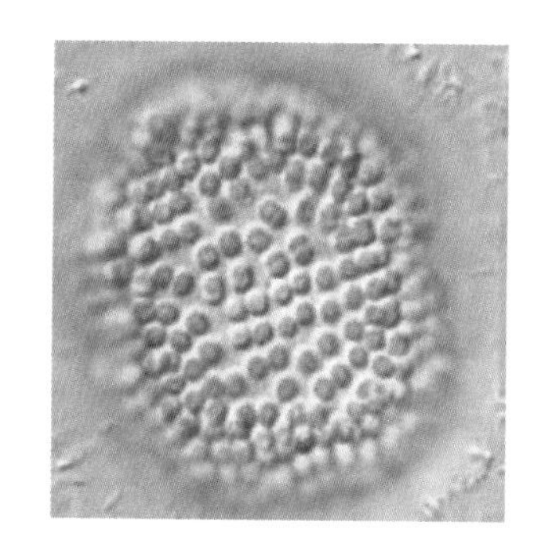

腔球藻（囊球藻）属 *Coelsphaerium*

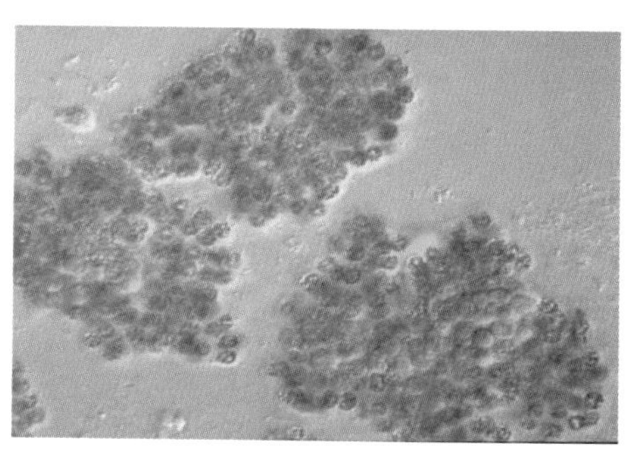

微囊藻（微胞藻）属 *Microcystis*

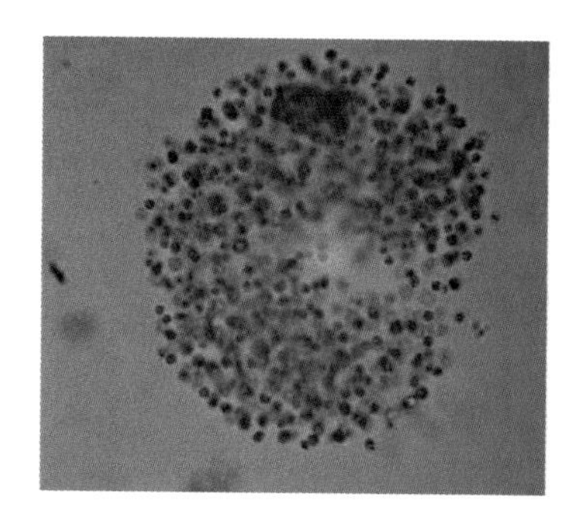

微囊藻（微胞藻）属 *Microcystis*

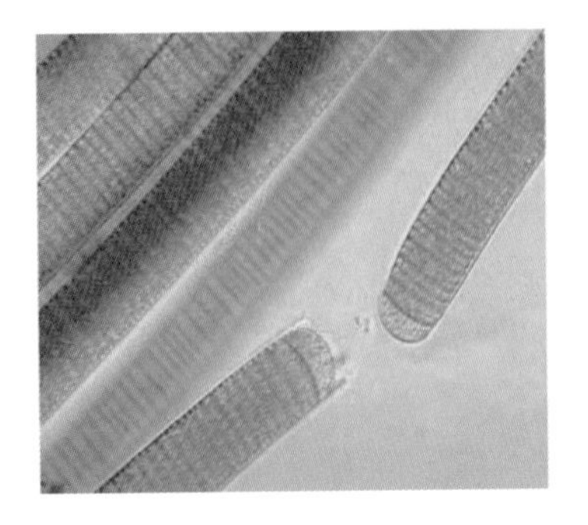

颤藻属 *Oscillatoria*

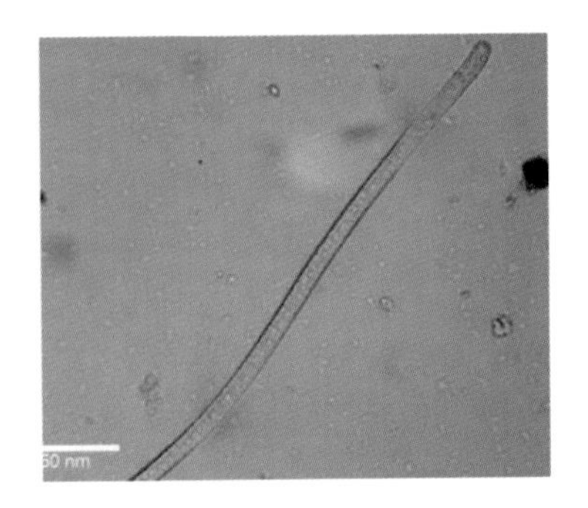

颤藻属 *Oscillatoria*

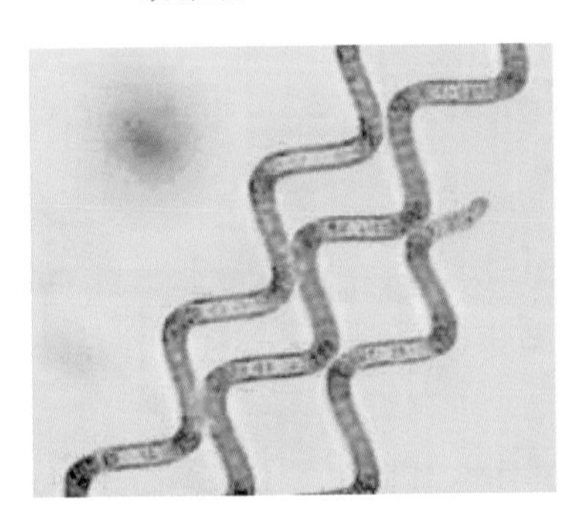

螺旋藻属 *Spirulina*

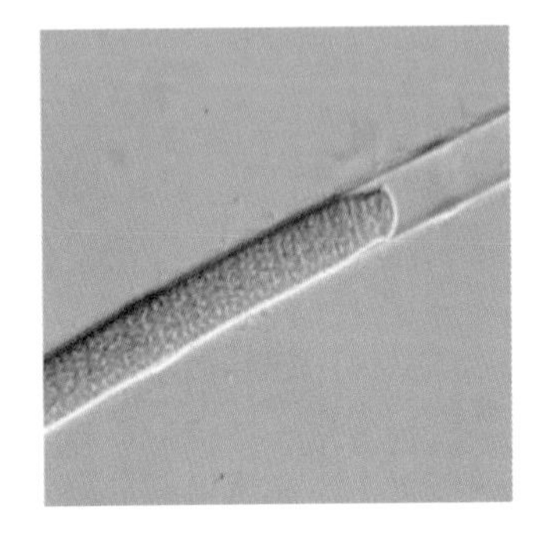

席藻属（胶鞘藻）*Phormidium*

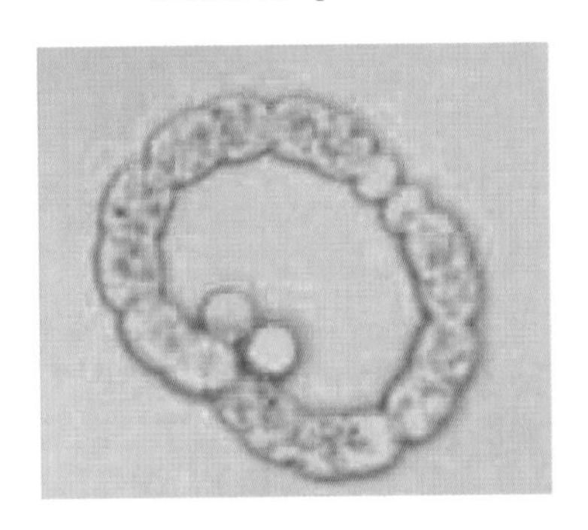

拟鱼腥藻（拟项圈藻）属 *Anabaenopsis*

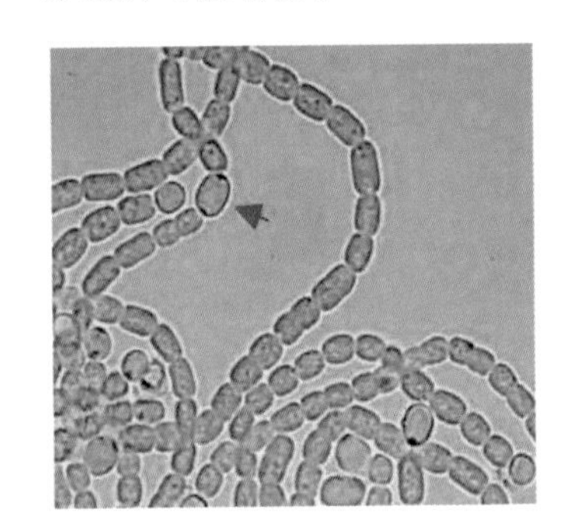

鱼腥藻（项圈藻）属 *Anabaena*

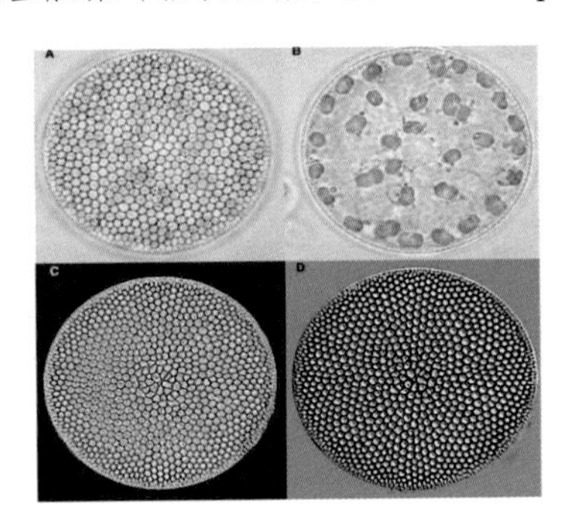

圆筛藻属 *Coscinodiscu*

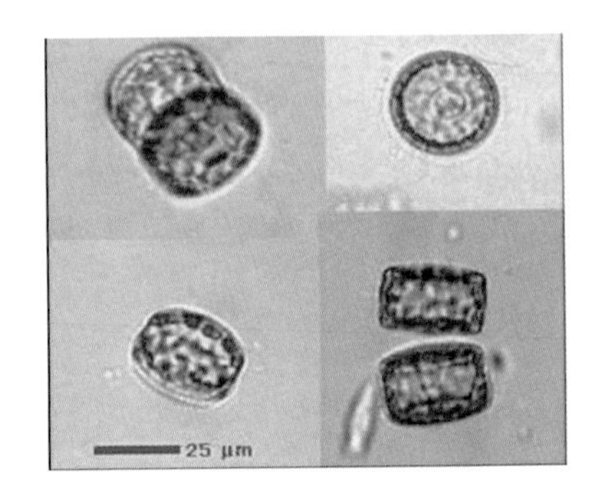


小环藻属 *Cyclotella*

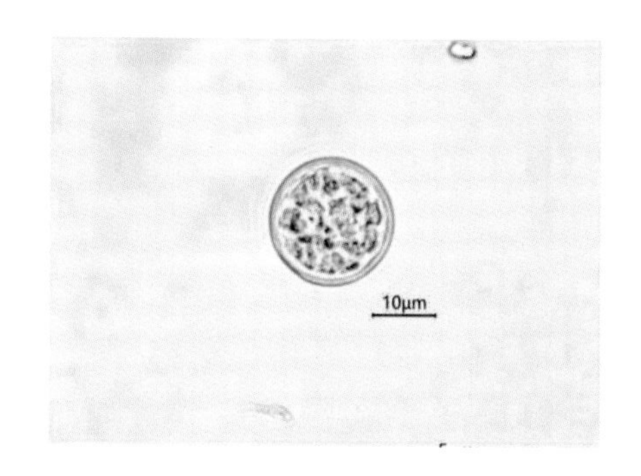


小环藻属 *Cyclotella*

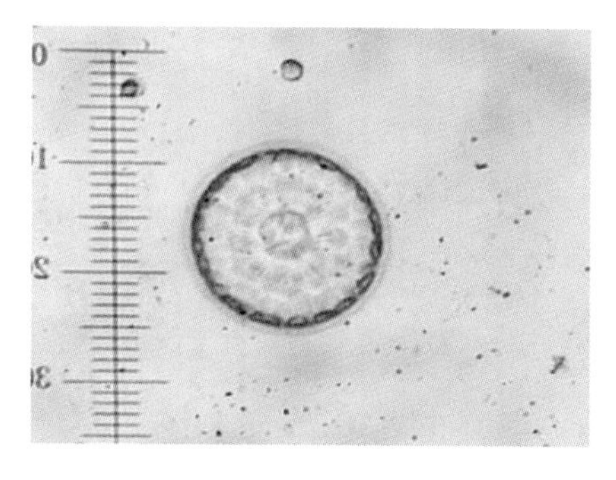

小环藻属 *Cyclotella*

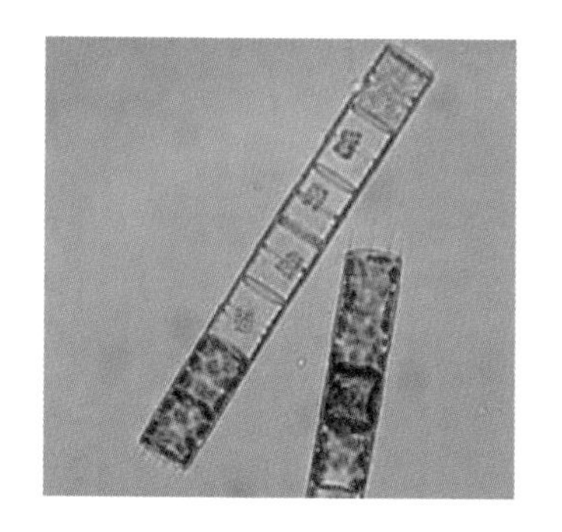

直链藻属 *Melosira*

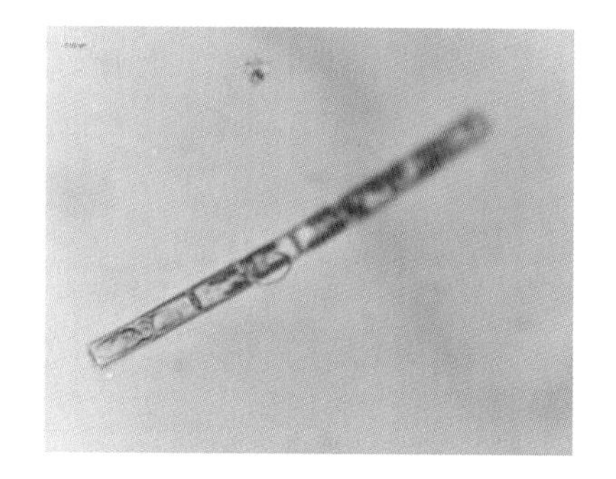

直链藻属 *Melosira*

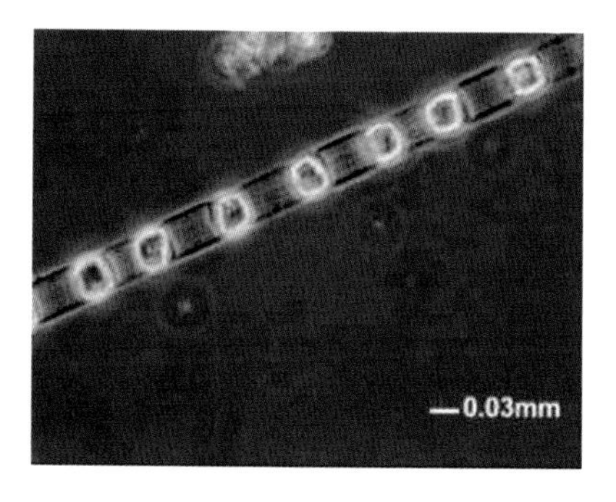


骨条藻属 *Skeletonema*

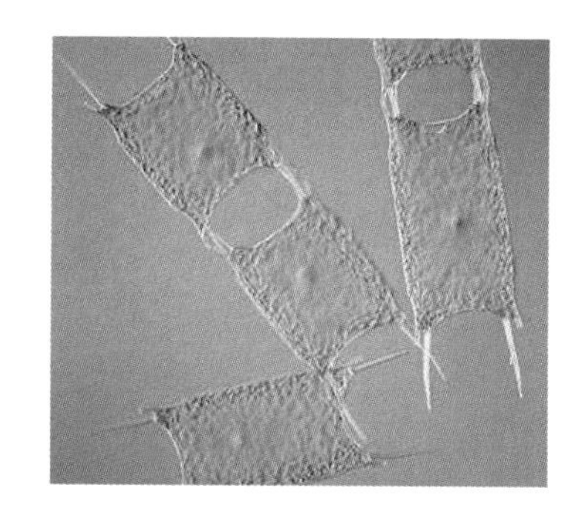

盒形藻属 *Biddulphia*

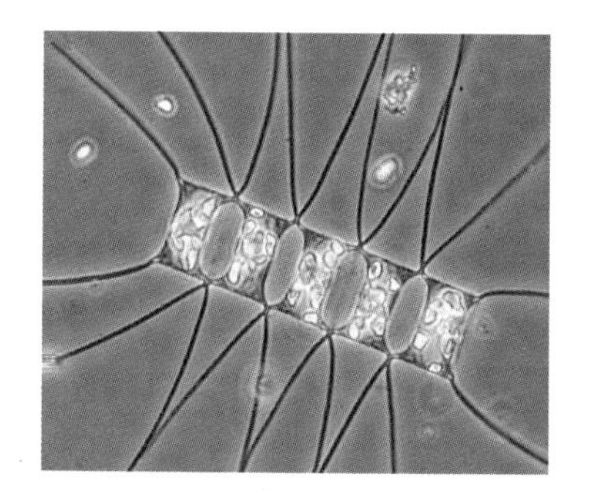

角毛藻属 *Chaetoceros*

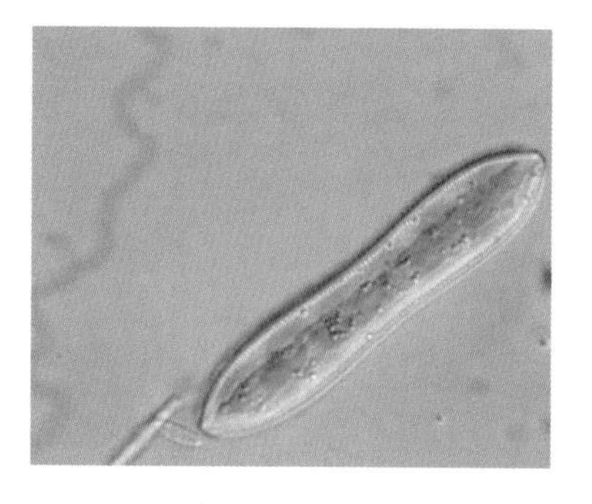

波纹藻属 *Cymatopleura*

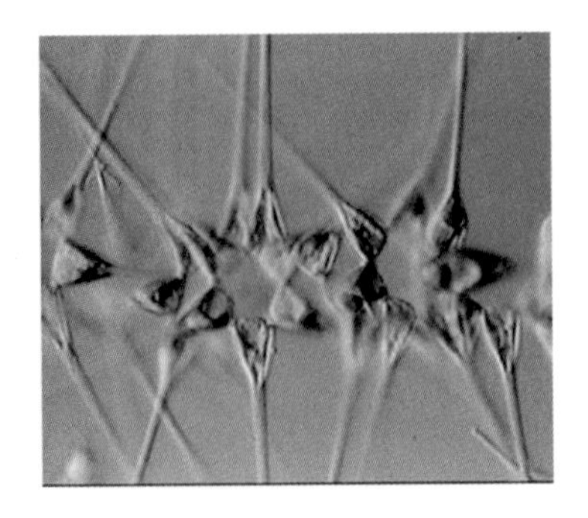

星杆藻属 *Asterionella*

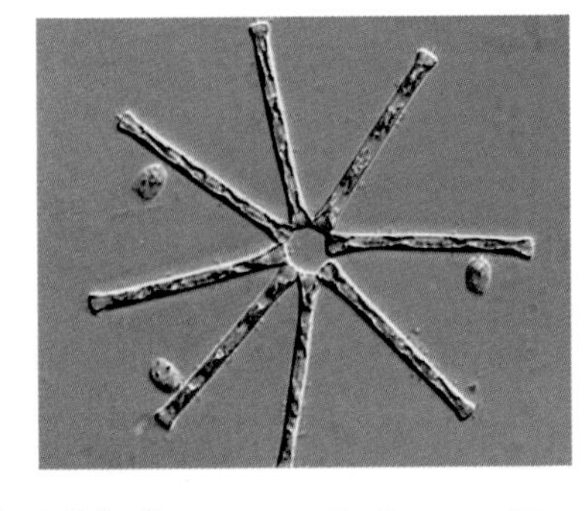

美丽星杆藻 *Asterionella formosa* Hassall.

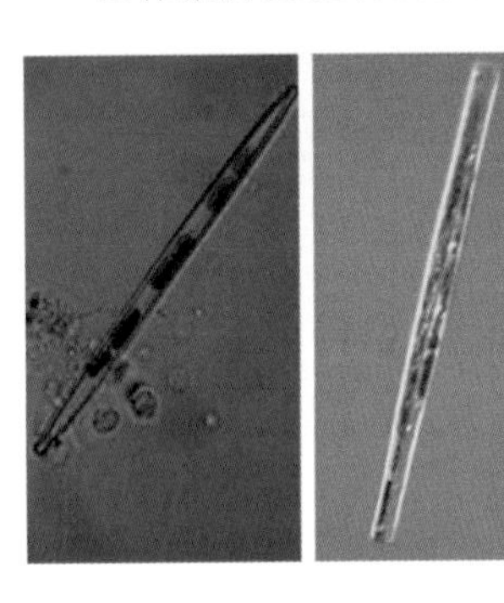

针杆藻属 *Synedra*

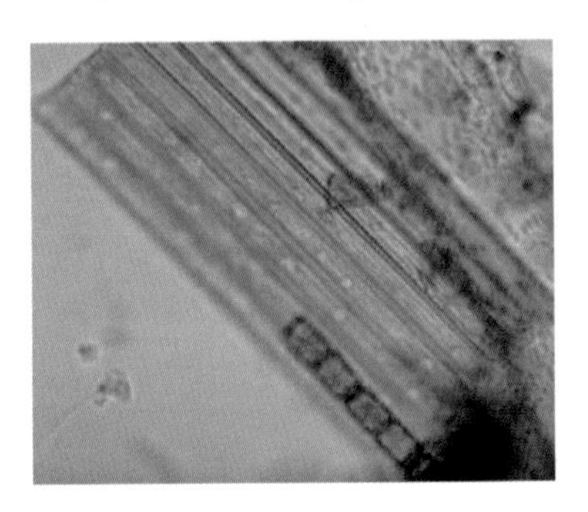

脆杆藻属 *Fragilaria*

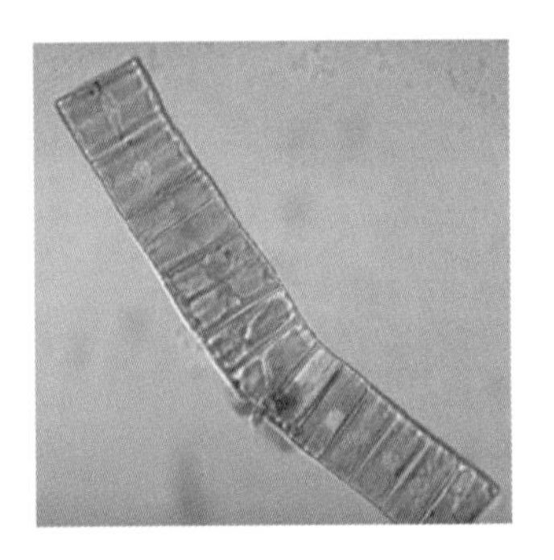

脆杆藻属 *Fragilaria*

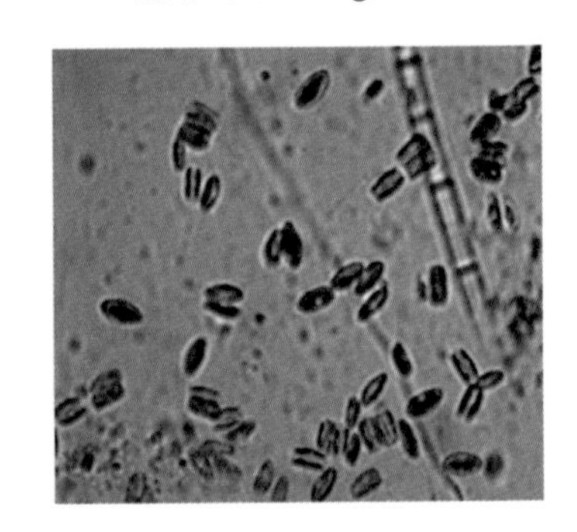

卵形藻属 *Cocconeis*

双壁藻属 *Diploneis*

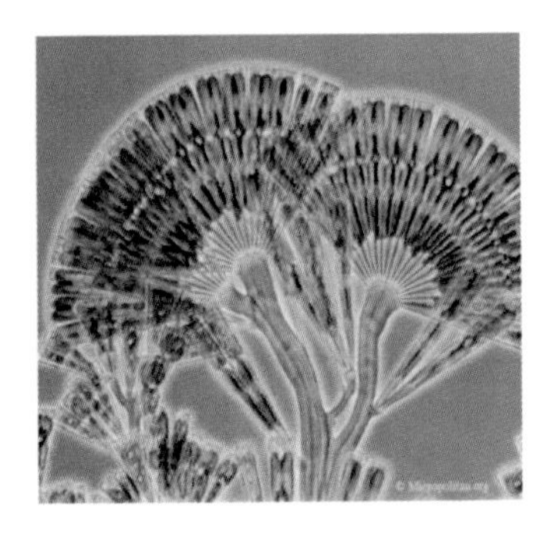

扇形藻属 *Meridion*

舟形藻属 *Navicula*

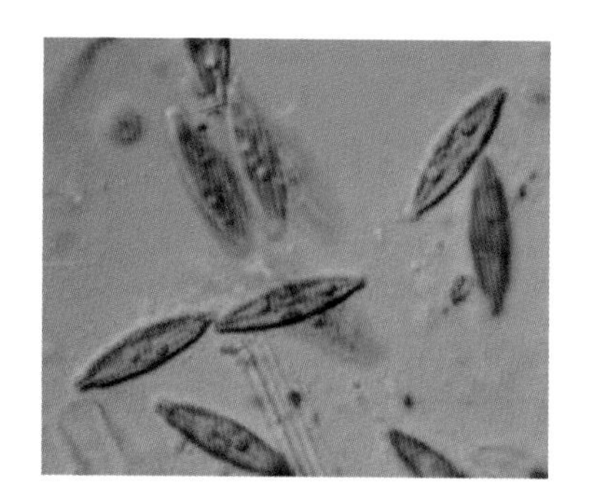

舟形藻属 *Navicula*

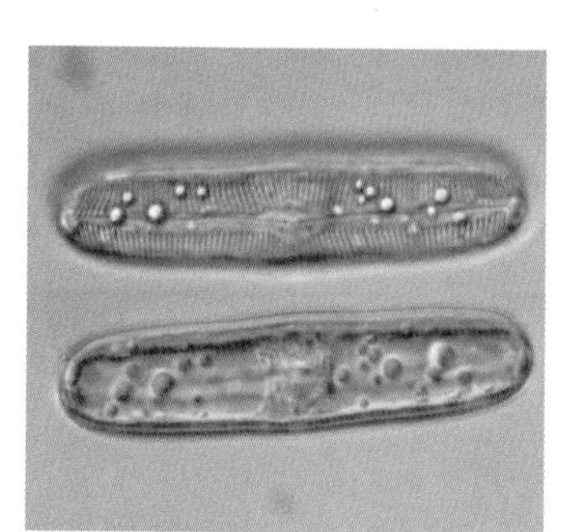

羽纹藻属 *Pinnularia*

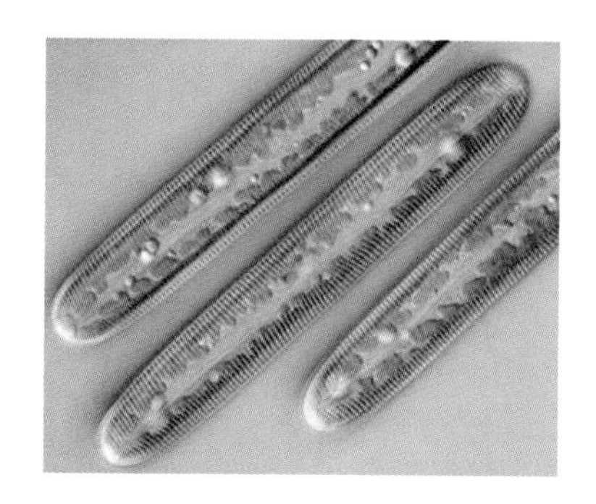

羽纹藻属 *Pinnularia*

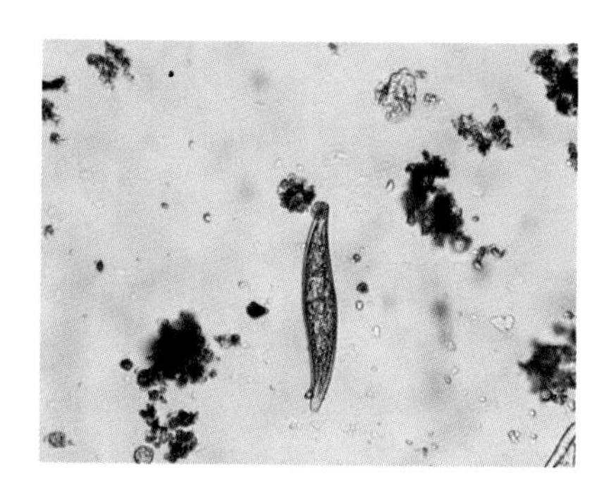

布纹藻属（双缝藻属）*Gyrosigma*

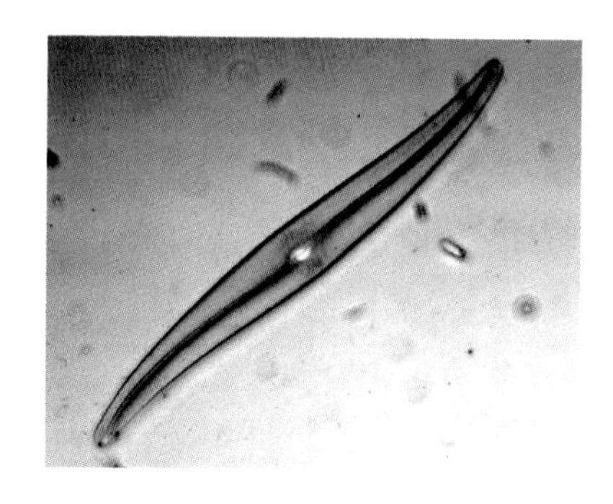

布纹藻属（双缝藻属）*Gyrosigma*

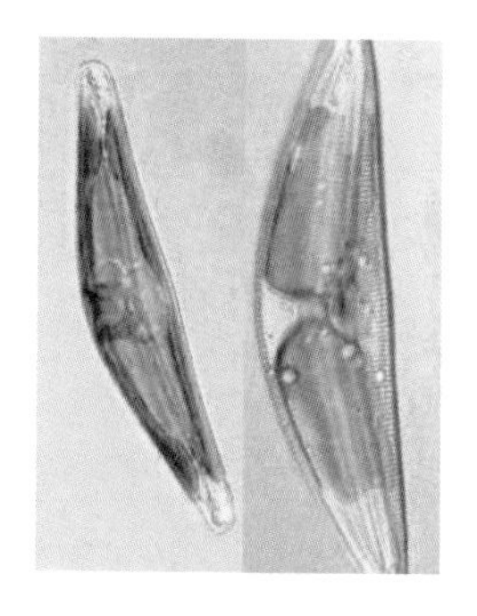

桥弯（新月硅藻）藻属 *Cymbella*

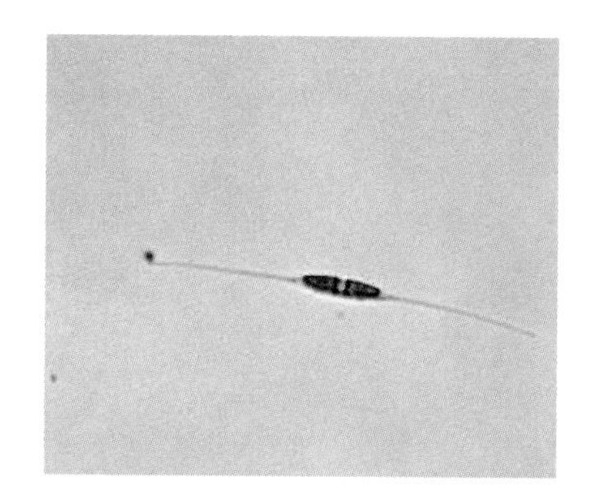

小新月菱形藻 *Nitzschia closterium*

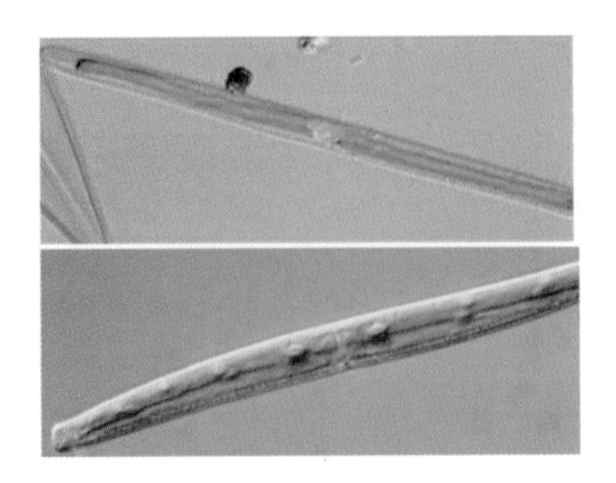

菱形藻属 *Nitzschia*

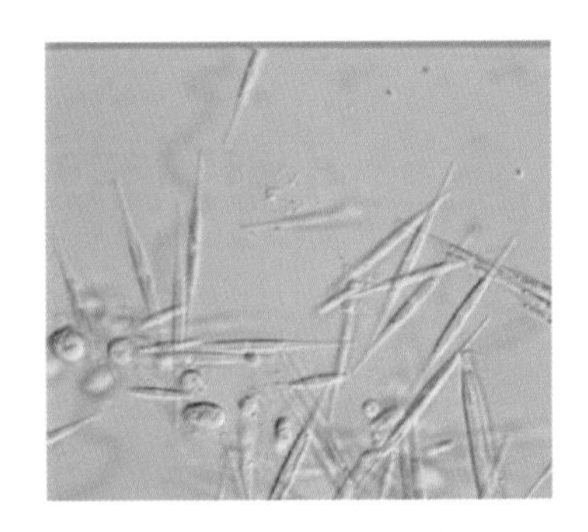

菱形藻属 *Nitzschia*

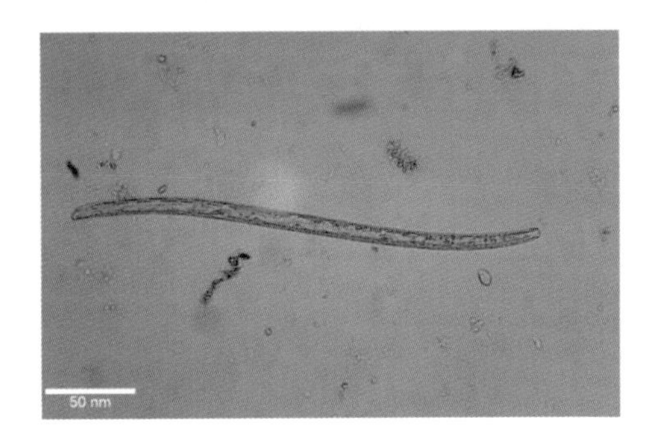


菱形藻属 *Nitzschia*

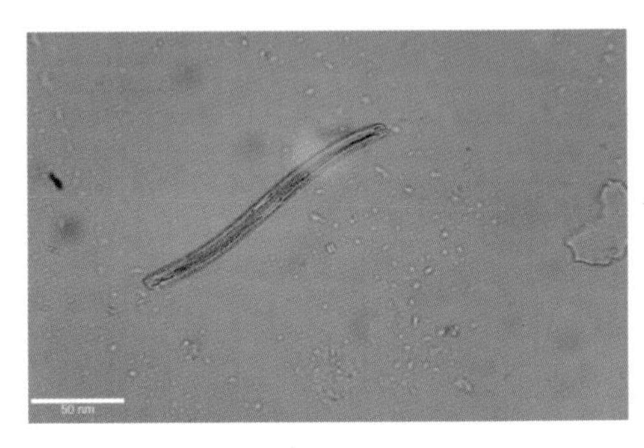

菱形藻属 *Nitzschia*

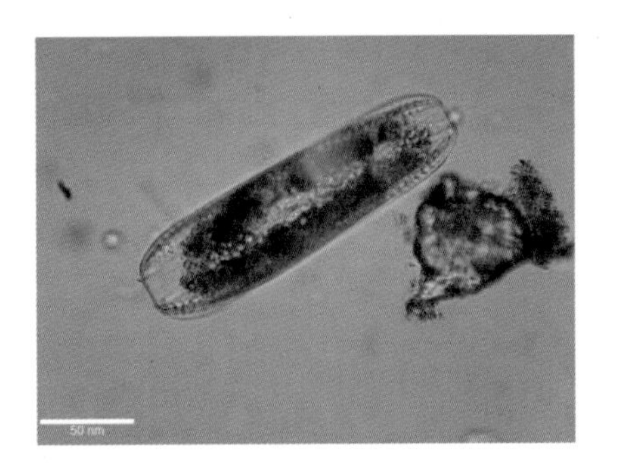

双菱藻属 *Surirella*

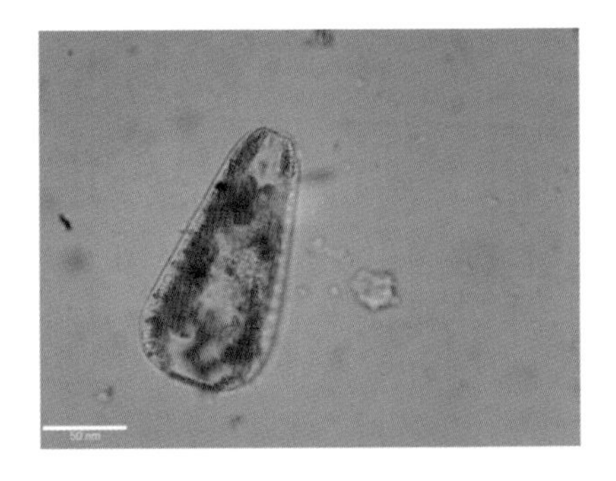

双菱藻属 *Surirella*

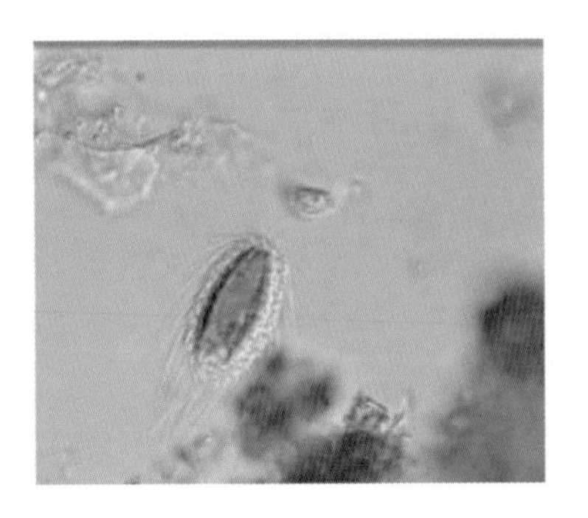

鱼鳞藻属 *Mallomonas*

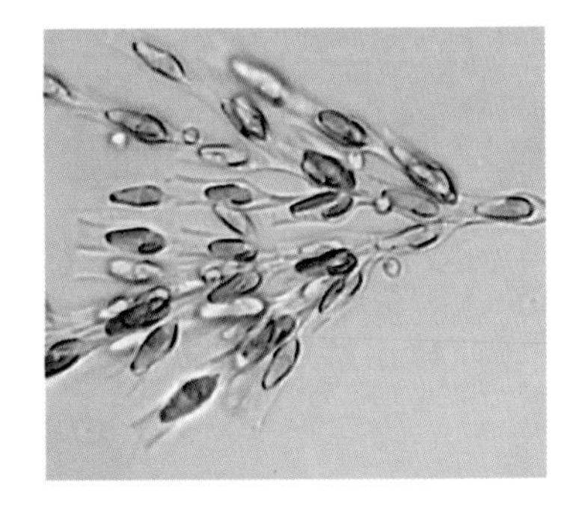

锥囊（钟罩）藻属 *Dinobryor*

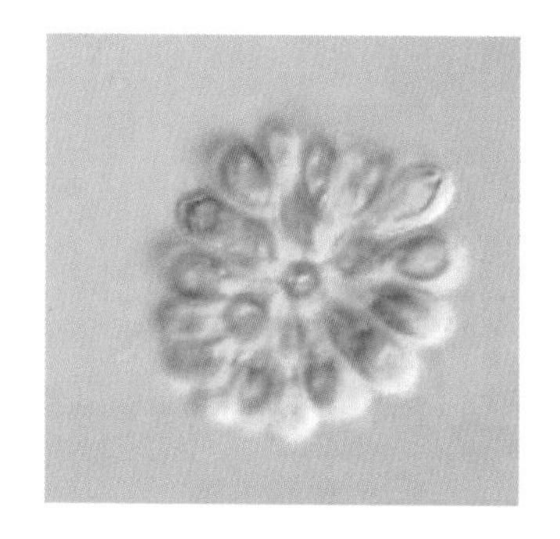

黄群藻属 *Synura*

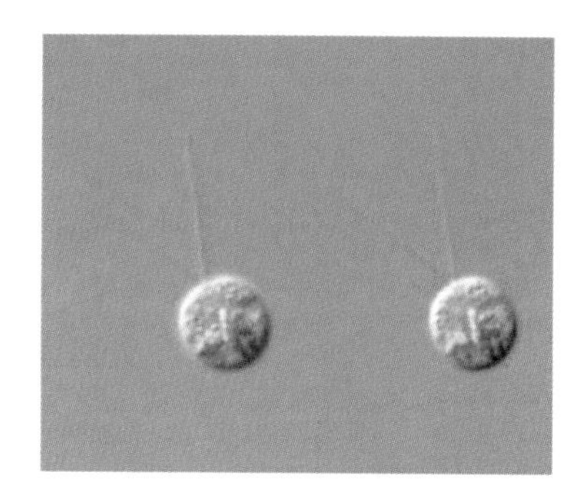

等鞭金藻属 *Isochrysis*

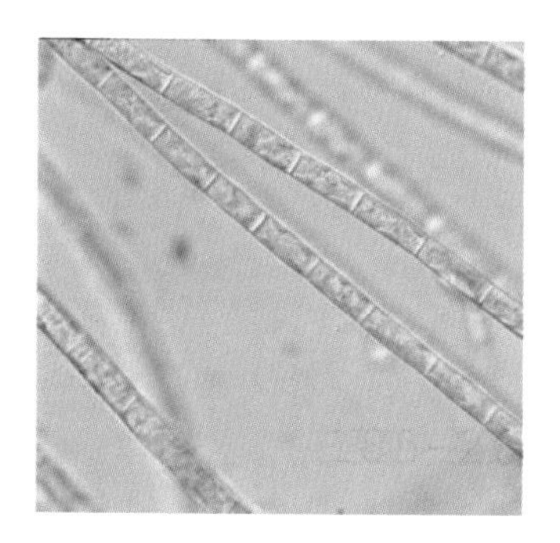

黄丝藻属 *Tribonema*

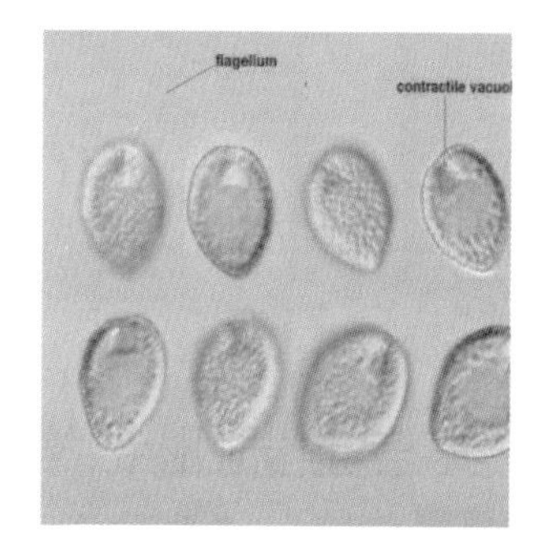


膝口藻属 *Gonyostomum*

隐藻属 *Cryptomonas*

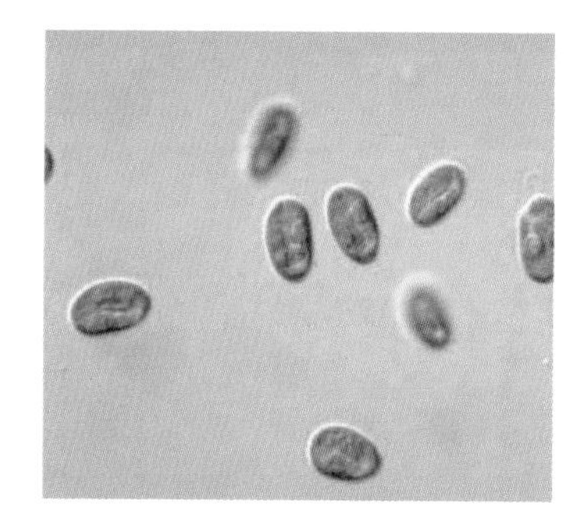

隐藻属 *Cryptomonas*

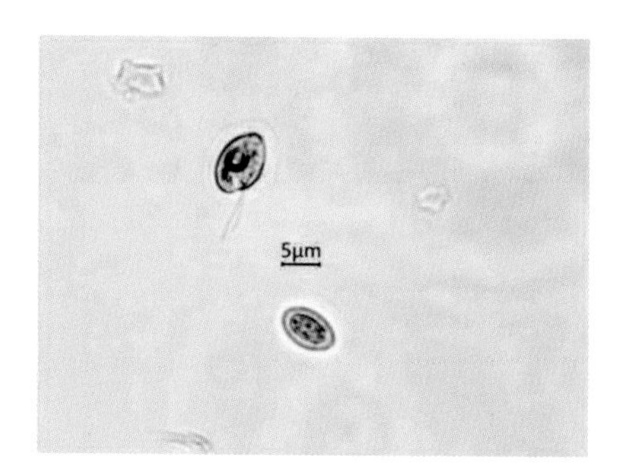


蓝隐藻属 *Chroomonas*

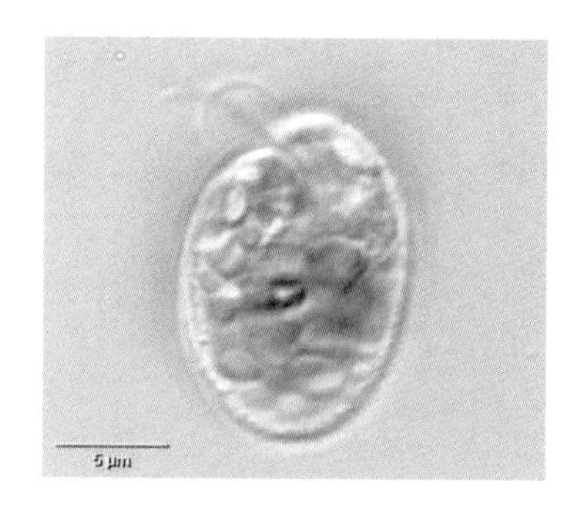


蓝隐藻属 *Chroomonas*

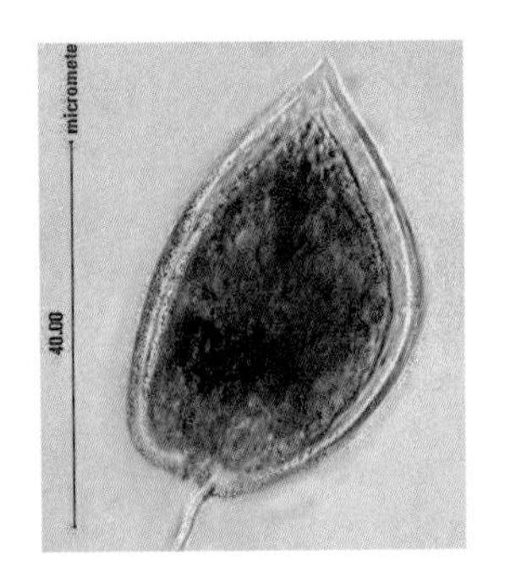


原甲藻属 *Prorocentrum*

夜光藻属 *Noctiluca*

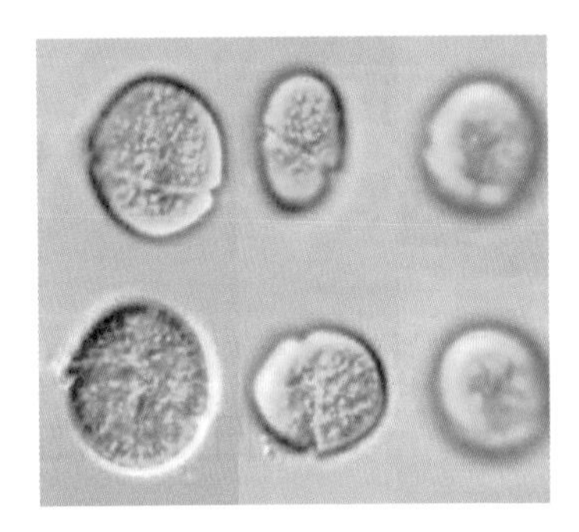

裸甲藻属 *Gymnodinium*

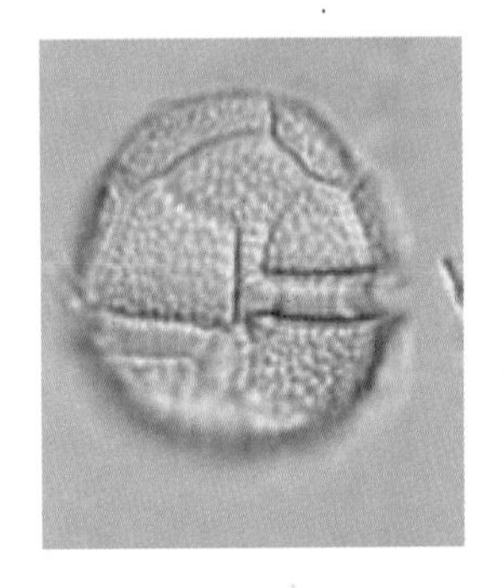

薄甲藻（光甲藻）属 *Glenodinium*

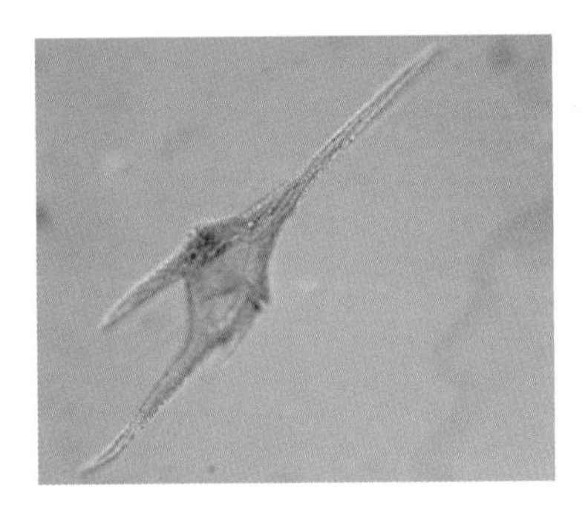

角藻属 *Ceratium*

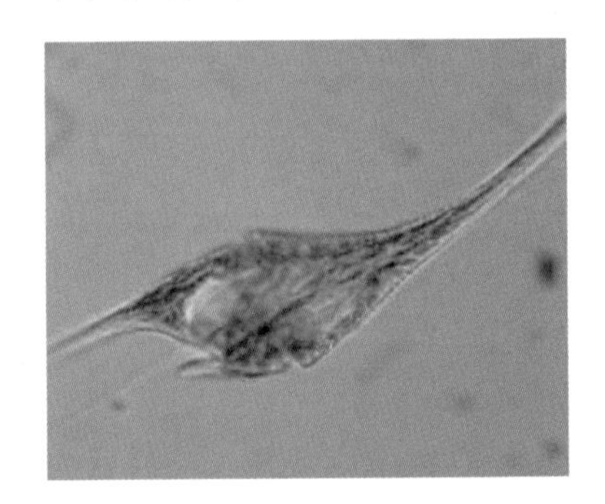

角藻属 *Ceratium*

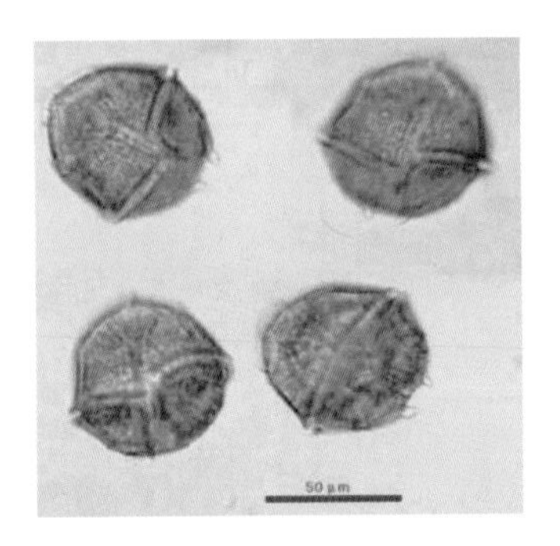


多甲藻属 *Peridinium*

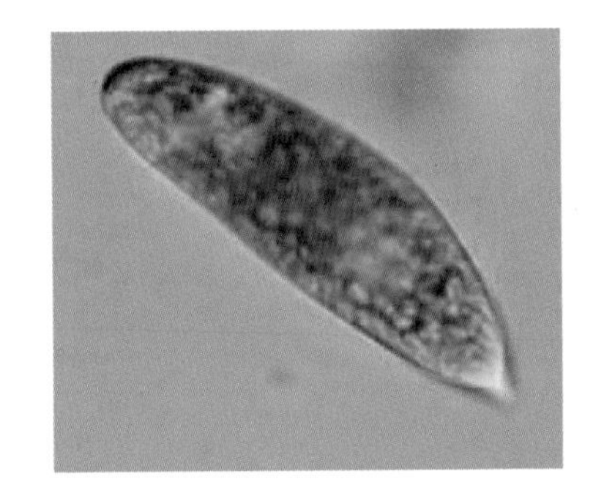

裸藻属 *Euglena*

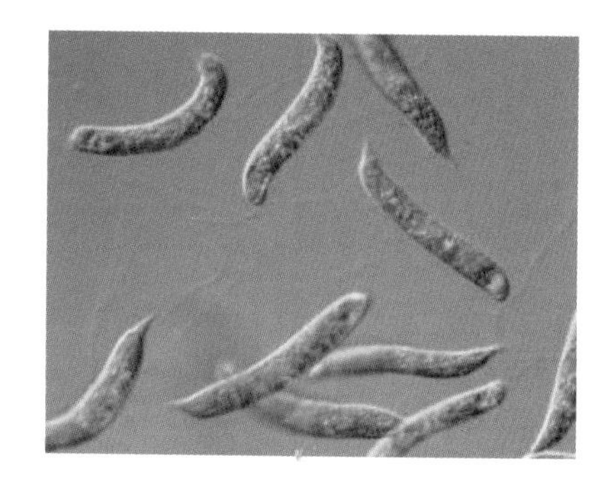

裸藻属 *Euglena*

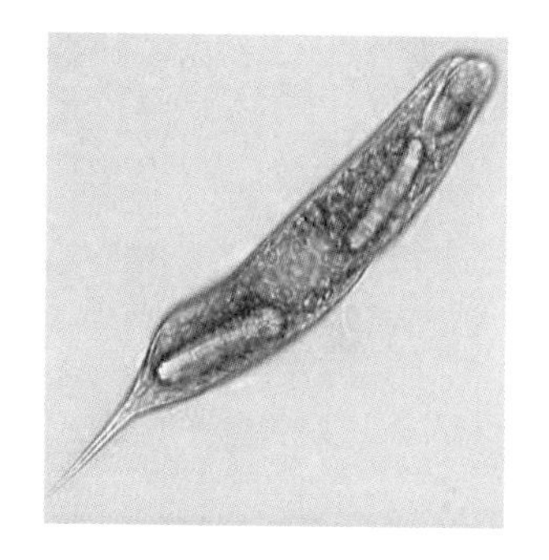

裸藻属 *Euglena*

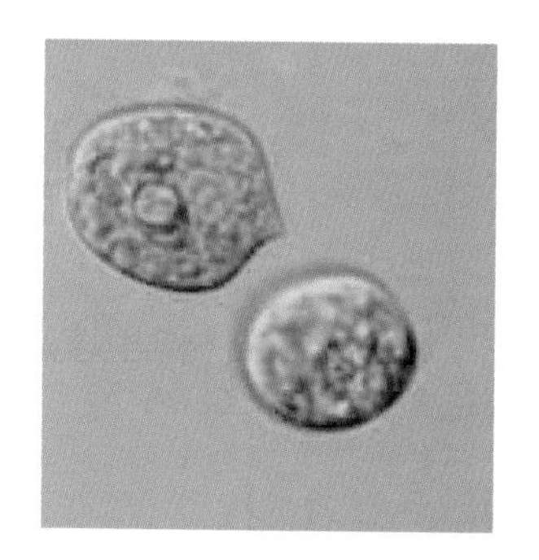

扁裸藻属 *Phacus*

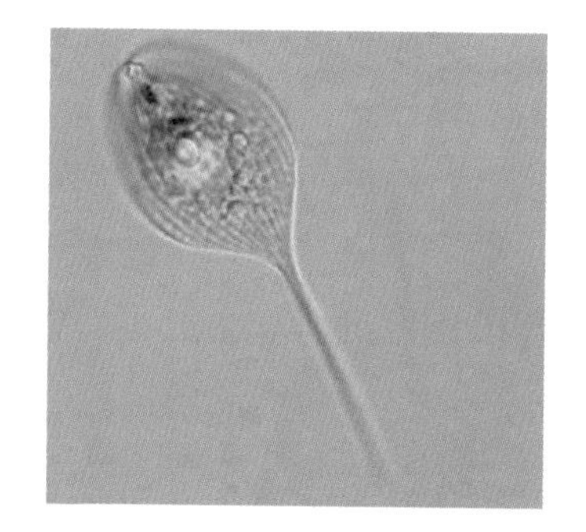

扁裸藻属 *Phacus*

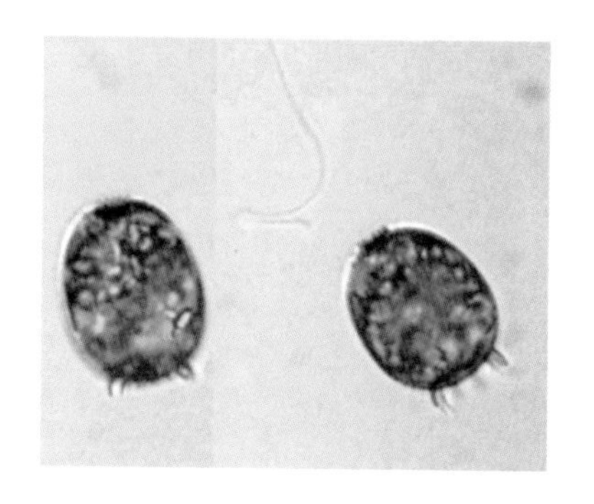

囊裸藻属 *Trachelomonas*

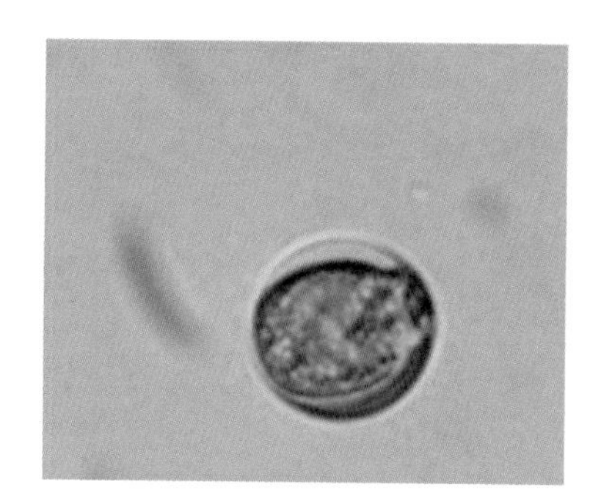

囊裸藻属 *Trachelomonas*

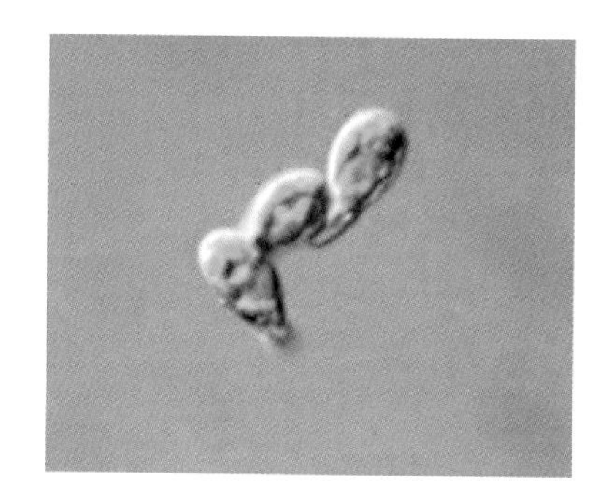

柄裸藻属 *Colacium* （胶柄藻属）

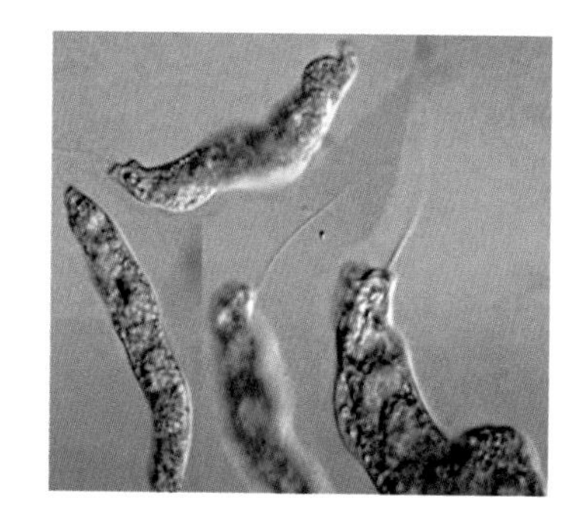

袋鞭藻属 *Peranema*

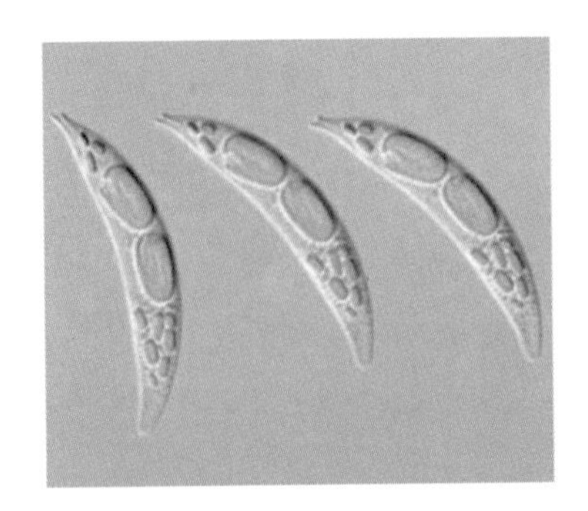

弦月藻属 *Menoidium*

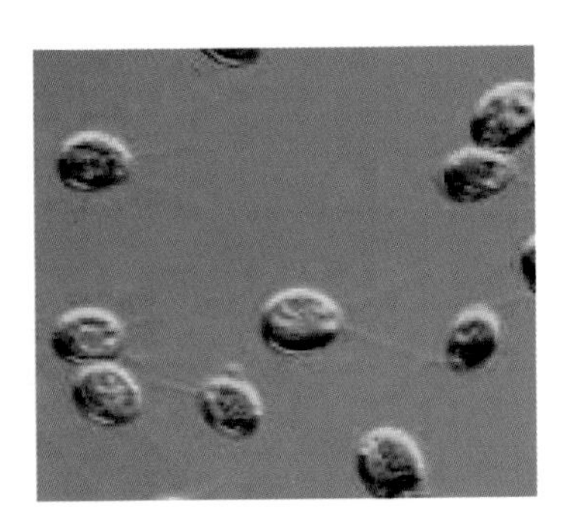

衣藻属 *Chlamydomonas*

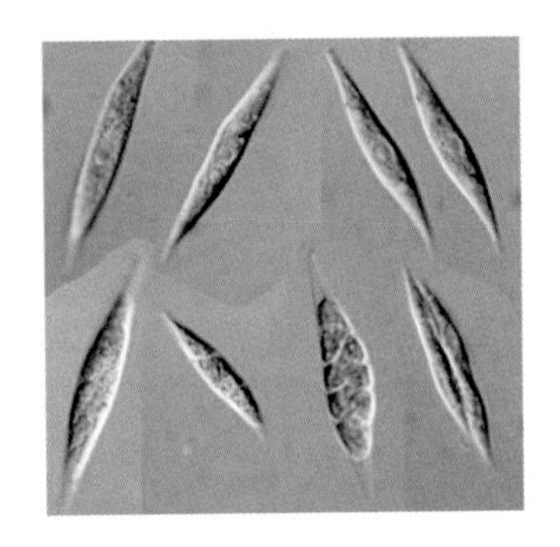

绿梭藻属 *Chlorogonium*

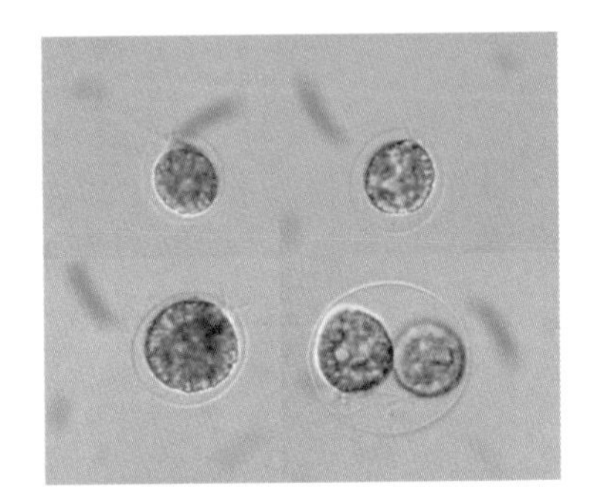

红球藻属 *Haematococcus*

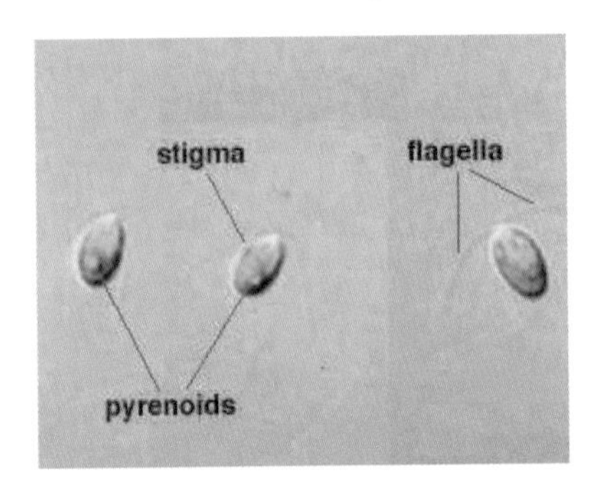


盐藻（杜氏藻）属 *Dunaliella*

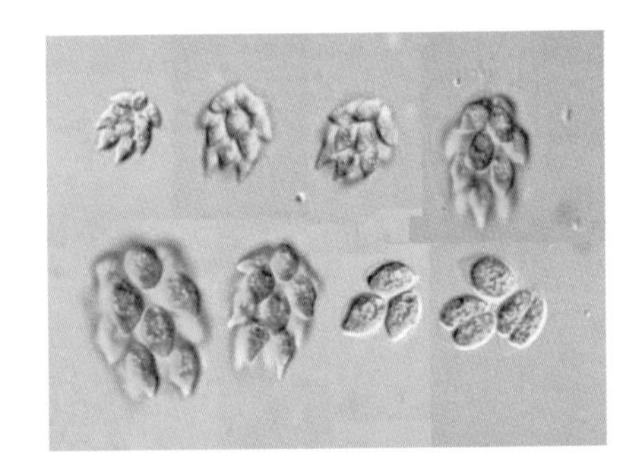

桑椹藻属 *Pyrobotrys*

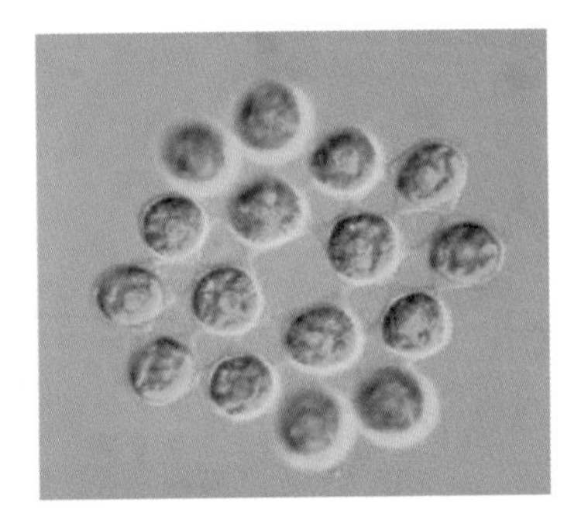

盘藻属 *Gonium*

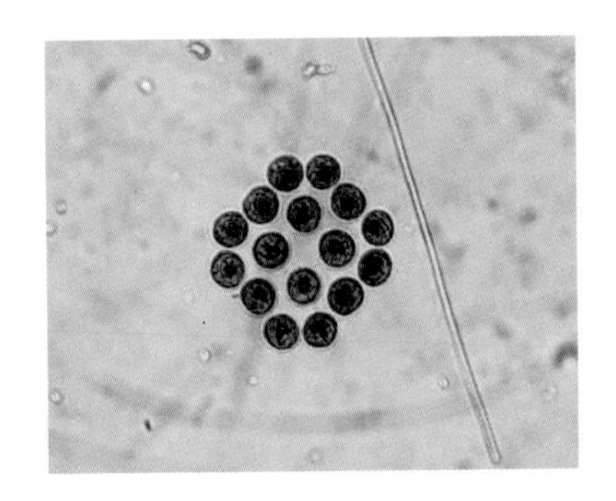

盘藻属 *Gonium*

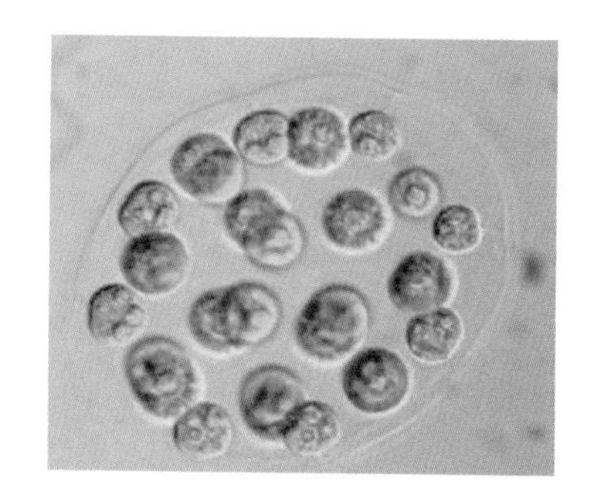

空球藻属 *Eudorina*

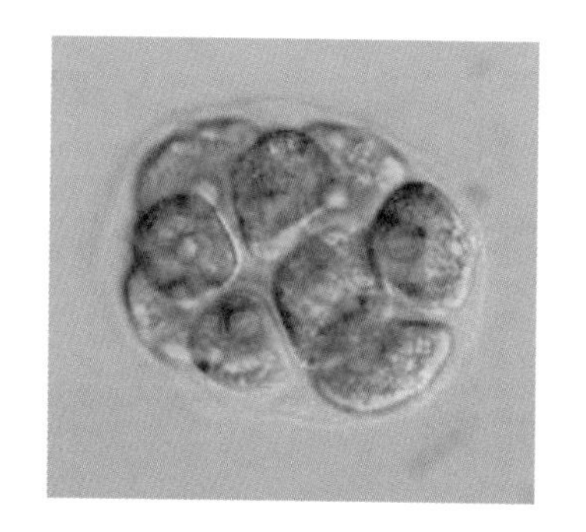

实球藻属 *Pandorina*

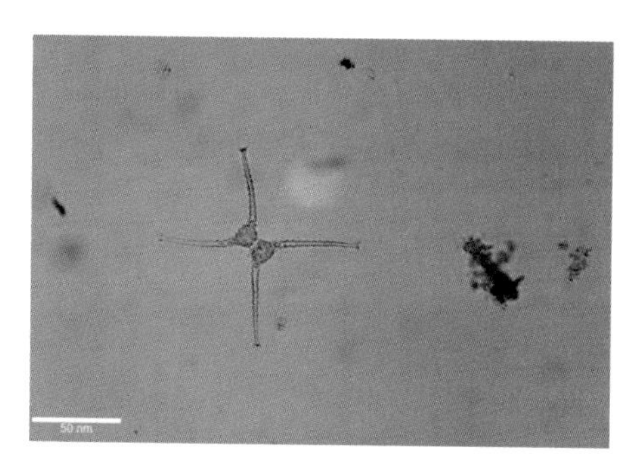

角星鼓藻属 *Staurastrum*

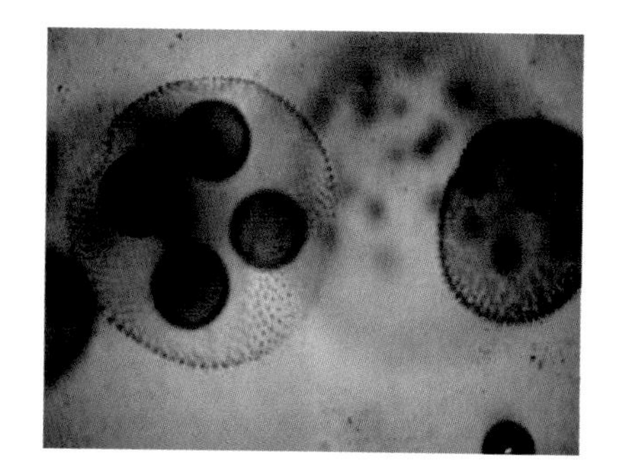

团藻属 *Volvox*

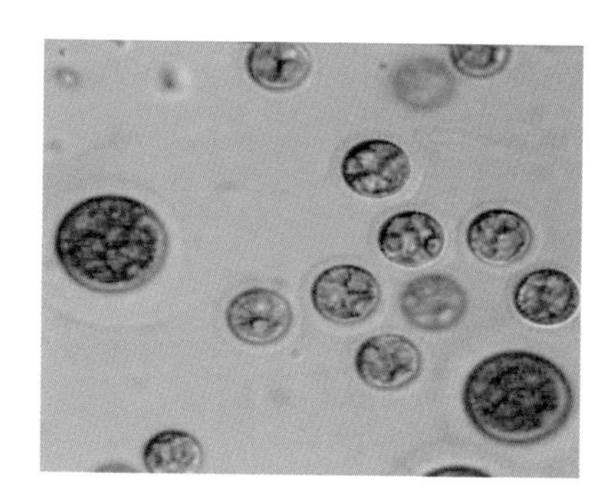

小球藻属 *Chlorella*

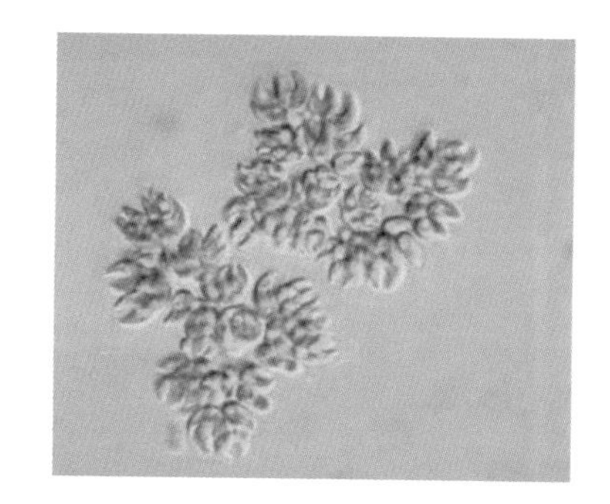

蹄形藻属 *Kirchneriella*

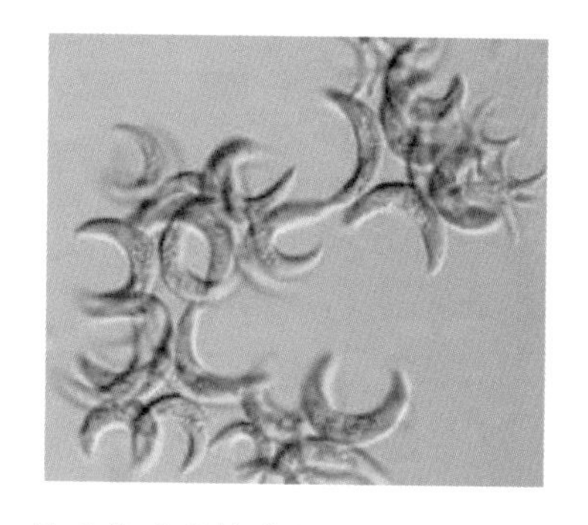

月牙藻（聚镰藻）属 *Selenastrum*

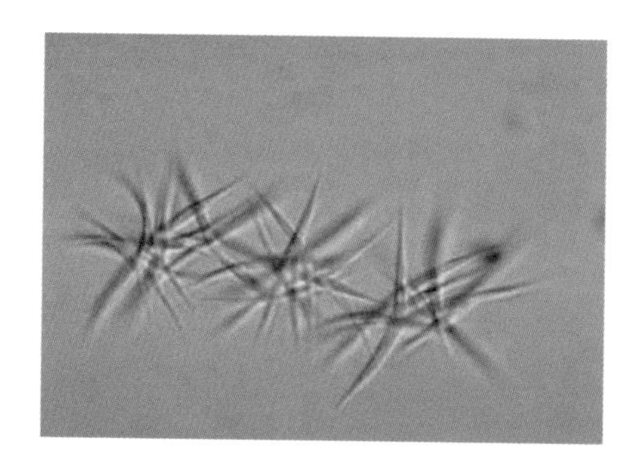

纤维藻属 *Ankistrodesmus*

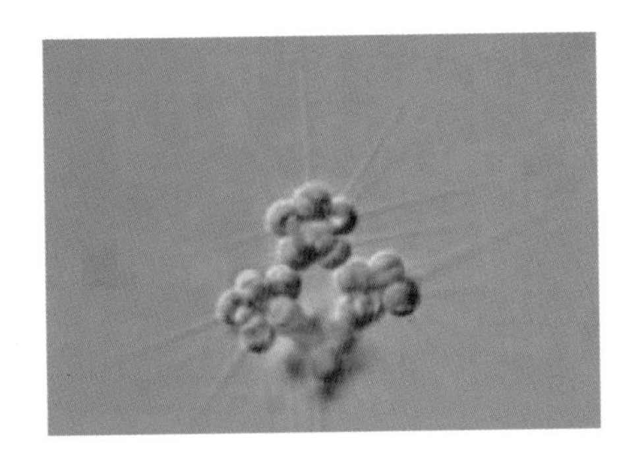

微芒藻属 *Micractinium*

集星藻属 *Actinastrum*

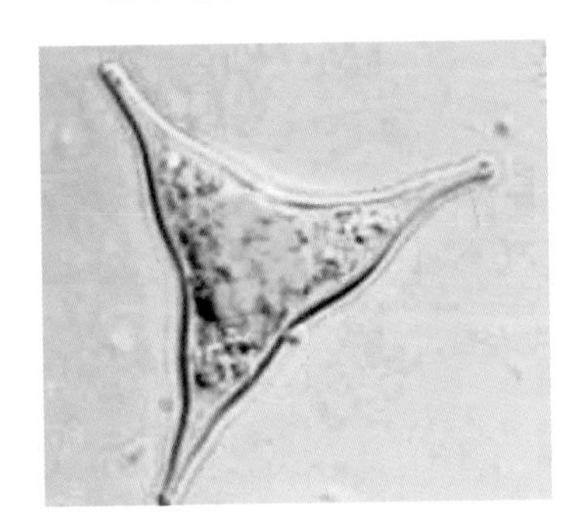

四角藻属 *Tetraedrom*

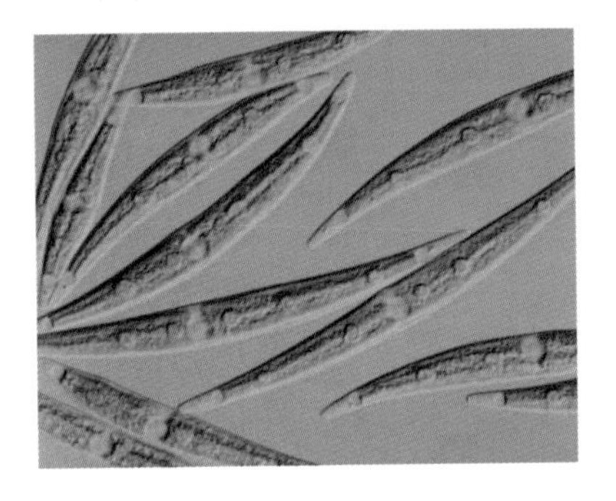

新月藻属 *Closterium*

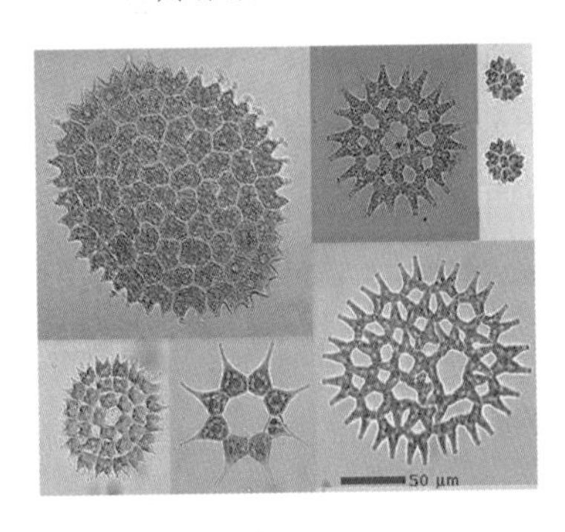


盘星藻属 *Pediastrum*

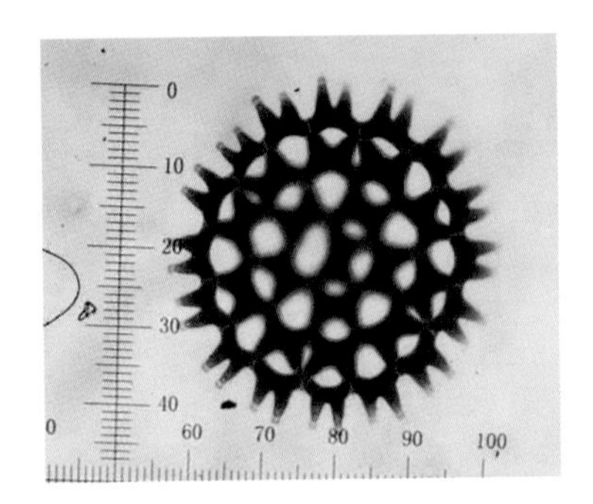


盘星藻属 *Pediastrum*

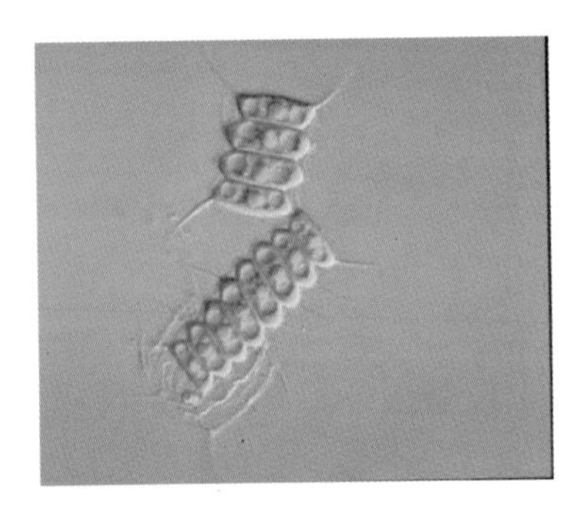

四尾栅藻 *Scenedesmus quadricauda*

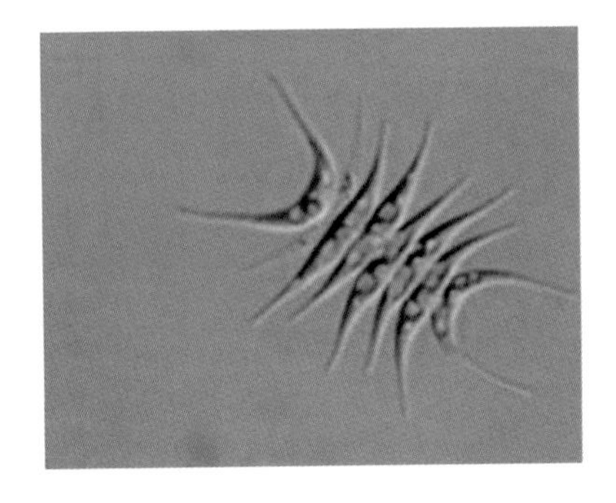

尖细栅藻 *Scenedesmus acuminatus*

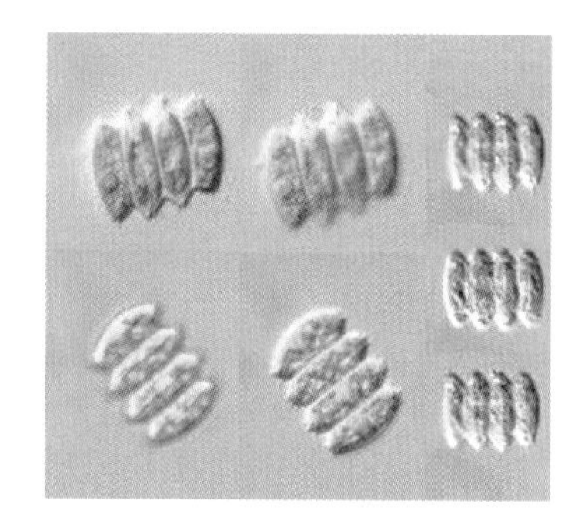

双对栅藻 *Scenedesmus bijuba*

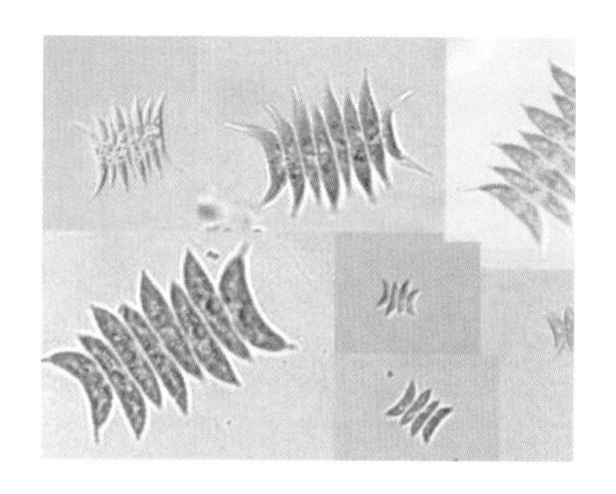

二形栅藻 *Scenedesmus dimorphus*

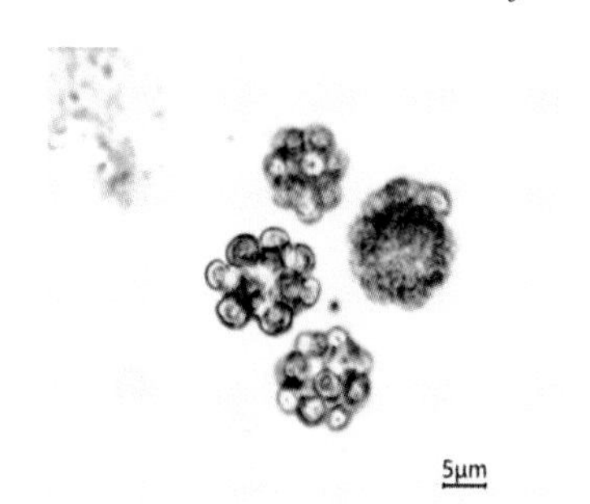


空星藻属 *Coelastrum*

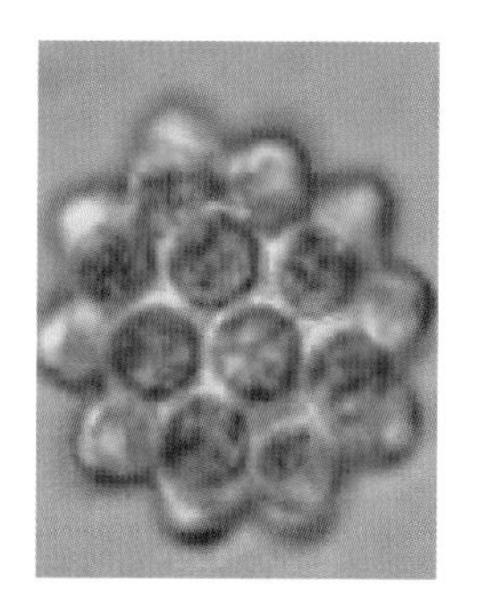

空星藻属 *Coelastrum*

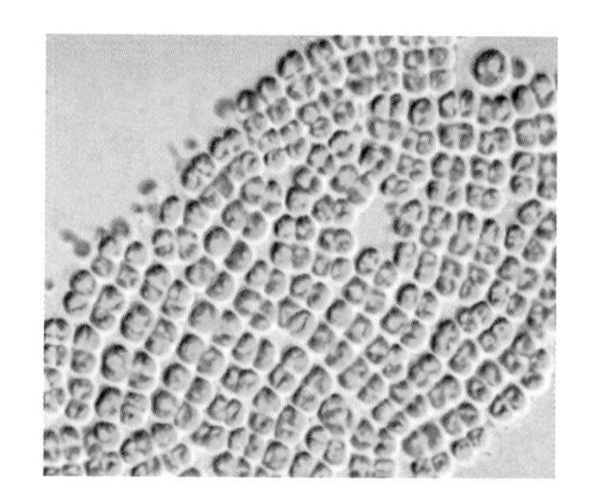

十字藻属 *Crucigenia*

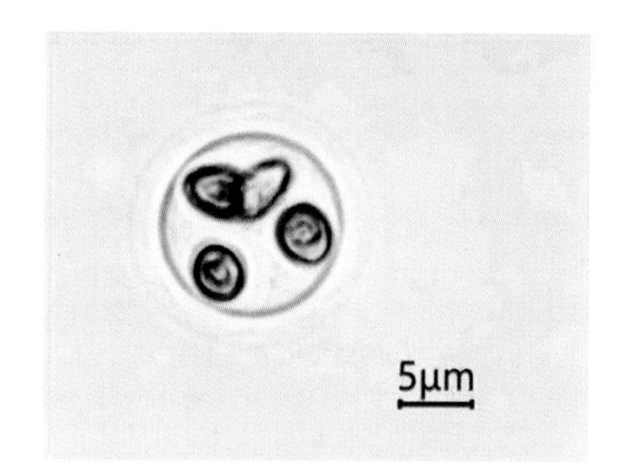


卵囊藻属 *Oocystis*

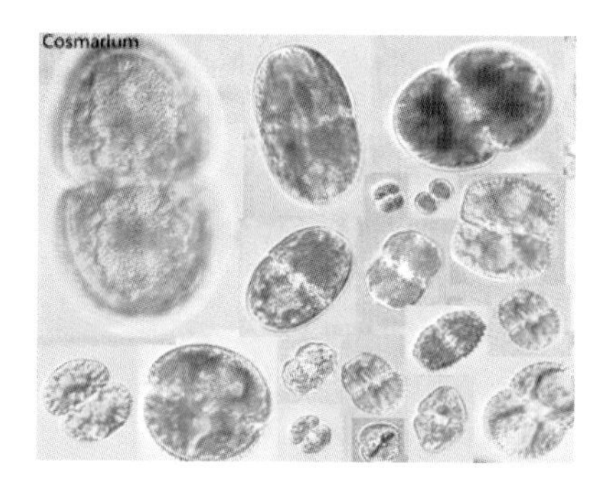


鼓藻属 *Cosmarium*

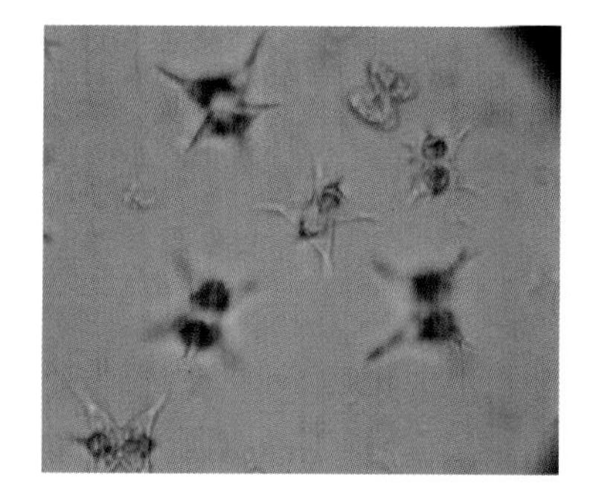

角星鼓藻属 *Staurastrum*

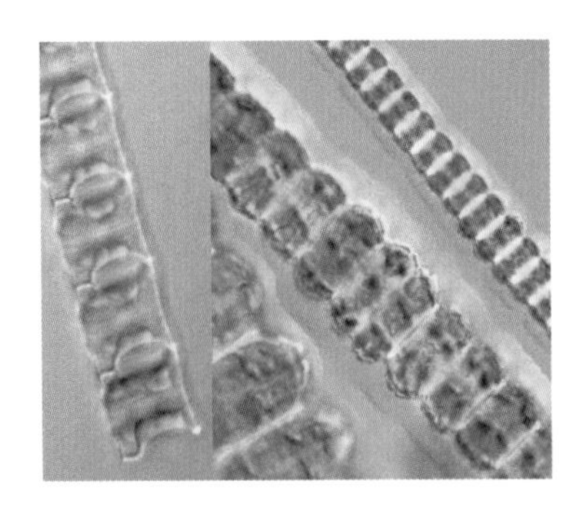

角丝鼓藻属 *Desmidium*

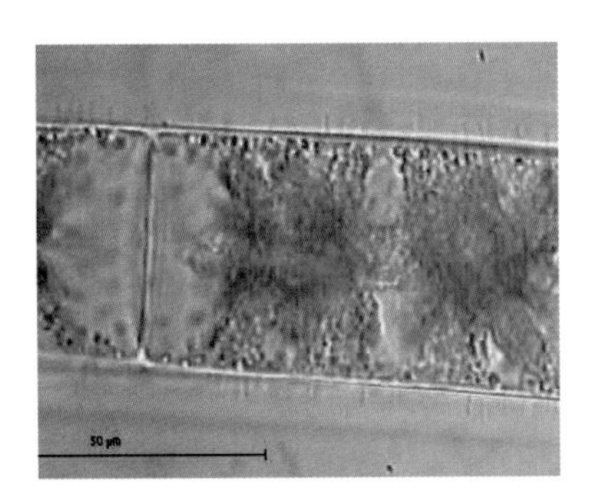

双星藻属 *Zygnema*

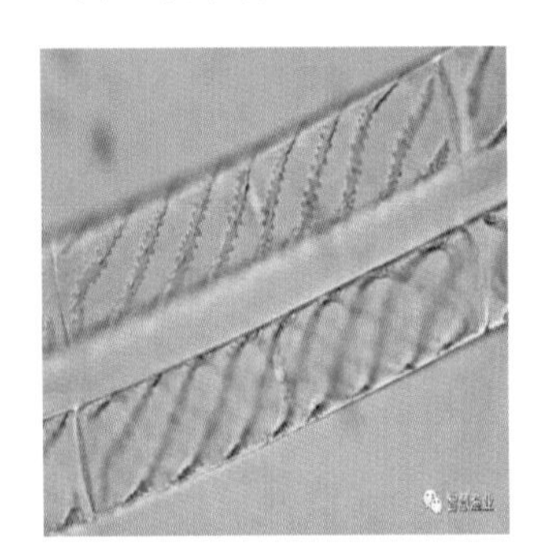

水绵属 *Spirogyra*

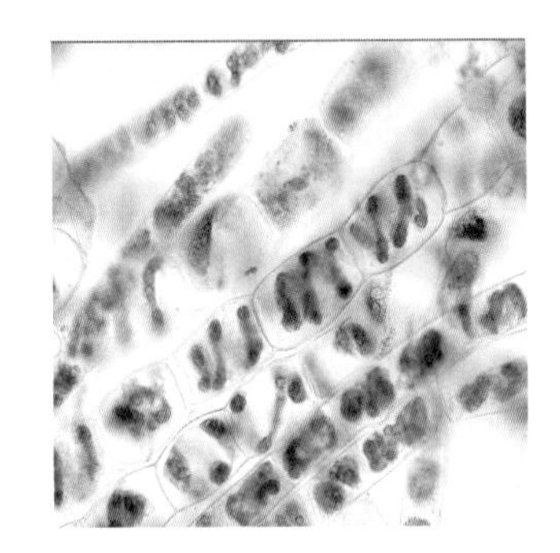

水绵属 *Spirogyra*

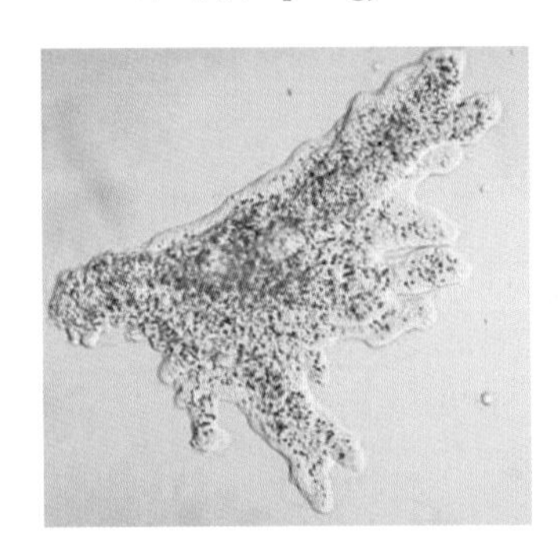

变形虫属 *Amoeba*

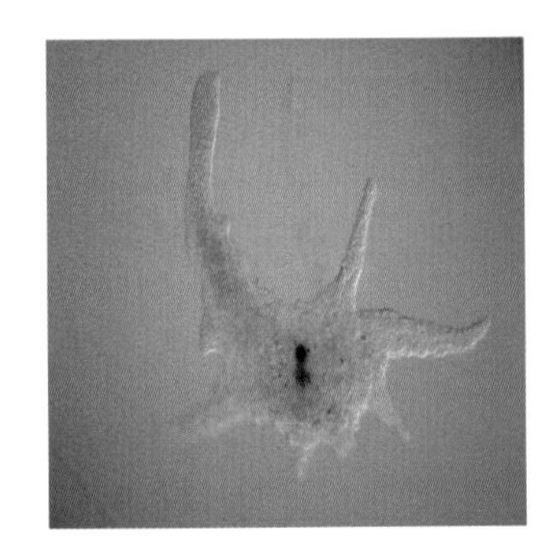

变形虫属 *Amoeba*

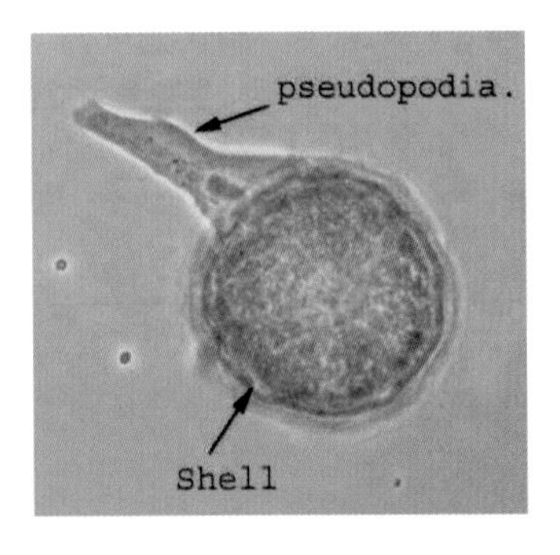


表壳虫属 *Arcella*

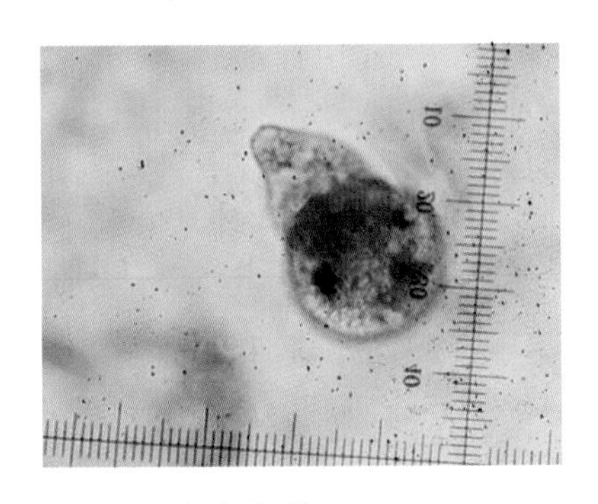

表壳虫属 *Arcella*

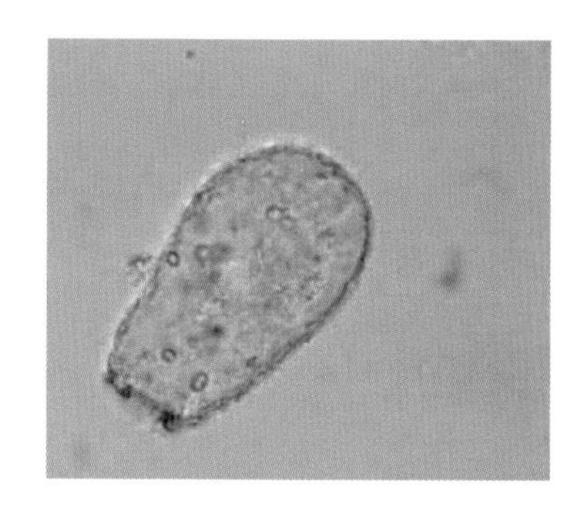

砂壳虫属 *Difflugia*

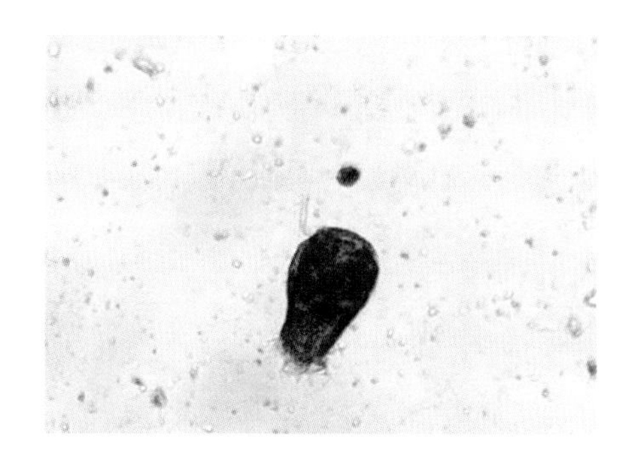

砂壳虫属 *Difflugia*

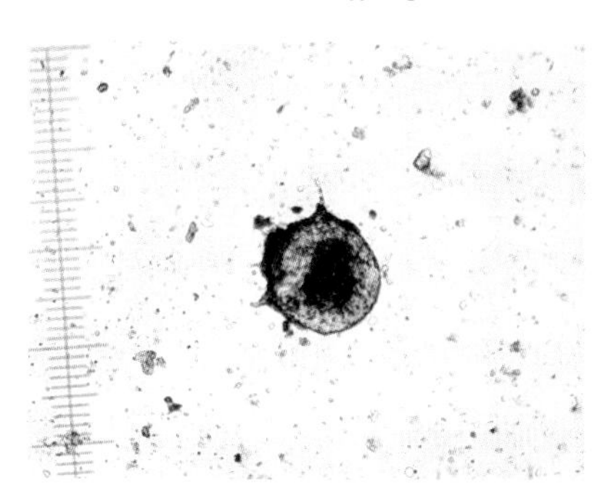

砂壳虫属 *Difflugia*

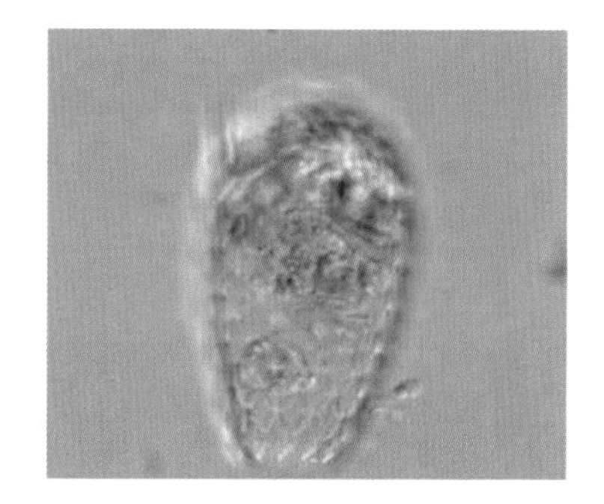

磷壳虫属 *Euglypha*

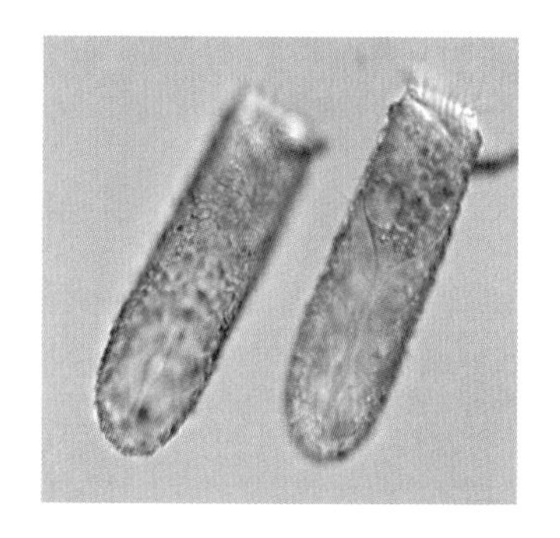

筒壳虫属 *Tintinnidium*

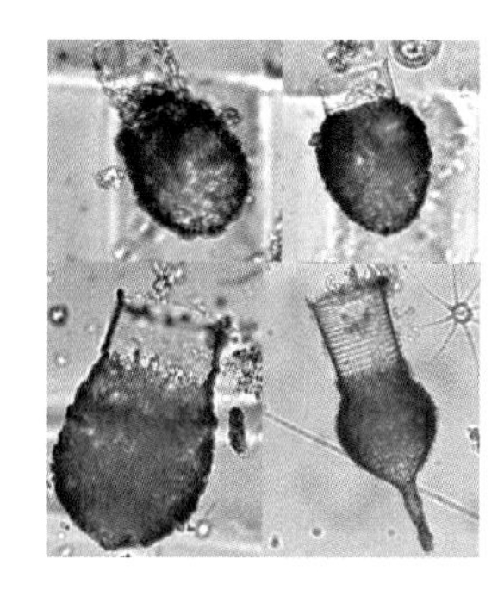

拟铃虫属 *Tintinnopsis*

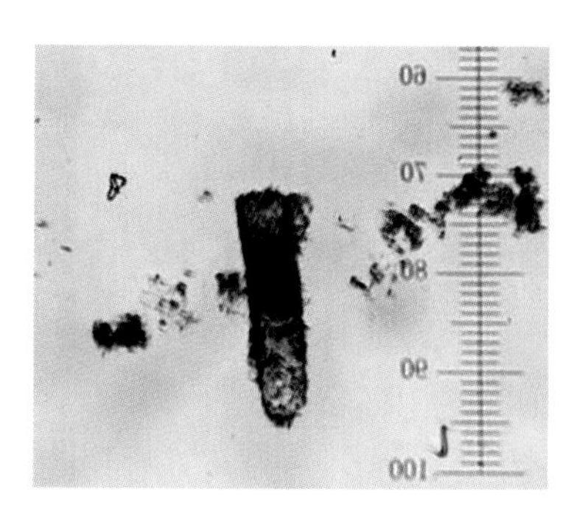

拟铃虫属 *Tintinnopsis*

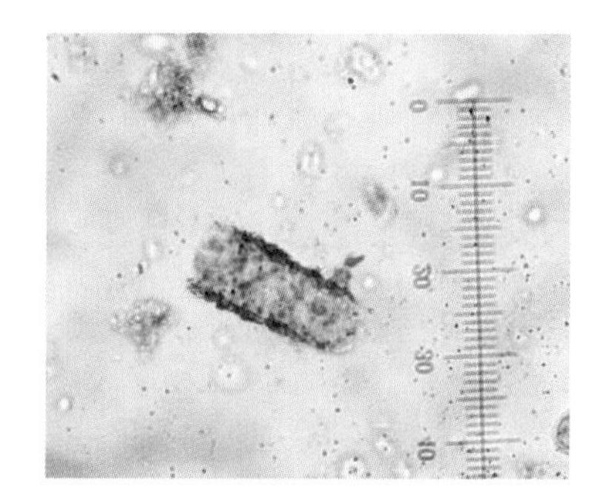

拟铃虫属 *Tintinnopsis*

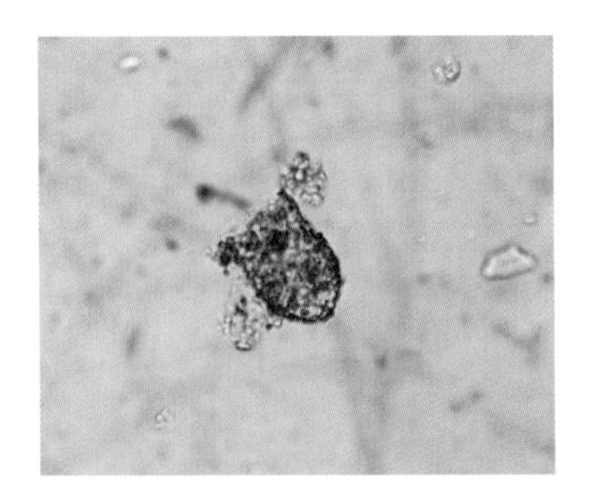

拟铃虫属 *Tintinnopsis*

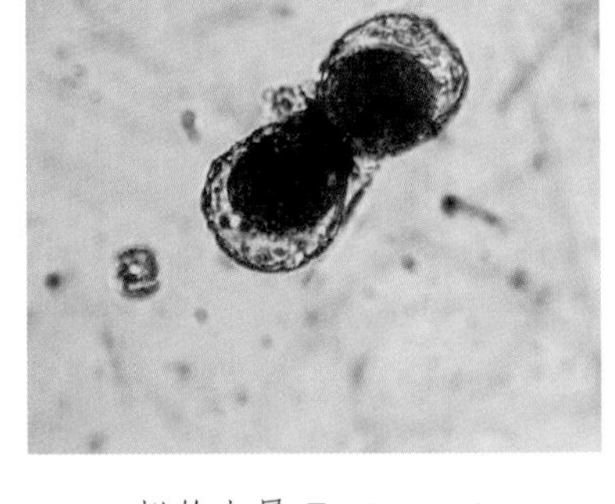

拟铃虫属 *Tintinnopsis*

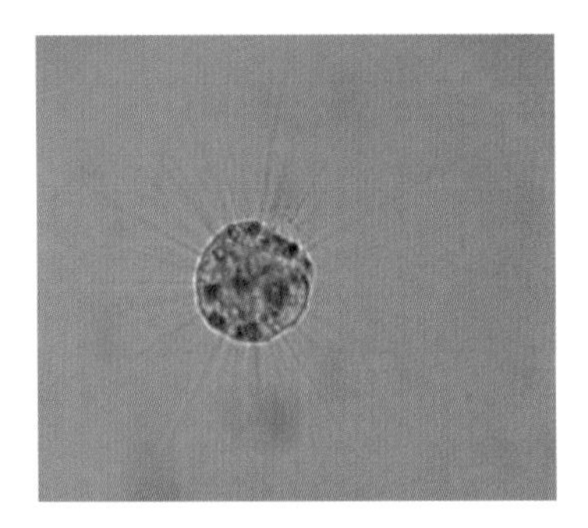

太阳虫属 *Actinophrys*

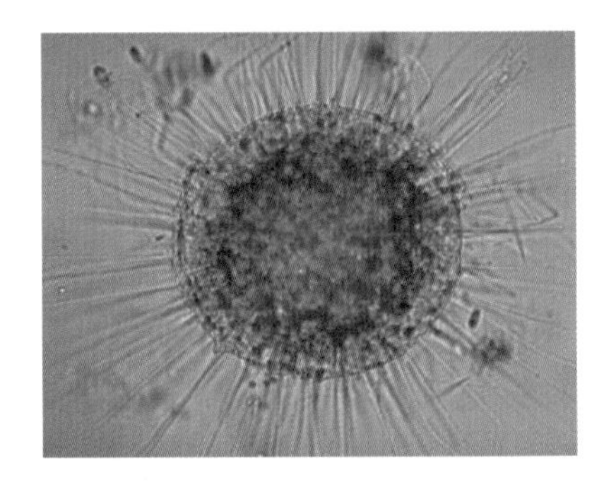

光球虫属 *Actinosphaerium*

榴弹虫属（板壳虫属）*Coleps*

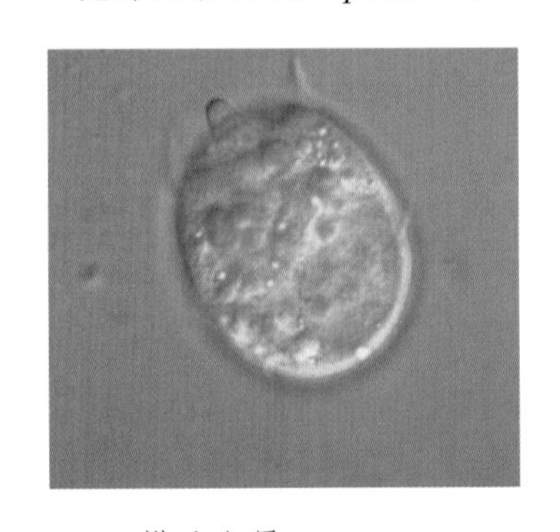

栉毛虫属 *Didinium*

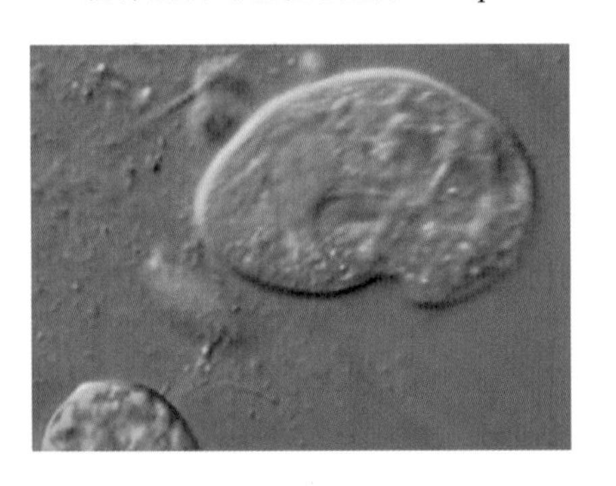

肾形虫属 *Colpoda*

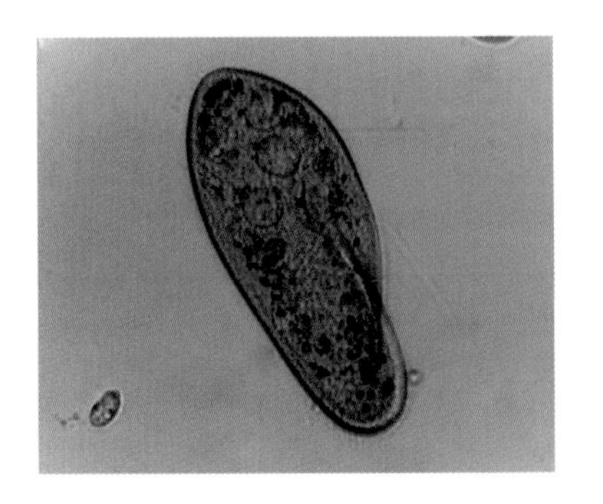

草履虫属 *Paramoecium*

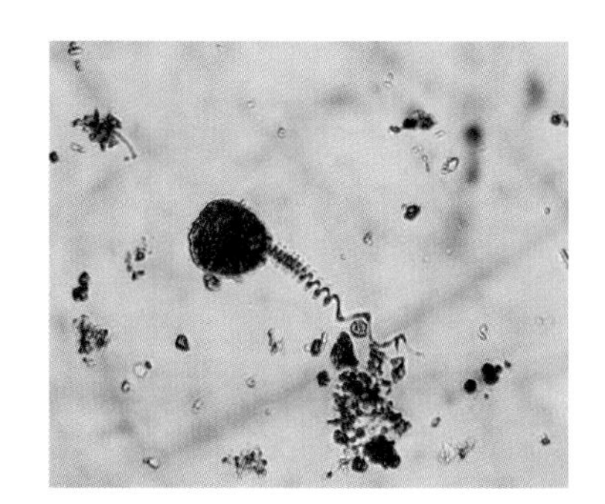

钟虫属 *Vorticella*

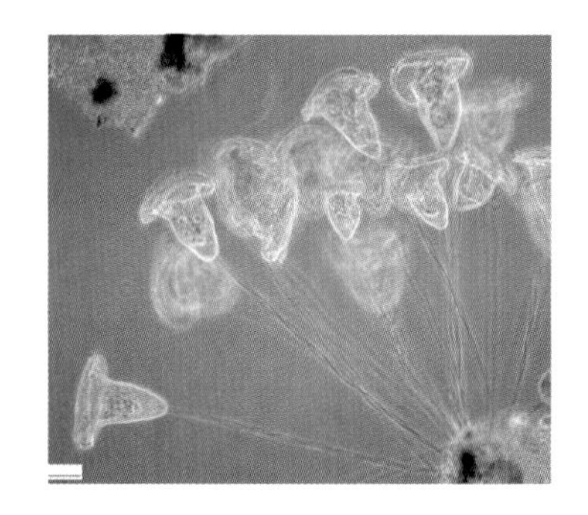

钟虫属 *Vorticella*

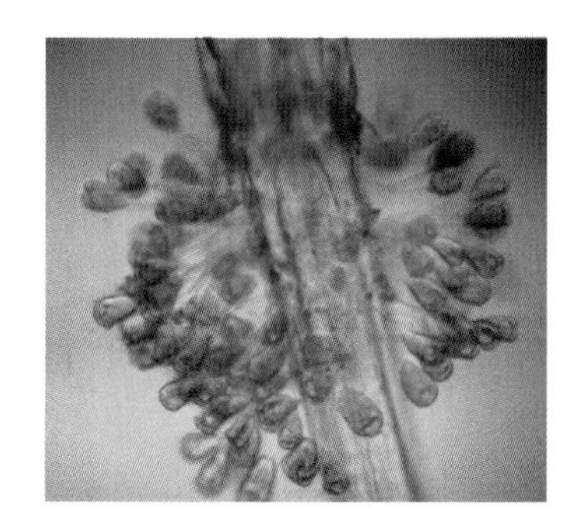

聚缩虫属 *Carchesium*

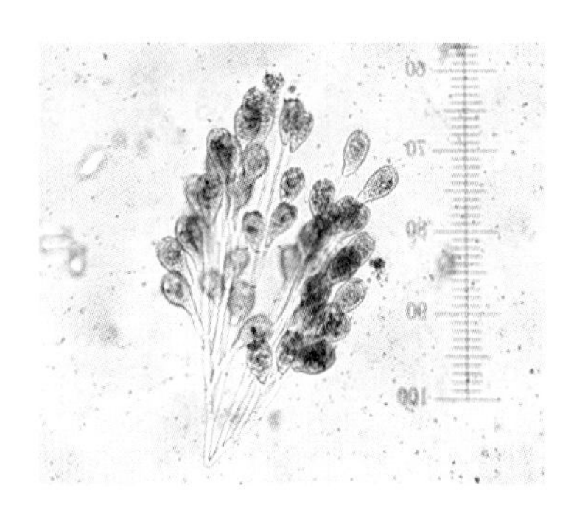

累枝虫属 *Epistylis*

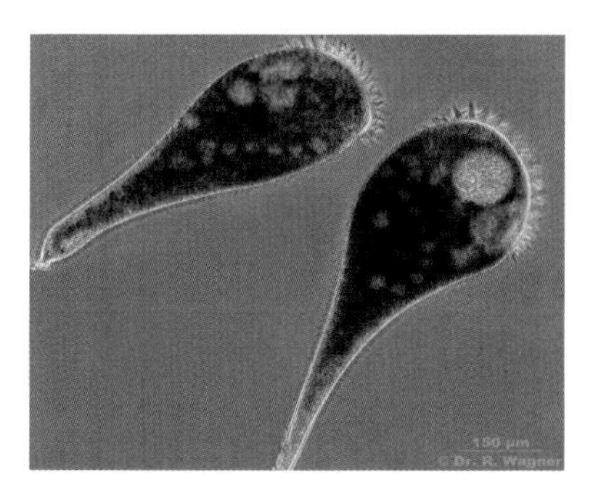


喇叭虫属 *Stentor*

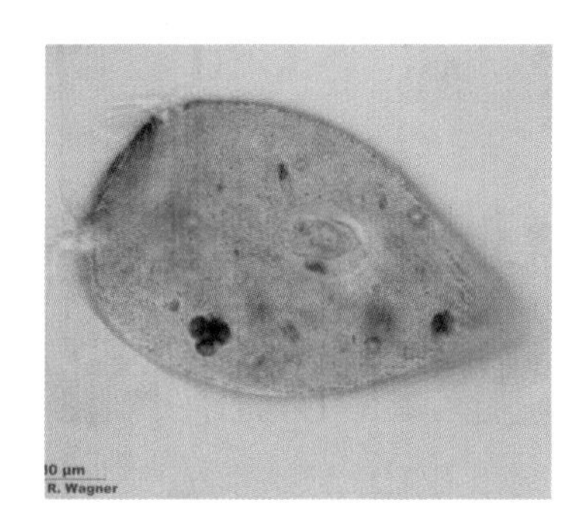


喇叭虫属 *Stentor*

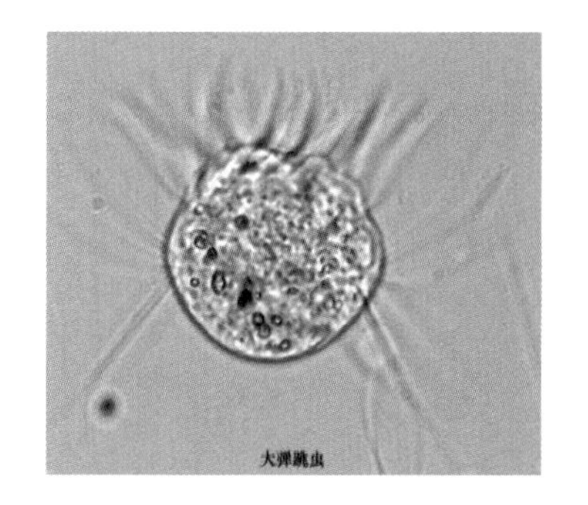


弹跳虫属 *Halteria*

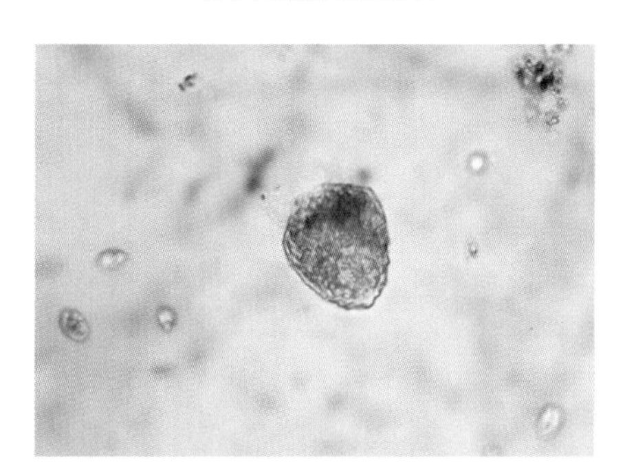

急游虫属 *Strombidium*

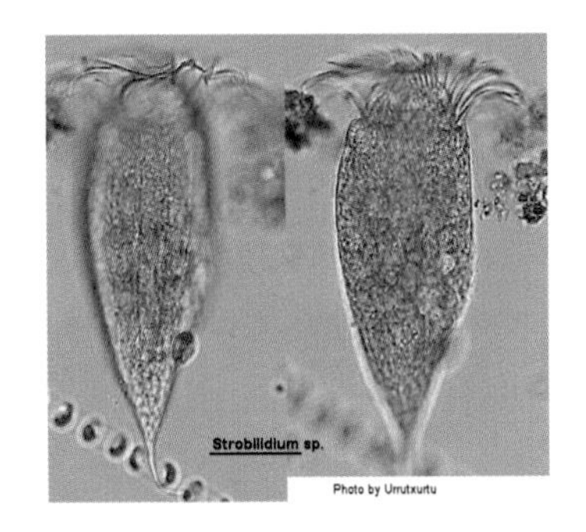


侠盗虫属 *Strobilidium*

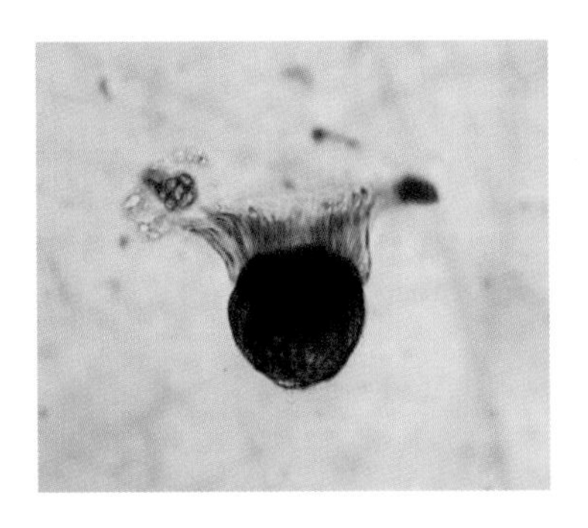

侠盗虫属 *Strobilidium*

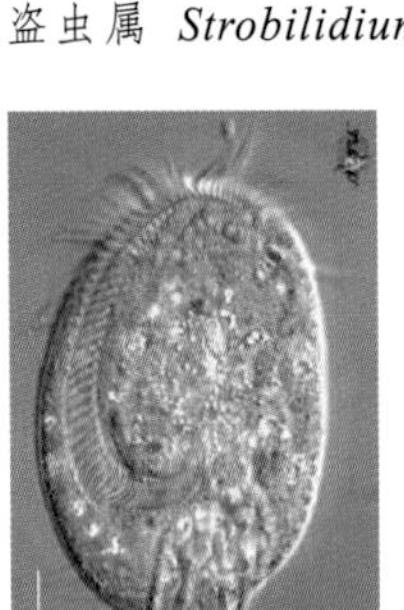

游仆虫属 *Euplotes*

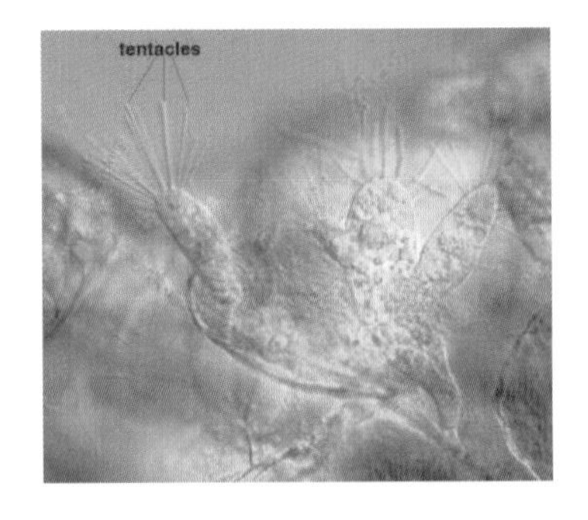


吸管虫 *Suctorida*

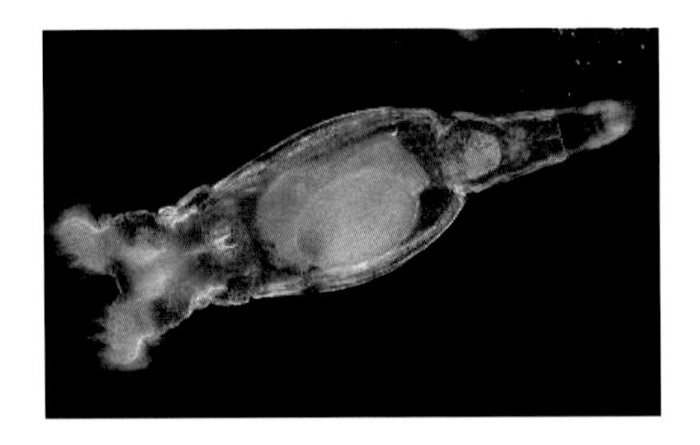

旋轮虫属 *Philodina*

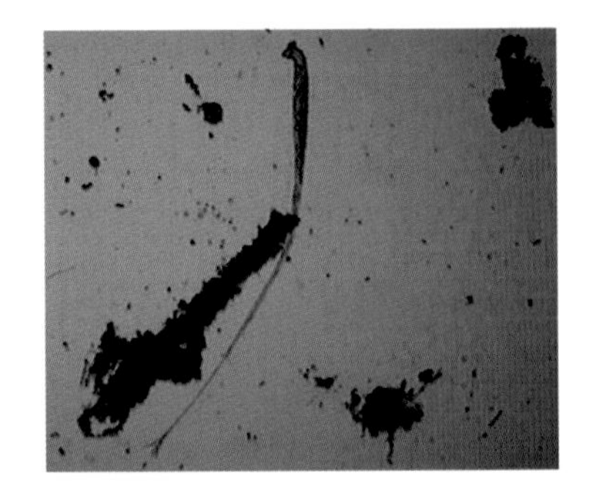

长足轮虫 *Rolaria neplunia*

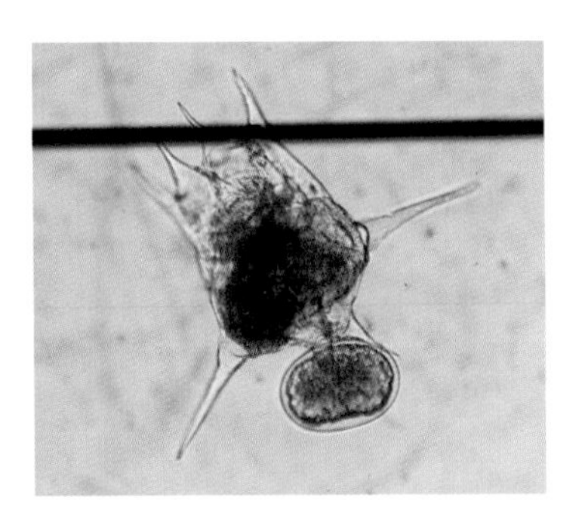

萼花臂尾轮虫 *Brachionus calyciflorus*

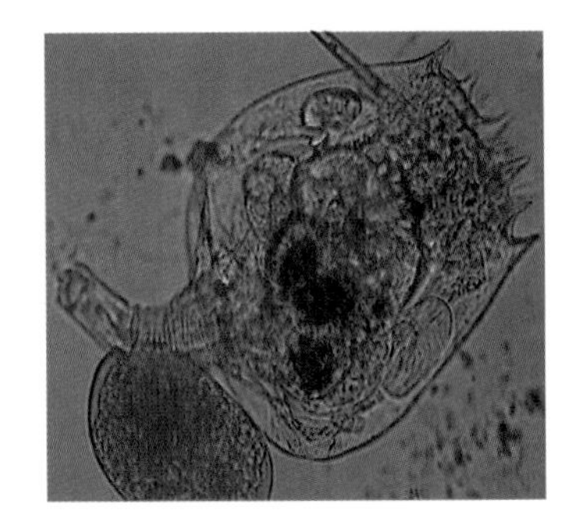

壶状臂尾轮虫 *Brachionus urceus*

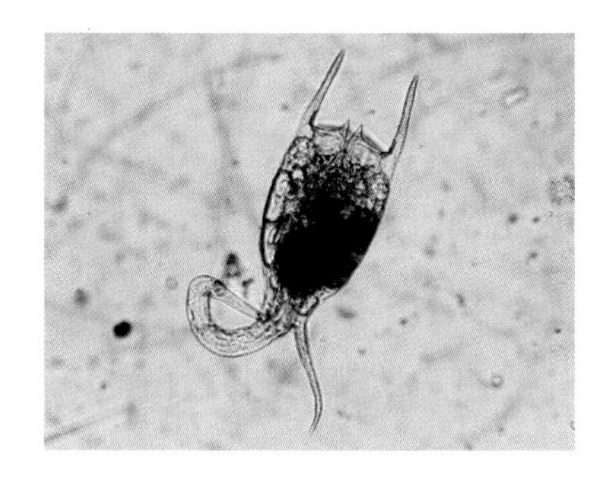

裂足臂尾轮虫 *Brachionus diversicornis*

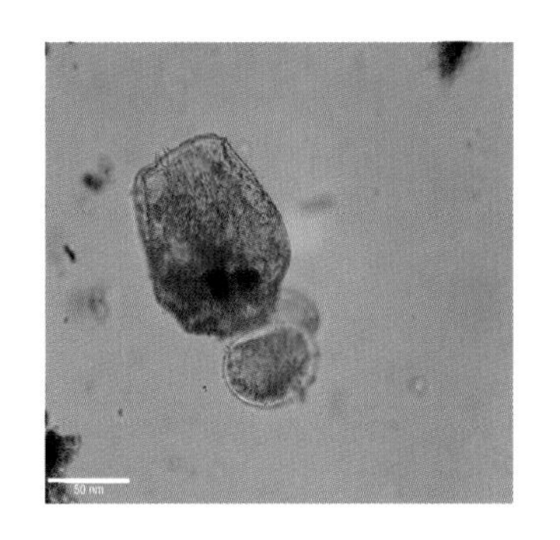

角突臂尾轮虫 *Brachionus angularis*

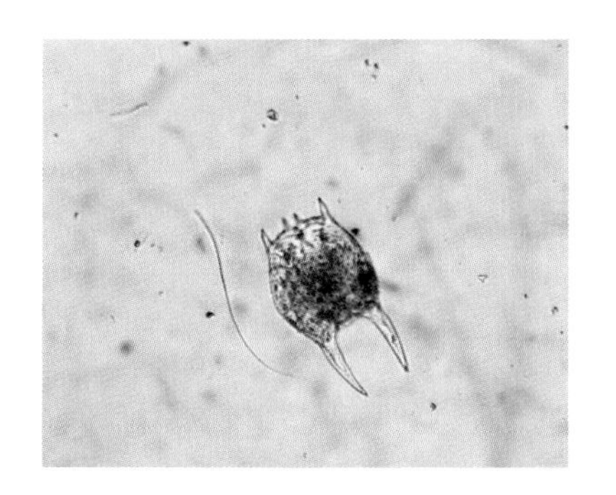

剪形臂尾轮虫 *Brachionus forficula*

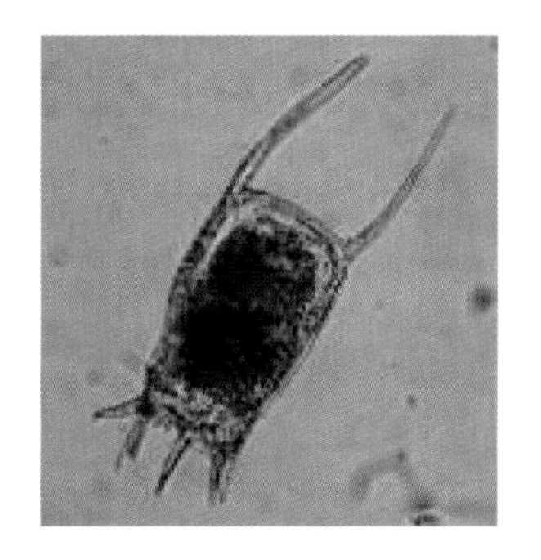

龟甲轮属 *Keratella*

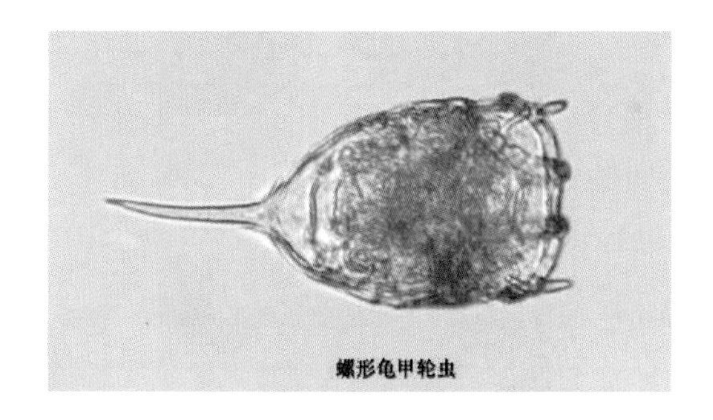


龟甲轮属 *Keratella*

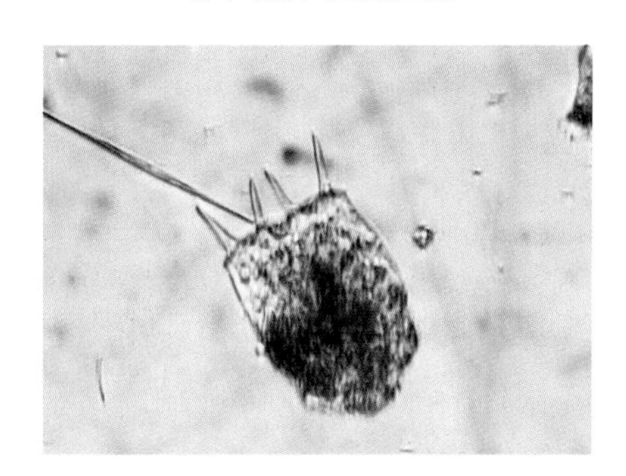

龟甲轮属 *Keratella*

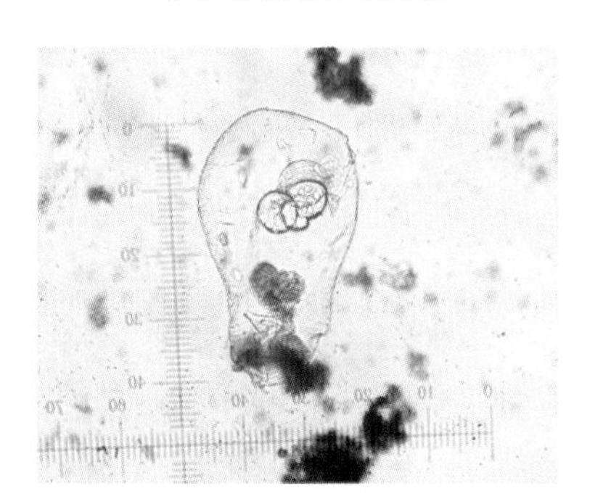

晶囊轮属 *Asplanchna*

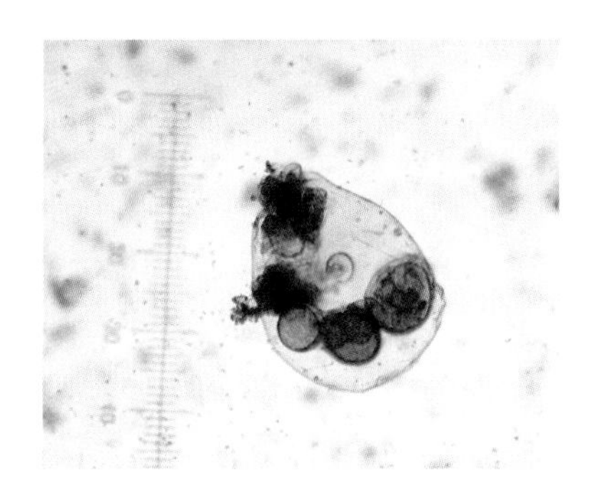

晶囊轮属 *Asplanchna*

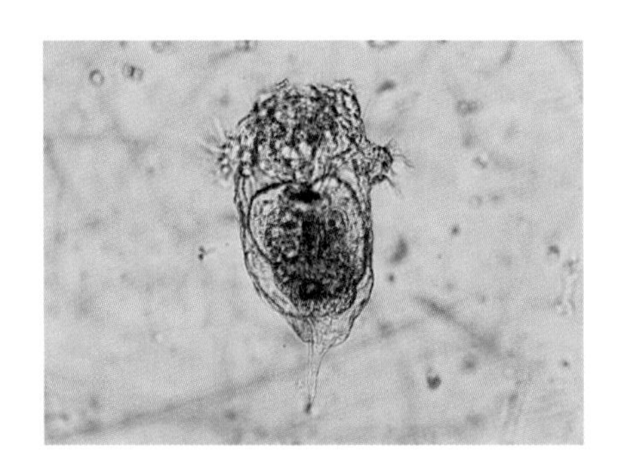

疣毛轮属 *Synchaeta*

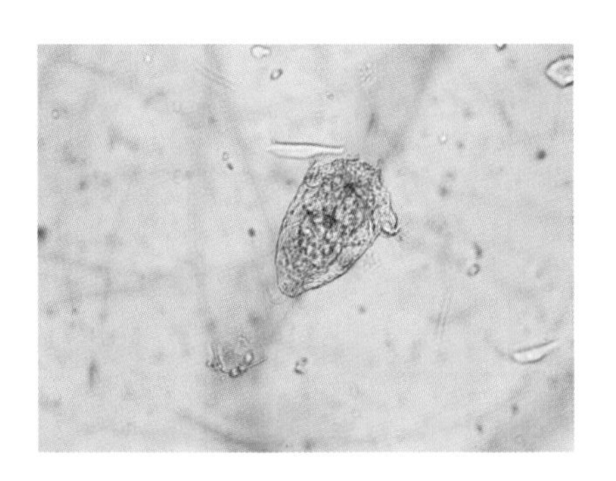

疣毛轮属 *Synchaeta*

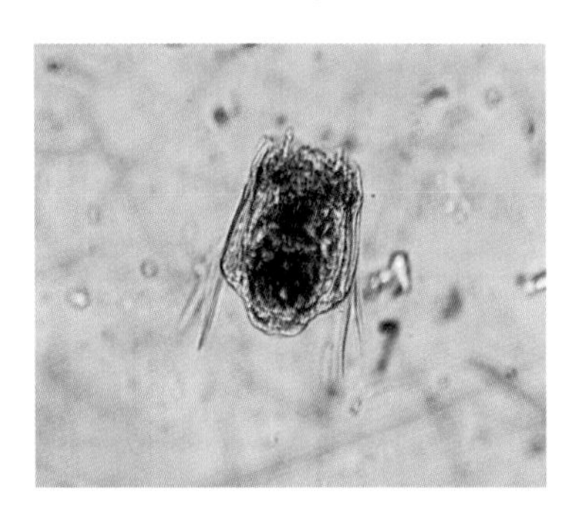

多肢轮属 *Polyarthra*

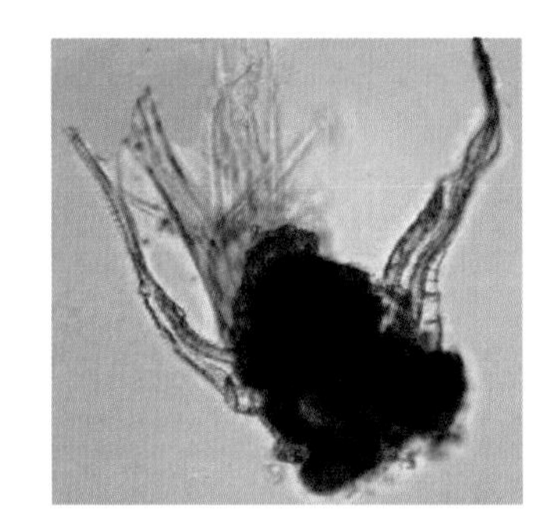

巨腕轮属 *Hexarthra*

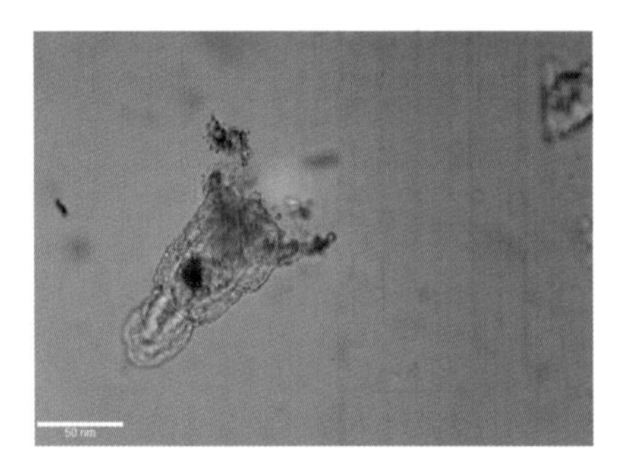

聚花轮属 *Conochilus*

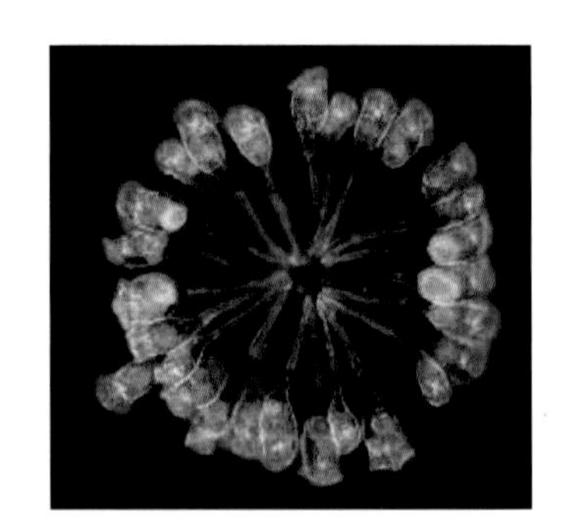

聚花轮属 *Conochilus*

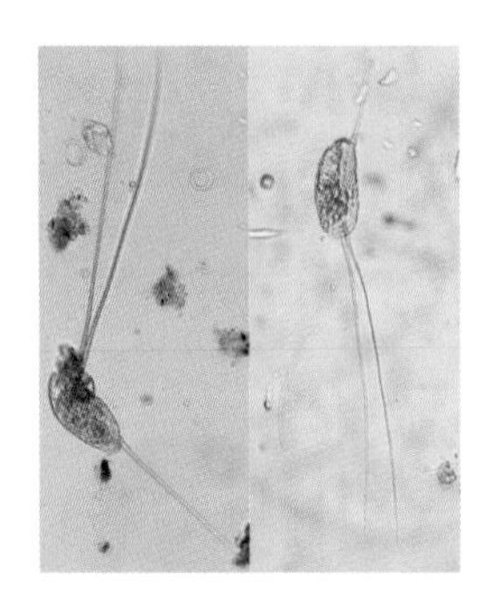

三肢轮属 *Filinia*

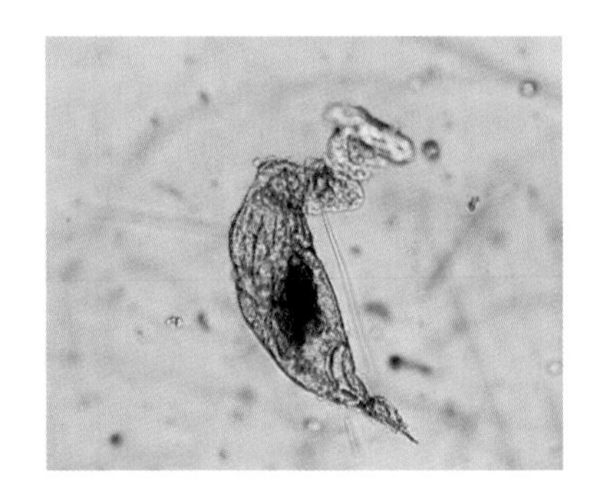

异尾轮属 *Trichocerca*

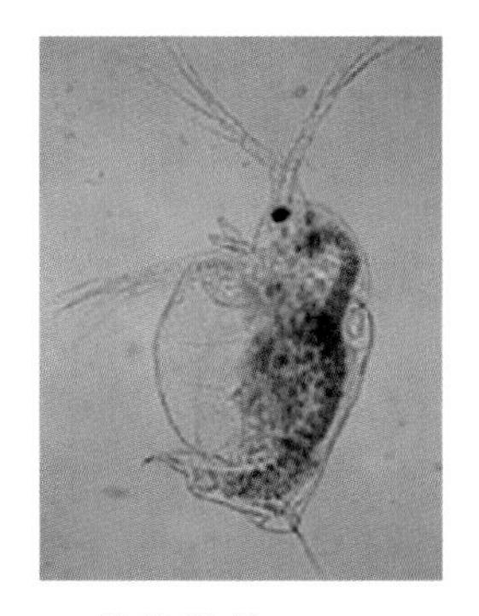

裸腹溞属 *Moina*

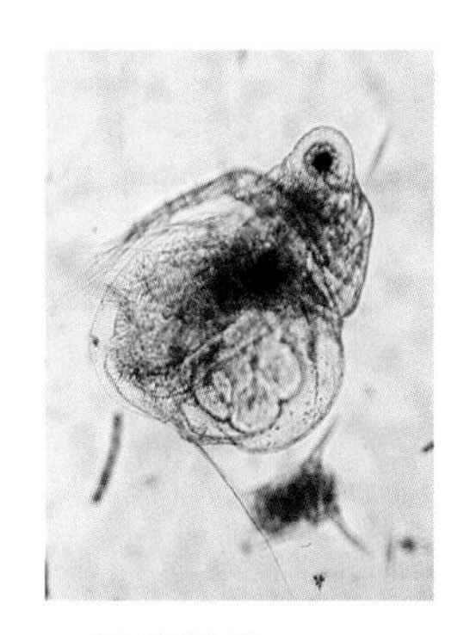

裸腹溞属 *Moina*

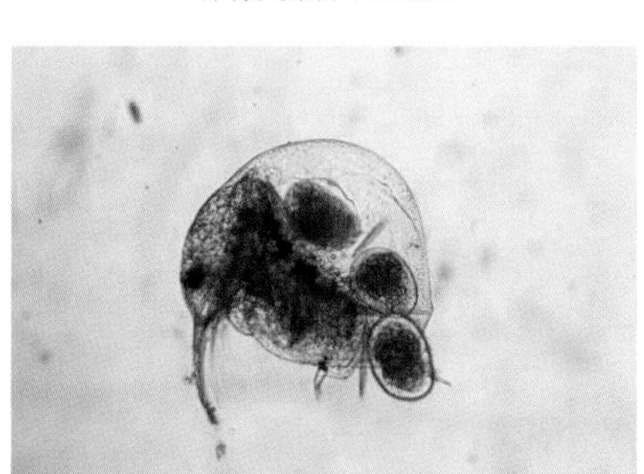

象鼻溞属 *Bosmina*

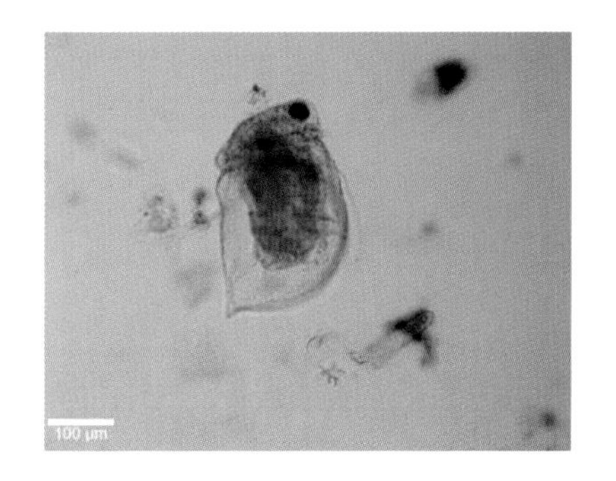


网纹溞属 *Ceriodaphnia*

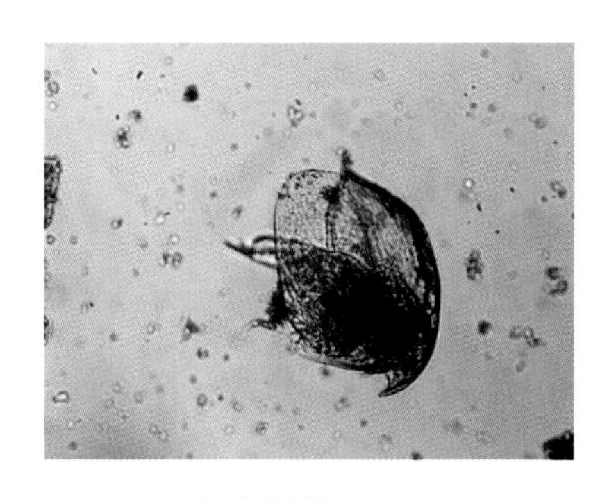

尖额溞属 *Alona*

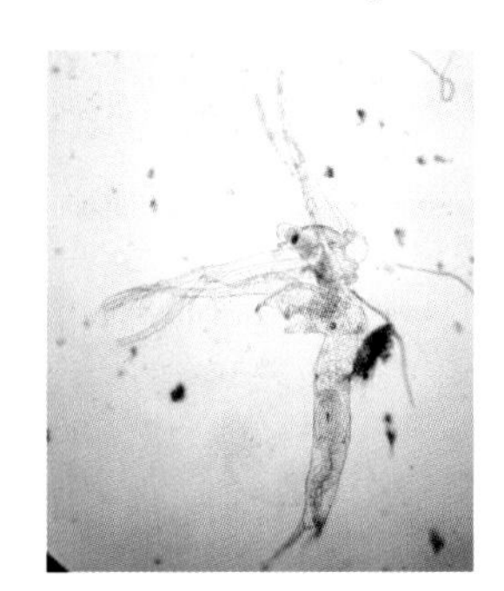

透明薄皮溞 *Leptodora kindti*

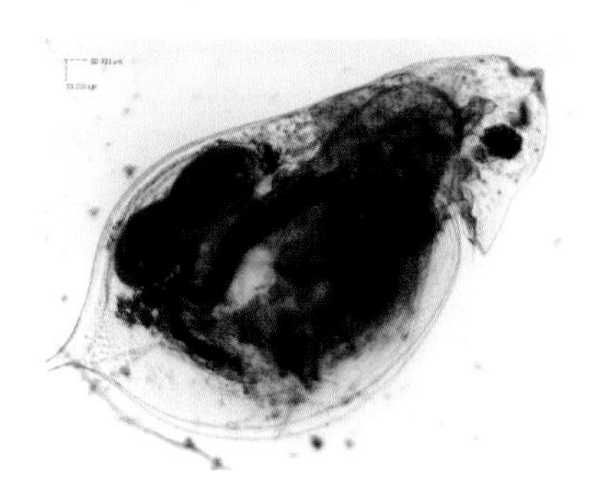

透明溞 *Daphnia hyalina*

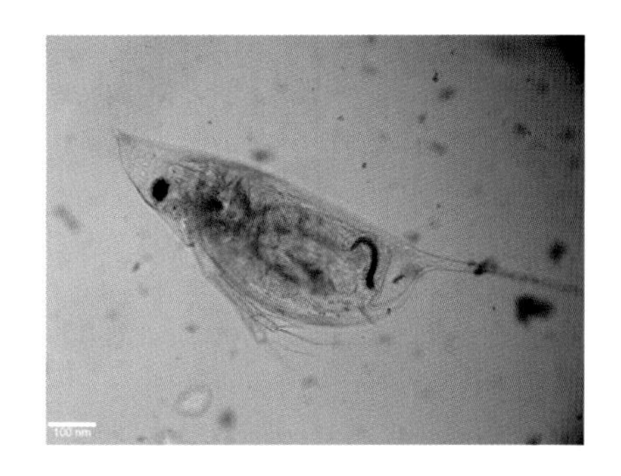

僧帽溞 *Daphnia cucullata*

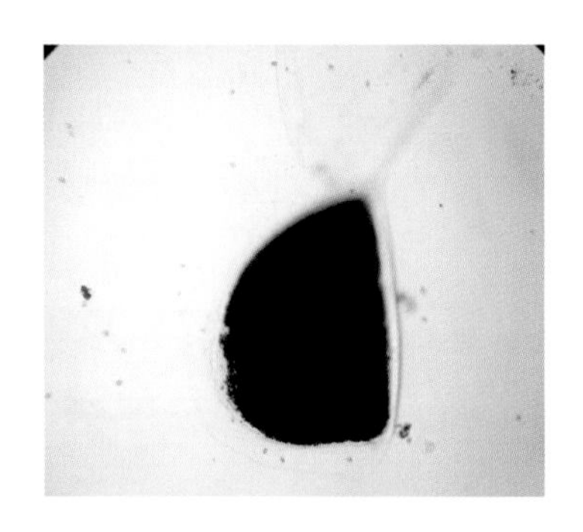

枝角类休眠卵

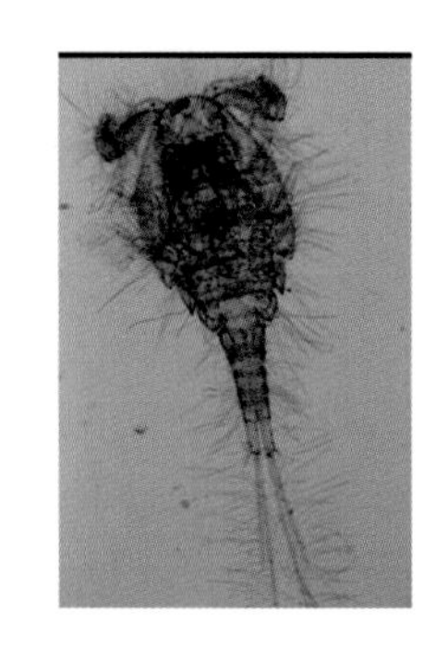

剑水蚤目雄体

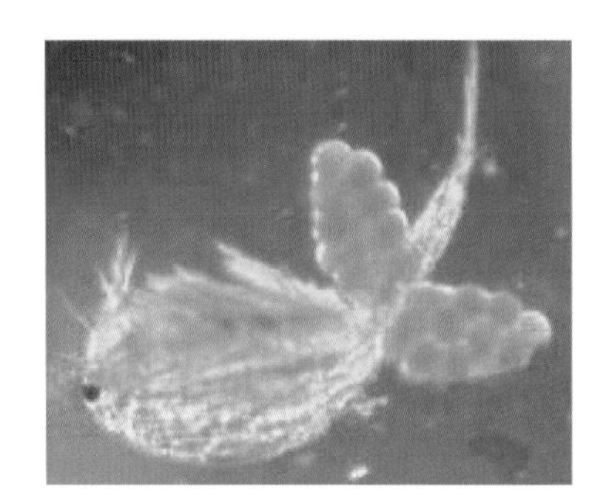

剑水蚤目雌体

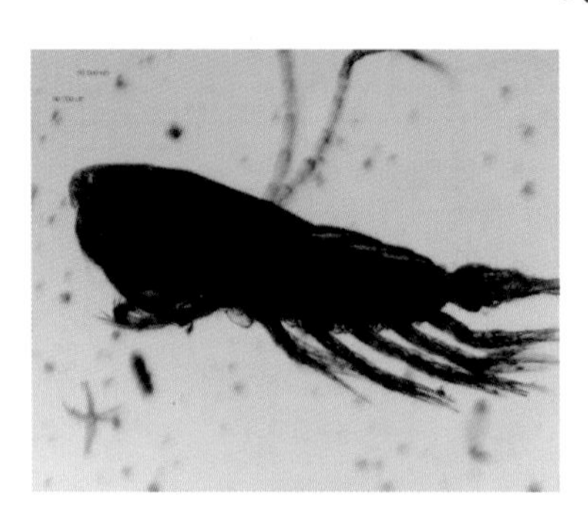

哲水蚤目

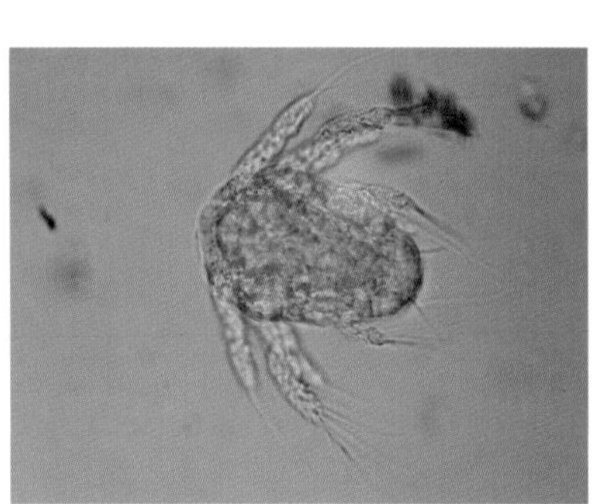

无节幼体

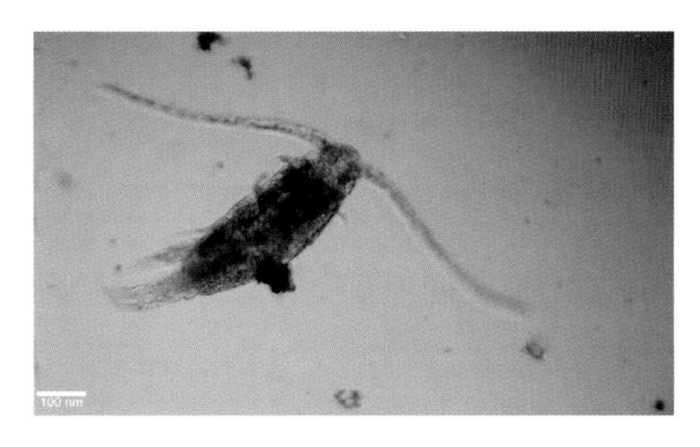
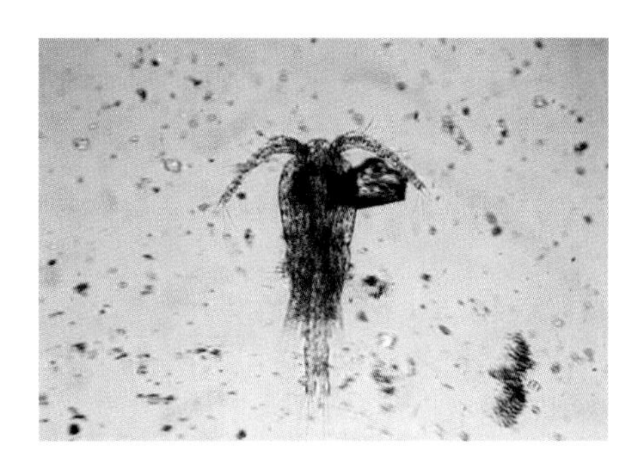

桡足幼体

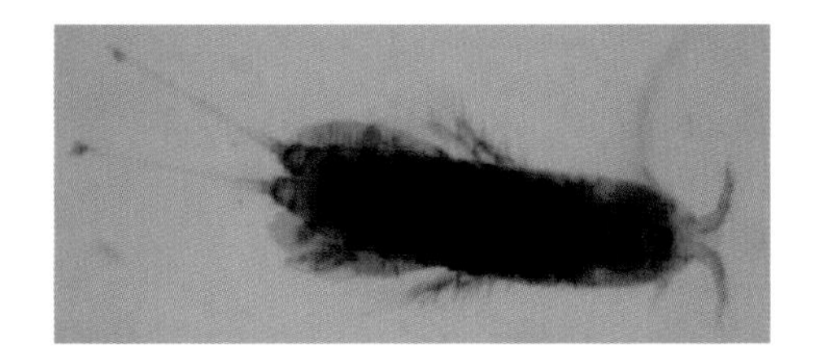
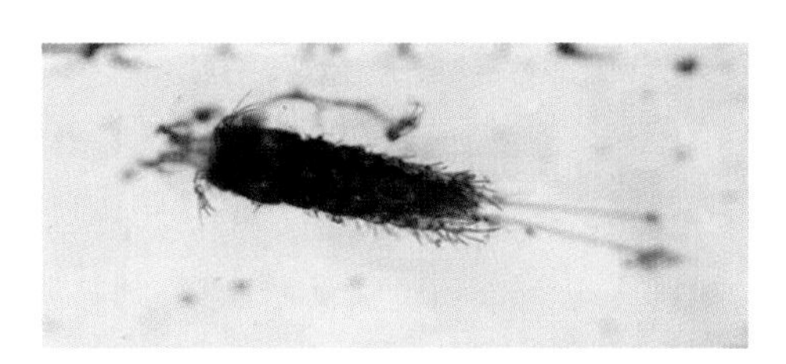

猛水蚤